Sabine Butzhammer

Top-fit in die Prüfung
ABC
der Mediengestaltung
Digital- und Printmedien

Verlag Beruf und Schule

Autorin, Herausgeber und Verlag machen darauf aufmerksam,
dass die in diesem Buch genannten Markennamen und Produktbezeichnungen in der Regel patent- und warenrechtlichem Schutz unterliegen.

Die Veröffentlichung aller Informationen und Abbildungen geschieht mit größter Sorgfalt; dennoch können Fehler nicht ausgeschlossen werden.
Verlag, Herausgeber und Autorin übernehmen deshalb für fehlerhafte Angaben und deren Folgen weder juristische Verantwortung noch irgendeine Haftung.
Sie sind jedoch dankbar für Verbesserungsvorschläge, Ergänzungen und Korrekturen.

Das „ABC der Mediengestaltung" enthält das Basiswissen für Lernende im Vorstufenbereich Druck- und Digitalmedien. Zum Aneignen von umfassenderem, detaillierteren Wissen und Können ist ergänzende Fachliteratur empfehlenswert. BItte informieren Sie sich darüber im Internet, z.B. bei www.zfamedien.de, www.pruefungshelfer.de, www.pruefungsbuch.de.

Herausgeber: Roland Golpon

5., aktualisierte Auflage, 2006
E-Mail: vbus@online.de
Internet: www.vbus.de, www.pruefungsbuch.de, www.pruefungshelfer.de
Druck: Druckhaus „Thomas Müntzer" GmbH, D-99947 Bad Langensalza

ISBN 3-88013-654-8

Vorwort zur 1. Auflage

Im Mai 1998 ging der Beruf Mediengestalter(in) für Digital- und Printmedien erfolgreich an den Start. Das Anforderungsprofil beschränkt sich nicht allein auf die Gestaltung von Digital- und Printmedien, auch weiteres Know-how, zum Beispiel über Techniken und Arbeitsorganisation, wird verlangt.

Dieses Buch deckt sämtliche Lernfelder des Rahmenlehrplans ab und bietet daher optimale Lernhilfen für Klausuren und Prüfungen.

Auch Studierenden und „ausgelernten" Mediengestaltern möchte das „ABC der Mediengestaltung" nützlich sein: nämlich als verlässliches Nachschlagewerk.

Prüfungsrelevantes aus dem umfangreichen Anforderungsprofil der Mediengestaltung wird in diesem Fachbuch in Frage-Antwort-Technik dargeboten. Dabei wurde sehr darauf geachtet, Texte leicht verständlich zu formulieren und übersichtlich zu strukturieren. Inhalts- und Stichwortverzeichnis helfen Ihnen, das Gesuchte schnell zu finden.

November 2002
Autorin und Verlag

Vorwort zur 5. Auflage

Wir danken für die anhaltend gute Aufnahme unseres Wiederholungs-, Nachschlag- und Vorbereitungsbuches „ABC der Mediengestaltung – Digital- und Printmedien". Dieses Buch vermittelt Lernenden im Medienbereich das unverzichtbare Basiswissen ihres Berufs, wie es vor allem für Prüfungen benötigt wird.

Das Buch wurde wiederum aktualisiert und überarbeitet. Verbesserungsvorschläge haben wir berücksichtigt.

Selbstverständlich sind wir auch weiterhin an Ihrem Feedback interessiert.

Januar 2006
Autorin, Herausgeber und Verlag

Inhaltsverzeichnis

Fachrechnen im Überblick

Marketing

Was versteht man unter Marketing?

Marketing bedeutet übersetzt „Markt machen". Die Unternehmensführung ist marktorientiert. Anhand von Marketing-Instrumenten wird der Markt beeinflusst, um die gesetzten Ziele zu erreichen (Absatz, Kundengewinnung).

Welche Marketinginstrumente werden unterschieden?

Folgende **Marketinginstrumente** stehen dem Unternehmen zur Beeinflussung des Absatzmarktes zur Verfügung:

- Produktgestaltung
- Werbung und Public Relations
- Verkaufsförderung
- Sortimentspolitik
- Preis- und Konditionenpolitik
- Kundenselektion
- Kundenservice
- Wahl des Absatzweges (Direktabsatz oder Absatz über einen Absatzmittler)

Was ist Marketing-Mix?

Unter **Marketing-Mix** versteht man die optimale Zusammenstellung und Koordination der absatzpolitischen Instrumente.

Werbung

Welche Aufgaben hat die Werbung?

Die zentrale **Aufgabe der Werbung** besteht darin, das Angebot einer definierten Zielgruppe bekannt zu machen und in deren Bewusstsein aktuell zu halten, um eine spontane Erinnerung zu ermöglichen (aktiver Bekanntheitsgrad).

Es gibt verschiedene Arten der Werbung, die sich aus Aspekten wie Ziel, Inhalt und Gegenstand, Zyklen, Adressatenkreis u.a. ergeben. Nennen Sie einige dieser Werbearten!

Die **Werbung** kann nach folgenden Gesichtspunkten näher bezeichnet werden:

- Ziele der Werbung
  - Einführungswerbung
  - Expansionswerbung
  - Erhaltungswerbung
- Zahl der Umworbenen
  - Einzelumwerbung
  - Massenumwerbung
- Zahl der Werbenden
  - Alleinwerbung
  - Kollektivwerbung
- Inhalt der Werbung
  - informative Werbung

- suggestive Werbung
- Umsatzentwicklung
  - zyklische Werbung
  - antizyklische Werbung
- Gegenstand der Werbung
  - Produktwerbung
  - Firmenwerbung (Imagewerbung = Public Relations)
- angesprochener Personenkreis
  - Händlerwerbung
  - Verbraucherwerbung
  - Opinionleader-Werbung

Unterscheiden Sie Einführungs-, Expansions- und Erhaltungswerbung!

Werbung kann folgende Ziele verfolgen:

- **Einführungswerbung**, d. h., die Werbung soll das Begehren des Umworbenen wecken für ein am Markt neu eingeführtes Produkt
- **Expansionswerbung**, d. h., das Ziel ist Umsatzsteigerung für die angebotenen Produkte. Dies kann auf folgende Weise erreicht werden:
  - Gewinnung neuer Kunden
  - Mehrkäufe alter Kunden
- **Erhaltungswerbung**, d. h., die Werbung soll bewirken, dass das Produkt nicht aus dem Gedächtnis des Umworbenen verschwindet.

Unterscheiden Sie Einzel- und Massenwerbung!

Bei der **Einzelumwerbung** werden einzelne Personen direkt und persönlich angesprochen, u. a. durch Vertreterbesuche oder mit Direkt-Mailings.
Bei der **Massen(um)werbung** wird über Massenmedien (TV, Rundfunk, Zeitschriften) ein sehr großer Personenkreis angesprochen. Da hierbei möglichst viele Konsumenten erreicht werden sollen, ist es schwierig, alle Wünsche und Vorstellungen der Konsumenten zu berücksichtigen.

Unterscheiden Sie Allein- und Kollektivwerbung!

Von **Alleinwerbung** wird gesprochen, wenn eine Firma für sich selbst wirbt. Dies hat den Vorteil, dass die Werbung auf die eigenen Unternehmensmerkmale abgestimmt werden kann.
Bei der **Kollektivwerbung** schließen sich mehrere Unternehmen zusammen:

- **Sammelwerbung**, d. h., die Unternehmen werden namentlich genannt (z. B. Baumärkte werben gemeinsam für Parkettboden)
- **Gemeinschaftswerbung**, d. h., die Unternehmen bleiben anonym (z. B. „Mit Zucker lacht das Leben“)

Unterscheiden Sie informative und suggestive Werbung!

Bei der **informativen Werbung** steht die sachliche Information über das Produkt im Vordergrund (z. B. Darbietungen und Aussagen über technische Ausstattung sowie den Verwendungszweck des Produkts).

Die **suggestive Werbung** hingegen bezieht sich auf Gefühle und Bedürfnisse der Konsumenten.

Unterscheiden Sie zyklische und antizyklische Werbung!

Die **zyklische Werbung** orientiert sich am Umsatz oder Gewinn des Unternehmens, d. h., die Werbeausgaben sind umso höher, je besser die Situation des Unternehmens ist.
Antizyklische Werbung wird verstärkt in der Depression oder Rezession betrieben. Diese Art von Werbung wird nicht nur im kommerziellen Bereich, sondern auch in den nichtkommerziellen Bereichen eingesetzt.

Unterscheiden Sie Werbung und Propaganda!

Werbung ist ein Marketinginstrument zur Beeinflussung von Menschen. Durch den Einsatz von Werbemitteln und Werbeträgern sollen die Ziele des werbenden Unternehmens verwirklicht werden.
Als **Propaganda** bezeichnet man vereinfachende oder wahrheitswidrige Werbung für politische Ideen und Denkweisen (z. B. vor Wahlen).

Unterscheiden Sie Bringprinzip und Holprinzip!

Von **Bringprinzip** spricht man, wenn die Informationen an den Konsumenten herangetragen werden, z. B. Zeitungen, Broschüren, Werbematerialien, TV-Sendungen. Von **Holprinzip** spricht man, wenn die Informationen angefordert oder gesucht werden müssen, z. B. CD-ROMs oder Internet.

Nennen Sie Grundsätze erfolgreicher Werbung!

Wichtige Grundsätze erfolgreicher Werbung sind:
- **Zielgruppenbestimmung**, d. h., die Zielgruppe muss genauestens definiert sein. Dadurch kann die Werbung besser auf den umworbenen Personenkreis abgestimmt werden und diesen gezielter ansprechen.
- **Werbewirksamkeit**, d. h., der Werbeinhalt und die Werbemittel müssen auf die Zielgruppe abgestimmt sein (u. a. Wahl der Farbe, der Bilder und der Texte).
- **Werbewahrheit**, d. h., die Werbung soll nur sachlich richtige Informationen enthalten. Unwahre und irreführende Angaben sind nach dem Gesetz gegen unlauteren Wettbewerb verboten.

- **Werbeklarheit**, d. h., die Werbeaussage soll eindeutig und leicht verständlich sein.
- **Wirtschaftlichkeit der Werbung**, d. h., die Werbekosten sollen in angemessenem Verhältnis zum Werbeerfolg stehen.

Was sind Opinion Leaders?

Als **Opinion Leaders** (Meinungsführer) bezeichnet man Konsumenten, deren Interesse und Wissen sich auf bestimmte Gebiete konzentrieren. Für diese Zielgruppe eignet sich am besten die rein informative Werbung, wofür meist eine Anzeige in Fachzeitschriften in Frage kommt. Da der Opinion Leader aufgrund seines speziellen Wissens oft von seiner Umwelt um Rat gefragt wird, zählt diese Zielgruppe zu einer für die Werbung wichtigsten und profitabelsten.

Corporate Identity

Was versteht man unter Corporate Identity?

Das **Corporate Identity** (CI) ist die nach außen und innen wirksame (= gelebte) Persönlichkeit, Philosophie, Identität und Kultur eines Unternehmens, das geistige Band, das alle zusammenhält und motiviert sowie seine kommunikative Umsetzung im Erscheinungsbild nach außen und innen.

Welche Probleme können durch die CI bei Markenartikelherstellern auftreten?

Durch **Corporate Identity** sollen die relevanten Zielgruppen einen einheitlichen Eindruck vom gesamten Unternehmen bekommen. Für Markenartikelhersteller ist es jedoch problematisch, die einzelnen Markenimages (brand identity) mit der CI derartig zu verbinden, dass die bestmögliche Wirkung erzielt wird. Die Schlüsselfrage lautet: Welche Produkte, Leistungen, Marken sollen mit erkennbarer Zugehörigkeit zum Stammhaus auftreten und welche sollen konsequent eigenständig, ohne Bezug zur CI geführt werden?

Was sind die Ziele der CI?

Ziele der CI sind Meinungs- und Willensbildung bei den Adressaten sowie die Beeinflussung ihrer Handlungen gegenüber dem Unternehmen.

- Nach außen: Glaubwürdigkeit, Sympathie, Verständnisbereitschaft, positive Einstellung der Presse, stabile Börsenkurse, Kreditzusagen, Käufe usw.;
- nach innen: Wir-Bewusstsein, Gefühl der Zugehörigkeit, geringe Fluktuation und wenig Fehlzeiten, Steigerung des Leistungswillens usw.

Wie untergliedert sich die Corporate Identity?	Die **Corporate Identity** besteht u. a. aus: • Corporate Behaviour (CB) • Corporate Communication (CC) • Corporate Design (CD) • Corporate Image
Was ist Corporate Behaviour?	**Corporate Behaviour** (CB) ist das Unternehmensverhalten, d. h. die Verhaltensweise im Auftritt auf dem Markt und zu den eigenen Mitarbeitern. Es wird auch häufig als **Corporate Culture** bezeichnet.
Was ist Corporate Communication?	**Corporate Communication** (CC) ist die Botschaft, Verlautbarung, d. h. die Synergie (positive Effekte durch Zusammenwirken) aller kommunikativen Aktivitäten.
Was ist Corporate Design?	**Corporate Design** (CD) bezeichnet das einheitliche Erscheinungsbild eines Unternehmens. Ein hoher Wiedererkennungswert spielt dabei eine große Rolle. Folgende Kriterien verhelfen dem CD zum einheitlichen Erscheinungsbild: • Logo • Hausschrift • Hausfarben • Tonalität • Architektur • Büroausstattung • Firmenwagen • Berufskleidung
Was ist Corporate Image?	**Corporate Image** ist das Unternehmen aus der Sicht des Konsumenten.
Was ist ein Design-Manual?	Um ein einheitliches Design zu gewährleisten, werden Gestaltungsrichtlinien aufgestellt und in einem **Design-Manual** veröffentlicht. Neben den Firmenfarben und -schriften findet man darin auch Bemaßungen für diverse Geschäftsdrucksachen bis hin zu Fotokonzepten.
Was muss bei der Logo-Gestaltung berücksichtigt werden?	**Logos** richten sich nicht nach der Zielgruppe, sondern nach dem, was das Unternehmen darstellt, der Corporate Identity. Wichtig sind hierbei: • Prägnanz (Treffsicherheit) • hoher Wiedererkennungswert • Eindeutigkeit • Abstraktion, um Aufmerksamkeit zu wecken • informativ • auf das Wesentlichste reduziert • zeitlos **technische Verwendbarkeit:** • faxfähig, kopierfähig • bei den Farben sollten die Kosten berücksichtigt werden

- es sollte vektorisiert sein, da flexibel zu vergrößern
- es sollte auch stark verkleinert erkennbar sein, z. B. auf einem Kugelschreiber

Welche Logoarten gibt es?

Logos können aus verschiedenen Elementen bestehen. Folgende **Logoarten** werden unterschieden:

- Bildzeichen (auch Bildmarke oder Signet genannt) Symbol ohne Text = einprägsam, z.T. nicht eindeutig
- Wortzeichen (Wortmarke, Logo wörtlich genommen) nur Text, ohne Symbol = weniger einprägsam
- Buchstabenzeichen
  z. B. BMW = markant, aber schlecht einprägsam, da nicht informativ
- Zahlenzeichen
  z. B. 123 = abstrakt, aber schlecht einprägsam, da nicht informativ
- kombiniertes Zeichen
  bestehend aus Wort bzw. Buchstaben und Symbol = einprägsam, eindeutig, aber oft althergebracht

Welche Positionierungsmöglichkeiten gibt es für Symbol und Wortzeichen bei kombinierten Logos?

Beim **kombinierten Logo** sind verschiedene Positionen zwischen Symbol (Signet) und Wortzeichen möglich:

- Lok-Prinzip (Symbol steht vor dem Wortzeichen)

  S FirmenName

- Schub-Prinzip (Symbol steht hinter dem Wortzeichen)

  FirmenName S

- Star-Prinzip (Symbol steht über dem Wortzeichen)

  S
FirmenName

- Anker-Prinzip (Symbol steht unter dem Wortzeichen)

  FirmenName
S

- Triebwagen-Prinzip (Symbol zwischen Wortzeichen)

  Firmen S Name

- Insel-Prinzip
  Symbol und Wortzeichen stehen einzeln und bilden somit getrennte Einheiten

Wodurch wird das Logo zur Marke (Brand)?

Eine **Marke** (Brand) ist ein als Warenzeichen eingetragenes Logo, das vor allem Höherwertigkeit signalisiert, also über rein rationale Qualitätsargumentation hinausgeht. Je mehr Werbung, desto bekannter die Marke und desto fester die Kundenbindung.

Was ist mit „Redesign" bei der Mediengestaltung gemeint?

Redesign bedeutet Modernisierung bereits vorhandener, doch mittlerweile antiquierter Werbeelemente. Beispielsweise kann es sinnvoll sein, bei Veränderungen und Marktanpassungen das Logo eines Unternehmens zu redesignen. Hierbei ist jedoch die Wiedererkennung von großer Bedeutung.

Was heißt Relaunch?

Neugestaltung oder Wiederbelebung eines Mediums, einer Marke o.ä., deren Akzeptanz stagniert oder rückläufig ist, nennt man **Relaunch**. Entweder gestaltet man eine Produktvariante oder vollzieht ein „face lifting".

Briefing

Was ist Briefing?

Das **Briefing** ist die Information, die das werbende Unternehmen dem mediengestaltenden Unternehmen zukommen lässt. Diese Infos beziehen sich auf das Produkt des Unternehmens und die Ziele, die mit dem Kommunikationskonzept für dieses Produkt erreicht werden sollen. Diese Informationen sind Grundlage eines jeden Kommunikationskonzepts.

Welche Briefingarten gibt es?

Folgende **Briefingarten** gibt es:
- Briefing (Informationen bei Auftragserteilung)
- Re-Briefing (Nachbesprechung mit evtl. Änderungen und Abstimmungsmöglichkeiten)
- De-Briefing (Rückmeldung des Auftraggebers bezüglich Qualität und Auftragsdurchführung)
- Brand Review Meeting (Meinungsaustausch aller Beteiligten zur Verbesserung und Optimierung)

Was enthält ein Briefing?

Das **Briefing** enthält:
- Ansprechpartner
- Werbeobjekt
- Werbeziel
- Zielgruppe
- den Wettbewerb
- Vorteile
- den USP (Kernvorteil, Produktversprechen)

	• Tonalität (Stimmigkeit) • Positionierung • Medien (Auswahl der Werbeträger und -mittel) • geografisches Gebiet (regional oder bundesweit) • Budget • Material, das zur Verfügung steht (Bilder, Texte etc.)
Erläutern Sie, was unter Werbeziel zu verstehen ist!	Für ein **Werbeziel**, das mit spezifisch ausgewählten Werbemaßnahmen erreicht werden soll, gelten folgende Kriterien: • **Zielinhalt** (was die Werbung bezwecken soll, z. B. Einführungswerbung) • **Zielausmaß** (z. B. möglichst viele Kunden „an Land ziehen") • **Zielzeitraum** (bis wann das Ziel erreicht werden soll) Das Werbeziel lässt sich in zwei Gruppen gliedern: **Kommunikative Werbeziele** • Aktualität für Produkt erzeugen • Produkt- bzw. Markenbindung erhöhen • Emotionen für das Produkt auslösen • Konkurrenzdifferenzierung schaffen • Markenimage verbessern • Markenbekanntheit fördern • Information über die Marke vermitteln **Ökonomische Werbeziele** • Umsatz erhöhen • Marktanteil erhöhen • Kaufhäufigkeit steigern • Attraktivität des Produkts für den Handel erhöhen
Nach welchen Kriterien beurteilt man die Zielgruppe (Adressaten)?	Die **Zielgruppe**, d. h. die Personengruppe, die durch die Werbebotschaft angesprochen werden soll, wird nach folgenden Kriterien beurteilt: • psychischen • physischen • sozialen • geografischen • demografischen (Alter, Berufsschicht) • sozialdemografischen (Sinus-Milieus)
Was sind Sinus-Milieus für die Marketing- und Kommunikationsplanung?	**Sinus-Milieus** bezieht sich auf die sozialdemografische Beschreibung von Basiszielgruppen. Menschen, deren Lebensweise und Lebensauffassung ähnlich sind, werden hierbei zusammengefasst. Dabei fließen grundle-

gende Wertorientierungen und Einstellungen zum Alltagsleben, zu Arbeit, Freizeit, Familie, Konsum und Medien gleichermaßen mit ein.
Folgende Milieus werden unterschieden:
- Gesellschaftliche Leitmilieus
  - Etablierte (Erfolgs-Ethik, Exklusivitätsansprüche)
  - Postmaterielle (liberal, intellektuelle Interessen)
  - Moderne Performer (intensives Leben, flexibel)
- Traditionelle Milieus
  - Konservative (gepflegte Umgangsformen, humanistische Pflichtauffassung)
  - Traditionsverwurzelte (sicherheits- und ordnungsliebend)
  - DDR-nostalgische (altsozialistische Vorstellungen)
- Mainstream-Milieus
  - Bürgerliche Mitte (harmonische Verhältnisse)
  - Konsum-Materialisten (Anschluss an Konsum-Standard trotz sozialer Benachteiligung)
- Hedonistische Milieus
  - Experimentalisten (Lifestyle, spontan, chaotisch)
  - Hedonisten (modern, spaß-orientiert)

Worauf wird beim Wettbewerb geachtet?

Folgende Punkte müssen beim **Wettbewerb** (Mitbewerber am Markt) genau beobachtet werden:
- Vorteile der Mitbewerber
- Auftreten der Mitbewerber (um sich von ihnen abzuheben)
- Marktanteile der Mitbewerber

Was versteht man unter Positionierung?

Als **Positionierung** wird die Abhebung des Produkts bzw. der Dienstleistung aus der Masse gleichartiger Angebote im Wettbewerb bezeichnet.

Mit welchen Mitteln wird eine Werbestrategie entwickelt?

Um das Ziel der Werbung zu erreichen, muss eine auf das Produkt abgestimmte **Strategie** entwickelt werden. Mit folgenden Maßnahmen wird diese Strategie erarbeitet:
- Consumer Benefit/USP
- Reason Why
- Tonalität

Was bedeutet Consumer Benefit?

Als **Consumer Benefit** bezeichnet man ein Nutzenversprechen, das bewusst auf Wünsche und Bedürfnisse der Konsumenten abzielt. Wie also soll die zentrale Werbeaussage lauten bzw. welches Produktversprechen soll und kann herausgestellt werden?

Welche Nutzenarten gibt es für die Adressaten?	Am Beispiel „Handy" werden die **Nutzen** erläutert: • **Grundnutzen** (man kann telefonieren) • **Zusatznutzen** (man kann auch Termine speichern) • **emotionaler Nutzen** (man gehört zu den trendigen Leuten) Der Nutzen findet sich meist in einem **Slogan** bzw. **Claim** wieder, z. B. „...und du bist voll im Trend!"
Was bedeutet USP?	Unter **USP** (unique selling proposition) versteht man den einzigartigen Verkaufsvorteil gegenüber den Mitbewerbern. Wenn kein einzigartiger Nutzen gegenüber Produkten der Konkurrenz besteht, wird dem Produkt ein emotionaler Nutzen zugeschrieben (künstlicher USP).
Was versteht man unter emotionalem Nutzen?	Um das Kaufverlangen des Betrachters zu verstärken, wird oftmals ein **emotionaler Nutzen** eingesetzt. Emotionale Nutzen bauen auf die Bedürfnisse auf, nach denen jeder Mensch strebt: • physische Bedürfnisse: Nahrung, Kleidung, Wohnung • Sicherheitsbedürfnisse: Profit, Ersparnis (Geld, Zeit...) • soziale Bedürfnisse: Frieden, Geborgenheit, Harmonie, Bestätigung • Bedürfnis nach Wertschätzung: Stolz, Anerkennung, Prestige • Selbstverwirklichungsbedürfnisse: Vergnügen, Spaß, unbeschwertes Leben
Was bedeutet „Reason Why" bei den beworbenen Produkten?	Unter **Reason Why** versteht man die Begründung, am besten den Beweis eines Nutzenversprechens für den Konsumenten. Ziel ist es, die aufgestellte Behauptung glaubhaft zu machen. Reason Why liefert sozusagen den Grund für diese Bestätigung. Je höher der Anspruch des Produktes, desto wichtiger der Reason Why.
Was ist „Tonalität" in der Werbebotschaft?	Die **Tonalität** ist der Grundton bzw. das Auftreten der Werbebotschaft. Diese Tonalität muss durchgängig und konsequent eingehalten werden (Stimmigkeit). Sie beschreibt die Atmosphäre, in der das Produkt bzw. die Dienstleistung – strategisch „verpackt" – auftreten soll. Beispiele: jugendlich, sportlich, dynamisch, traditionsbewusst, elegant, heimatverbunden etc.

Marktforschung

Was ist Marktforschung?

Als **Marktforschung** wird die planmäßige Beschaffung von Informationen bezeichnet, welche für die Einschätzung und Beeinflussung des künftigen Absatzes erforderlich ist.

Nennen Sie die Bereiche und Aufgaben der Marktforschung!

Unter die Bereiche der Marktforschung fallen:

- **Bedarfsforschung** (Analyse der Nachfrage), d.h. Erforschung von
  - Marktgröße und -aufnahmefähigkeit (Sättigungsgrad)
  - Kaufkraft und deren Veränderungen
  - Käufergewohnheiten und Kaufmotiven
  - demografischer Bestimmung der Nachfrager (z. B. nach Alter, Geschlecht, Beruf, Einkommen)
- **Konkurrenzforschung** (Analyse des Angebots), d.h. Erforschung von
  - Konkurrenz (z. B. Umsatz, Marktanteil)
  - Konkurrenzprodukten (z. B. Qualität, Preis)
  - Konkurrenzverhalten (z. B. absatzpolitische Maßnahmen)
- **Absatzforschung** (Analyse der betrieblichen Absatzsituation), d.h. Erforschung der
  - Wirkung der eingesetzten absatzpolitischen Maßnahmen
  - eigenen Marktstellung (z. B. Marktanteil, Absatzgebiet)

Was versteht man unter Marktanalyse?

Bei der **Marktanalyse** wird ein räumlich abgegrenzter Teilmarkt, z. B. im Hinblick auf Anzahl, Kaufkraft und Struktur der potentiellen Konsumenten, zerlegt. Diese Analyse wird meistens nur einmalig und zu einem bestimmten Zeitpunkt durchgeführt.

Was heißt Marktbeobachtung?

Bei der **Marktbeobachtung** wird der Markt über einen längeren Zeitraum hinweg verfolgt. Dabei werden vor allem die Veränderungen des Marktgeschehens erfasst, wie z. B. Mode oder Geschmackswandel.

Unterscheiden Sie Marktprognose und Absatzprognose!

Die **Marktprognose** ist das Resultat von Marktbeobachtung und Marktanalyse. Sie beschäftigt sich mit der zukünftig absehbaren Entwicklung des Marktes (Trends).

Die **Absatzprognose** ist ebenfalls das Resultat von Marktbeobachtung und Marktanalyse. Jedoch beschäftigt sie sich mit der Vorhersage des zukünftigen betrieblichen Absatzes.

Was bedeutet Primärforschung?

Wenn sich ein Unternehmen die notwendigen Informationen durch eigens durchgeführte Untersuchungen selbst beschafft, nennt man dies **Primärforschung** (Feldforschung). Da Primärforschung sehr kostenaufwändig ist, wird sie oft an Marktforschungsinstitute vergeben. Methoden der Primärforschung sind:

- mündliche Befragung (Interviews)
- schriftliche Befragung (z. B. mit Hilfe von Fragebogen, Response-Elementen)
- Beobachtung (z. B. Einkaufsverhalten)
- Tests (z. B. Reaktionen auf Produktgestaltung)

Was versteht man unter Sekundärforschung?

Bei der **Sekundärforschung** (Schreibtischforschung) wird auf vorhandenes Datenmaterial zurückgegriffen. Man unterscheidet:

- interne Informationsquellen,
  z. B. Umsatz- und Absatzstatistiken, Daten der Buchhaltung
- externe Informationsquellen,
  z. B. Veröffentlichungen der statistischen Erhebungen von Ämtern, der Wirtschaftsinstitute und Verbände, Berichte aus Fachzeitschriften

Werbe- bzw. Kommunikationsstrategie

Was ist ein Werbe- bzw. Kommunikationskonzept?

Im Werbe- bzw. Kommunikationskonzept wird festgelegt, durch welche Werbemaßnahmen man das Produkt bestmöglich an den Käufer bringt.

Was sind Werbemaßnahmen?

Um die gesteckten Ziele der Werbung zu erreichen, müssen **Werbemaßnahmen** ergriffen werden, z. B.:

- Events
- Internetauftritt
- Newsletter
- Gewinnspiele
- Merchandising
- Sponsoring

- Verkaufsförderung (mit Giveaways locken)
- Direktmarketing
- Public Relations
- persönlicher Verkauf (z.B. durch Vertreter)
- allgemeine Werbemittel

Was ist ein Kommunikationsmix?

Der **Kommunikationsmix** ist eine individuell auf das Projekt und die Zielgruppe abgestimmte Kombination von Werbemaßnahmen.

Was sind Werbemittel und welche Werbemittel können eingesetzt werden?

Werbemittel sind Medien zur Durchführung der Werbung. Von den zahlreichen Werbemitteln sollen nur die wichtigsten genannt werden:

- Anzeigen in Zeitschriften und Zeitungen
- Werbesendungen in Rundfunk und Fernsehen
- Prospekte und Kataloge
- Broschüren und Flyer
- Poster
- Werbebriefe und Postwurfsendungen
- Warenproben und Muster
- Werbegeschenke (Giveaways), z. B.
  - Kugelschreiber
  - Mousepads
  - Notizblöcke

Werbemittel können entsprechend der formalen Gestaltung gegliedert werden in:

- optisch (grafisch), z. B. Flyer
- akustisch, z. B. Rundfunkwerbung
- audio-visuell, z. B. TV-Werbung

Welche Werbeträger gibt es?

Über die Werbeträger (Streumedien) werden die Werbemittel den Konsumenten präsentiert. Als **Werbeträger** können Personen, Gegenstände oder Institutionen in Frage kommen, z. B.:

- Zeitungen und Zeitschriften
- Rundfunk und Fernsehen
- Pinnwände und Litfasssäulen
- Internet

Was ist Cross-Media?

Unter **Cross-Media** versteht man die Aufbereitung von Texten und Bildern für verschiedenste Medienformen wie Printprodukte, CD-ROMs, Internet oder Online-Systeme.

Was versteht man unter Public Relations und wozu dienen Public-Relations-Maßnahmen?	**Public Relations** (Öffentlichkeitsarbeit) dienen hauptsächlich dazu, das Image eines Unternehmens zu verbessern bzw. wieder zu beleben. Absatzsteigerung ist zwar kein Ziel dieser Maßnahme, jedoch kann ein gutes Image zweifelsohne dazu beitragen. Public Relations richtet sich stets an die gesamte Öffentlichkeit. Public-Relations-Maßnahmen sind unter anderem: • Betriebsbesichtigungen • Firmenzeitschriften • Pressekonferenzen • Anzeigen und Berichte in Massenmedien • Sportförderung • Spenden für soziale Zwecke
Was ist Sponsoring?	**Sponsoring** bedeutet die Bereitstellung von Geld, Sachmitteln oder Dienstleistungen durch Unternehmen zur Förderung von Firmen, Projekten, Vereinen, um damit gleichzeitig Ziele der eigenen Unternehmenskommunikation zu erreichen, z.B. im Sport.
Was ist Merchandising?	Als **Merchandising** bezeichnet man den Verkauf von Produkten, die im Zusammenhang beispielsweise mit Kinofilmen, Stars... stehen, z. B. Fanshops.
Was ist Verkaufsförderung?	Die **Verkaufsförderung (Sales-promotion)** umfasst: • Schulung und Verkaufstraining des Verkaufspersonals • Verkaufsprämien • Produktvorführungen • Displays • Proben, Muster und Kundenzeitschriften • Preisausschreiben
Was versteht man unter Display in der Produktwerbung?	**Display** ist eine besondere Form der Warenpräsentation mit dem Ziel, die Waren in Blickkontakt zu rücken. Display-Materialien können sein: Behälter, Ständer, Regale, Körbe und Plakate.
Was ist Direktmarketing?	Das **Direktmarketing** umfasst sämtliche Möglichkeiten, um einer Zielgruppe Produkte oder Dienstleistungen individuell anzubieten und Reaktionen der Zielgruppe zu erfahren. Direktmarketing ermöglicht es, die Zielgruppe detaillierter anzusprechen. Das Ziel ist dabei nicht unbedingt der sofortige Verkauf von Produkten oder

Dienstleistungen, sondern einen mehrstufigen Dialog mit dem Verbraucher zu führen, so genannte „Kontaktketten" zur Kundenbindung aufzubauen. Als Identifikationsmerkmale für Direktmarketing gelten:

- die direkte Ansprache der Zielgruppe über Adressmaterial
- bei Anzeigen die Möglichkeit der Rückantwort
- die Betreuung und Auswertung von Marketingdaten der Zielgruppe
- die Möglichkeit der Kundenselektion
- das personalisierte Ansprechen der Zielgruppenpersonen im Auftrag des Anbieters
- Testformen, um das Produkt, dessen Auftritt etc. zu überprüfen
- eine nachweisliche Erfolgskontrolle

Was versteht man unter Event in der Werbung? Welchen Nutzen versprechen diese Events?

Die Erlebnisinszenierung „**Event**" galt ursprünglich als Veranstaltung, bei der sich z. B. Gleichgesinnte einer Trendsportart trafen, um sich auszutauschen. Später wurde der Event von den Herstellern entdeckt, um die Idolfiguren während der Events zu sponsern und so Trendsetter zu unterstützen.
Der Vorteil eines Events ist, dass sich im idealen Umfeld Produkte und Zielgruppe direkt begegnen. Heute ist der Begriff Event zum Gebrauchswort für allerlei Verkaufsveranstaltungen geworden, die über den klassischen Jahrmarkt hinausgehen.

Was ist im Werbeplan enthalten?

Der **Werbeplan** legt folgende Faktoren fest:

- **Werbeinhalt**
  was die Werbung aussagt (richtet sich nach den Werbegrundsätzen)
- **Streukreis**
  welcher Personenkreis umworben wird (Zielgruppenbestimmung)
- **Streugebiet**
  wo geworben wird (Festlegung der geografischen Schwerpunkte)
- **Reichweitenbestimmung**
  wie viele umworben werden (ist abhängig von Streukreis und Streugebiet)
- **Streuweg**
  wie geworben wird (Werbemittel und Werbeträger werden festgelegt)

- **Streuzeit**
  wann geworben wird (Zeitraum und Quantität der Werbemaßnahmen werden festgelegt)
- **Werbeetat**
  mit welchem Kostenaufwand geworben wird (Festlegung der verfügbaren finanziellen Mittel)

Was versteht man unter Zeitplanerstellung?

Ist eine komplette Werbekampagne geplant, benötigt man einen **Zeitplan**, um einen Überblick zu erhalten, wann und wie lange die ausgewählten Werbemittel bzw. Werbeträger eingesetzt werden sollen.

Welche Arten der Anzeigenschaltung werden unterschieden?

Folgende Möglichkeiten gibt es, eine Anzeige bzw. Anzeigenkampagne zu schalten:
- breit (große Reichweite, wenig Kontaktchancen)
- tief (kleine Reichweite, viele Kontaktchancen)
- Mehrkanaligkeit (Media-Mix)

Bezüglich Präsenz bestehen folgende Möglichkeiten:
- konstant • • • • • • • • •
- schubweise •••• •••• •••• ••••
- pulsierend ••• • ••• • ••• •

Welche Möglichkeiten gibt es im Internet zur Kundengewinnung?

Um im Internet möglichst viele Besucher auf die Website zu locken, gibt es unterschiedliche Möglichkeiten:
- Anmeldung bei Suchmaschinen, Webverzeichnissen und Portalen
- Bannerwerbung
- mit kostenlosen Angeboten locken
- Mundpropaganda durch Empfehlung der Site

Welche Mittel zur Kundenbindung im Internet gibt es?

Zur **Kundenbindung im Internet** finden folgende Mittel Einsatz:
- Newsletter
- E-Mail-Werbung
- Community (Chats, Diskussionsforen)
- Personalisierung auf Webseiten
- Goodies (kostenlose E-Mail-Adressen, Online-Spiele, Gewinnspiele, elektronische Postkarten)

Was ist bei Newsletters zu beachten?

Newsletters eignen sich nicht nur als Mittel zur Kundenbindung, sondern dienen auch als profitable Werbemittel. Jedoch sollten folgende Punkte beachtet werden:
- zielgruppenorientiert
- Information steht gegenüber Werbung im Vordergrund

- regelmäßiges Erscheinen
- problemlos abonnierbar und abbestellbar (opt-out)
- einheitliche Strukturierung aller Newsletters
- Feedbackmöglichkeiten

Welche rechtlichen Aspekte sollten bei der E-Mail-Werbung berücksichtigt werden?

Folgende Punkte sollten, rechtlich gesehen, bei **E-Mail-Werbung** beachtet werden:

- E-Mail-Werbung nur zuschicken, wenn Kundenkontakt besteht oder die Werbung angefordert wurde (opt-in).
- Werbe-E-Mails als Werbung kennzeichnen.
- Unverlangte Zusendung von E-Mails ist nur dann verboten, wenn keine Abbestellungsmöglichkeit (opt-out) besteht.

Werbetexten

Nennen Sie die Grundsätze guter Werbetexte!

Folgende **Grundsätze** sollten beim Texten berücksichtigt werden:

- positiv
- originell
- aussagekräftig
- eindeutig
- auf das Wesentliche reduziert
- emotional in bildhafter Sprache
- zielgruppenspezifisch
- Verben statt Substantive
- Aktiv statt Passiv
- persönlich
- von Mensch zu Mensch
- Fremdwörter vermeiden
- auf den Punkt bringen
- nicht zu kurz/nicht zu lang

Was ist ein Slogan?

Der **Slogan (Werbeschlagwort)** stellt eine kurze, prägnante Zusammenfassung einer zentralen Werbeaussage dar. Hauptkriterien sind hoher Erinnerungswert und konzentrierte Suggestionsdichte. Deshalb sollen Slogans unverwechselbar, leicht verständlich, eingängig und kurz sein. Beispiel: Nichts ist unmöglich – Toyota.

Welche Stilelemente können für Werbetexte genutzt werden?

Bei Werbetexten können unterschiedliche **Stilmittel** Einsatz finden:

- Aussagesatz
  Toyota überwindet Raumgrenzen

- Metrum (Versmaß) und Reim
  Haribo macht Kinder froh
- Alliteration (Stabreim: gleiche Anfangsbuchstaben)
  Mars macht mobil
- Abwandlung von Redewendungen, Sprichwörtern
  Alle Jahre Hübner
- Superlativ
  extrem fester Halt
- Vergleiche
  Zart wie ein Sommerregen
- Personifikation
  Renni räumt den Magen auf
- Anapher (Wiederholung des ersten Worts)
  Koche mit Liebe. Koche mit Eto.

Welche sprachlichen Mittel finden in Werbetexten Einsatz?

Folgende **sprachliche Mittel** finden in Werbetexten Verwendung:

- Sprachstil
  z. B. witzig, trocken, lebendig, monoton
- Wortcharakter
  z. B. bildhaft, emotional, abstrakt
- Wortarten
  - Adjektive, Substantive (das wilde Aroma)
  - Metapher (Bad der Sanftheit)
  - Reizwörter (Lebenslust, Sinnlichkeit, Abenteuer)
  - Semantische Aufwertungen, z. B.
    Entkonkretisierung (Hautcreme -> Pflegelotion)
    Aufwertende Appellative (Kneipe -> Location)
    Steigernde Komposita (Sonder-, Mega-, Ultra-)
    Neue Wortschöpfungen (Atmungsaktiv, Frischebox)
- Satzarten
  - Syntax (konkrete Aussage, z.B. es wirkt)
  - Appell (Entdecken Sie die Wirkung)
  - Darstellung (nach italienischem Originalrezept)
  - Rhetorische Fragesätze (Fühlen Sie sich auch oft niedergeschlagen?)
- Sondersprache
  Dialekt, Fachsprache, Trend- oder Jugendsprache
- Satzzeichen

Erläutern Sie den textlichen Aufbau von Werbeanzeigen!

Anzeigen werden wie folgt untergliedert:

- Headline (Aufmacher)
- Subline (Zwischenüberschriften)
- Copy (Fließtext mit Kernaussagen)

- Bulletpoints (grafische Mittel der Aufzählung)
- Captions (Bildlegenden)
- Slogan und Logo

Welche Anforderungen sollte eine Headline erfüllen?

Folgende Kriterien sollen beziehungsweise können **Headlines** erfüllen:
- auffallen
- informieren
- versprechen (Kundenvorteil hervorheben)
- Denkanstöße geben
- Image transportieren
- Lebensgefühl ausdrücken – neugierig machen
- konkretisieren
- provozieren
- überraschen (Normverstöße, Paradoxon)

Welche Kriterien sollte ein Copy-Text (Fließtext) erfüllen?

Copy-Text soll folgende Kriterien erfüllen:
- flüssig geschrieben
- verständlich
- wohlklingend
- bildliche Vorstellung vermittelnd
- informativ
- Benefit (Nutzen für den Leser) berücksichtigend
- einheitlicher Stil
- Neugierde erweckend
- harmonierend mit Headline und Bild

Erfolgskontrolle

Nennen Sie Möglichkeiten der Werbeerfolgskontrolle!

Durch die **Werbeerfolgskontrolle** wird gemessen, wie gut die Werbeziele (Soll-Ist-Vergleich) und die Wirkung der Werbemaßnahmen erreicht worden sind. Sie dient also dem Werbenden bei der
- Realisierung der Werbeziele
- Rechtfertigung der Werbeausgaben
- Planung zukünftiger Werbemaßnahmen

Es gibt zweierlei Arten von Erfolgskriterien:
- die **ökonomische** (wirtschaftliche) Werbeerfolgskontrolle stellt das Verhältnis des durch Werbung erzielten Umsatzzuwachses zu den dafür ursächlichen Kosten dar (Werberendite).

$$\textit{Werberendite} = \frac{\textit{Umsatzzuwachs}}{\textit{Werbekosten}}$$

- die **außerökonomische** Werbeerfolgskontrolle bedient sich Befragungen, Tests und statistischer Modelle mit dem Ziel, die Werbeerinnerung, Markenbekanntheit oder Kaufabsichten der Konsumenten zu erfahren.

Durch folgende Merkmale lässt sich die Erfolgskontrolle messen:

- Response-Elemente (Fragekarten zum Ausfüllen)
- Statistiken
- Umfragen

Im Internet durch:

- Visits
  Anzahl der Besucher
- Pageimpressions (PageViews)
  Anzahl der aufgerufenen HTML-Dokumente
- Logfiles

Was sind Logfiles?

Logfiles sind eine für die Erfolgskontrolle und anschließende Optimierung sehr bedeutende Datenquelle. Sie werden automatisch vom Webserver erzeugt und enthalten folgende benutzerspezifischen Daten:

- IP-Adresse des Besuchers
- abgerufene Seite
- Datum und Uhrzeit
- Browser und Betriebssystem
- Referrer (zuvor besuchte Seite)

Was versteht man unter Tausenderkontaktpreis?

Der **Tausenderkontaktpreis** besagt, wie teuer es ist, 1000 Personen mit einem Printmedium anzusprechen. Berechnung: Preis je Anzeigenseite x 1000 Auflage

Was besagt die Kontaktqualität?

Die **Kontaktqualität** bezeichnet Wirkungsgrad und -intensität eines Werbe- und Kommunikationsmittels.

Was besagt der Terminus Kontaktvolumen?

Das **Kontaktvolumen** gibt an, wie viele Leser zum Beispiel mit einer Anzeige beziehungsweise einem Direct-Mailing erreicht werden.

Schriftkunde

Historie der Schrift

Was ist Höhlenmalerei?

Die **Höhlenmalereien** waren gemalte oder geritzte geometrische oder figürliche Darstellungen auf Felswänden (Inhalt meist Jagd, Magie), aber keine Schrift.

Wie ist die Keilschrift, eine frühe Bilderschrift, zu ihrem Namen gekommen?

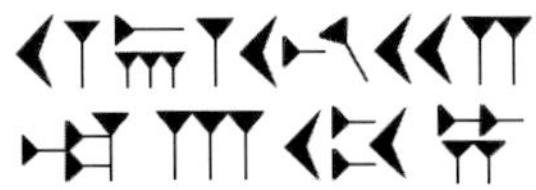

Keilschrift wurde vermutlich erstmals von den Sumerern im Jahre ca. 3000 v. Chr. angewendet. Sie wurde in feuchten Ton geritzt und da ihre Elemente alle keilförmig waren, hat sie wohl deshalb ihren Namen bekommen. Später wurde die Keilschrift von Babyloniern, Assyrern, Hethitern und Persern übernommen.

Was sind Hieroglyphen?

Eine wichtige Schrift in der Schriftentwicklung sind die **Hieroglyphen**.
Diese Schrift war anfangs eine ornamentale Bilderschrift, später als hieratische Schrift mit vereinfachten, leichter schreibbaren Zeichen eine Silben- und schließlich ansatzweise auch eine Lautschrift, also eine teilweise phonetisierte Schrift, die auf Papyrus geschrieben wurde.
Die Hieroglyphen, die von den alten Ägyptern entwickelt wurden, gibt es etwa seit dem Jahre 1350 v. Chr.

Wie verlief die Entwicklung weiter bis zur griechischen Schrift?

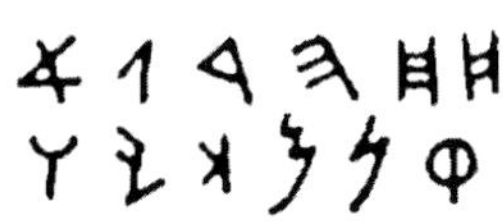

Die Phönizier schufen um 1200 v. Chr. schließlich ein Konsonanten-Alphabet aus 22 Zeichen, die **phönizischen Schriftzeichen**. Dieses erste Alphabet gelangte etwa 600 Jahre später nach Griechenland. Die Griechen fügten dem phönizischen Alphabet Vokale hinzu, und so entstand das griechische Alphabet, mit dem nun die vollständige und lautgetreue Wiedergabe des gesprochenen Worts ermöglicht wurde (Vollphonetisierung).

Aus welcher Schrift ist das kyrillische Alphabet entstanden, von welchen Völkern wird es verwendet?

АБГДЕЁЖ
ЗИЙКЛМО

Im 9.Jahrhundert n.Chr. aus der griechischen Schrift entwickeltes Alphabet, das von den slawischen Völkern, so auch den Russen und Bulgaren, übernommen wurde.

Was versteht man unter Capitalis?

Es sind die hauptsächlich aus griechischen Vorbildern entwickelten Majuskelschriften, also **Capitalis** monumentalis, Capitalis quadrata, Capitalis rustica und die ältere römische Kursive, eine mit dem Stilus auf Wachstafeln geschriebene Versalbuchstaben-Gebrauchsschrift.

Wie kam es zur Uncialis?

Unter dem Einfluss des Christentums und der römischen Kursive wandelten sich im späten weströmischen Reich die geometrischen Buchstabenformen in gerundete Zeichen. Es entstand die Großbuchstabenschrift **Uncialis**, die mit der Breitfeder auf Papyrus oder Pergament geschrieben wurde.

Wodurch unterscheidet sich die Semiuncialis (Halbuncialis) von der Uncialis?

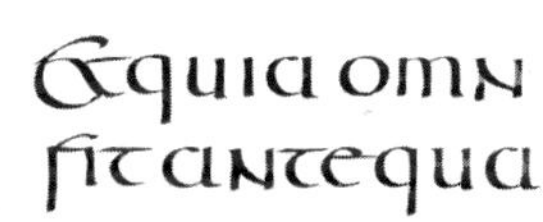

Die Versalschrift Uncialis entwickelte sich in der Völkerwanderungszeit zur Kleinbuchstabenschrift **Semi- oder Halbuncialis**, deren Variationen Nationalschriften heißen. Alle haben Ober- und Unterlängen.

Wie ist es zur karolingischen Minuskel gekommen?
Wie entwickelte sich die karolingische Minuskel weiter?

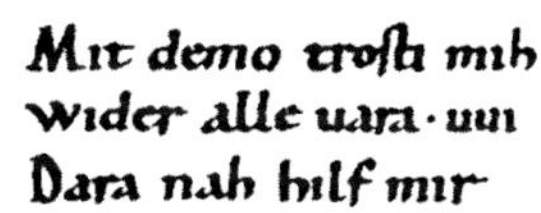

Im Reich Karls des Großen wurde der Wirrwarr der Nationalschriften durch eine der Halbuncialis ähnelnden Einheitsschrift beendet. Diese karolingische Minuskel wurde mit der Zeit immer enger geschrieben und mündete in die Gruppe der gebrochenen Schriften (Fraktur). Die originale **karolingische Minuskel** diente in der Renaissance als Vorbild, und sie wurde zur humanistischen Minuskel, der man die Versalien der Capitalis monumentalis hinzufügte. Das war die Geburt der Antiquaschriften.

Welche Faktoren beeinflussten die Schriftentwicklung?

Die **Schriftentwicklung** wurde beeinflusst vom
- Material (Stein, Wachstafeln, Papyrus/Pergament)
- Schreibwerkzeug (Hammer/Meißel, Stilus, Feder)
- Zweck (Inschrift, Buchschrift, Verkehrsschrift)
- Zeitgeist (Kunst, Lebensgefühl, Politik)

Schriftklassifikation

Einige Abbildungen dieses Abschnitts sind mit freundlicher Genehmigung des Verlags Beruf und Schule, Itzehoe, aus dem „Lehr- und Arbeitsbuch Grundlagen der Print- und Digitalmedien“, 5.Auflage, 2004, von Aull, Bühler, Huth und Westlinning übernommen worden.

Welches sind die gebräuchlichen Bezeichnungen am Buchstabenbild zur Kennzeichnung von Druckschriften?

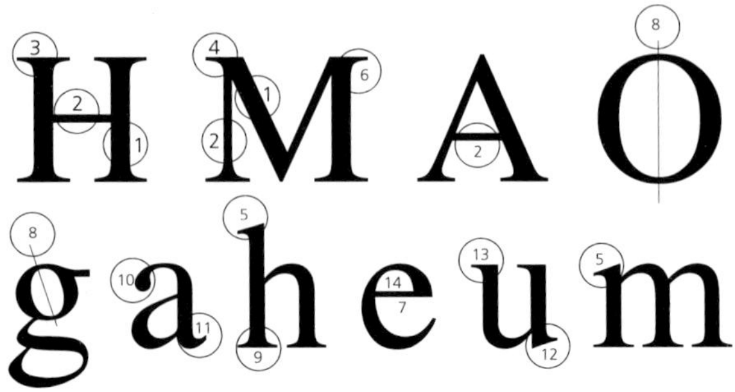

1 = Grundstrich (Abstrich, Stamm, Hauptstrich, starker Zug)
2 = Haarstrich (Aufstrich, schwacher Zug)
3 = Serife
4 = Halbserife
5 = Anstrich (hier Dachansatz, schräger Ansatz)
6 = ausgerundeter Übergang, Kehlung
7 = Querstrich des kleinen e
8 = Achse der Rundungen (gedachte Verbindung der dünnsten Strichstellen im O)
9 = flache oder konkave Basis der Serife
10 = Kugelende
11 = gerundeter Endstrich
12 = schräger Endstrich
13 = waagrechter Anstrich
14 = Auge, Punzen

Welche Anmutungsqualität und welche Kennzeichen sind für die venezianische Renaissance-Antiqua charakteristisch?

Die **Venezianische Renaissance-Antiqua** (seit 1470) ist durch elastische, spannungsvolle Leichtigkeit charakterisiert. Diese kann je nach Schriftschnitt im Grauwert variieren, etwa von abwechslungsreich bis gleichförmig. Gruppe I der Klassifikation.
Verwendung: Belletristik, klassische Literatur, repräsentative Drucksachen u.a.

- Die Strichdicken sind schwach differenziert.
- Die Achsen der Rundungen sind stark nach links geneigt.
- Der Querstrich des kleinen e liegt fast immer schräg.
- Der Übergang zu den Serifen ist stark ausgerundet.

Welche Anmutungsqualität und welche Kennzeichen sind für die französische Renaissance-Antiqua charakteristisch?

Die **französische Renaissance-Antiqua** (seit 1532) ist im Vergleich zu ihrer venezianischen Schwester ruhiger, solider, gleichmäßiger. Sie hat sich in all ihren variantenreichen Ausformungen durch die Jahrhunderte als exzellente Leseschrift bewährt. Sie bildet die Gruppe II.

- Die Strichdicken sind etwas stärker differenziert.
- Die Achse der Rundungen ist nach links geneigt.
- Der Querstrich des kleinen e liegt waagrecht.
- Der Übergang zu den Serifen ist stark ausgerundet.

Welche Anmutungsqualität und welche Kennzeichen sind für die Barock-Antiqua charakteristisch?

Die **Barock-Antiqua** (seit 1722) ist auf den virtuosen, spielerischen Umgang mit der Breitfeder, die gedreht, verkantet und auf die Spitze gestellt wird, zurückzuführen. Das ist wichtiger für das Formverständnis als der Hinweis auf die Kupferstecher-Schriften. Unterschieden wird in holländische, französische und englische Ausprägungen. Die Barock-Antiqua bildet Gruppe III.
Verwendung: Zeitung, Zeitschriften, Taschenbücher, Lexika

- Die Strichdicken sind ein wenig stärker differenziert.
- Die Achse der Rundungen ist leicht nach links geneigt oder senkrecht.
- Der Querstrich des kleinen e liegt waagrecht.
- Der Serifenübergang ist schwächer ausgerundet.

Welche Anmutungsqualität und welche Kennzeichen sind für die klassizistische Antiqua charakteristisch?

Die **klassizistische Antiqua** (seit 1789) zeigt ein kontrastreiches, präzises Bild von kühler Eleganz. Gruppe IV.
Verwendung: Urkunden, Jubiläen, sachbezogene Literatur, wissenschaftliche Werke, Prospekte

- Zwischen Grund- und Haarstrichen besteht ein harter, deutlicher Konstrast.
- Die Achse der Rundungen ist senkrecht.
- Die Serifen haben keine oder eine kaum wahrnehmbare Kehlung.

Welche Anmutungsqualität und welche Kennzeichen sind für die serifenbetonte Linear-Antiqua charakteristisch?

In dieser Gruppe sind Schriften von sehr unterschiedlicher Ausstrahlung zusammengefasst, von der reich durchgeformten, verbindlichen „englischen Egyptienne" bis zu den nüchternen, konstruierten Formen des beginnenden 20. Jahrhunderts. Gruppe V.

- Va: Egyptienne

Der Serifenansatz ist waagrecht und rechteckig ohne Kehlung. Außerdem sind die Serifen in derselben Stärke wie der Grundstrich oder der dünne Strich.

- Vb: Clarendon

Zum Stamm hin sind die Serifen stark ausgerundet. Ihre Endung ist rechteckig, und sie ist etwas schwächer als der Grundstrich.

- Vc: Italienne

Die Serifen der Italienne-Schriften sind fett, gekehlt oder ungekehlt (Blockserifen). Sie sind stets etwas stärker als der Grundstrich.

Verwendung: Werbung, Verpackung, Schilder, Plakate

Welche Anmutungsqualität und welche Kennzeichen sind für die serifenlose Linear-Antiqua charakteristisch?

Die **serifenlose Linear-Antiqua**, auch Grotesk oder Endstrichlose genannt, wirkt sachlich-nüchtern. Sie entstand im ersten Drittel des 19. Jahrhunderts. Gruppe VI.

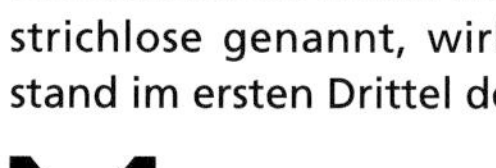

- Schriften dieser Gruppe haben keine Serifen.
- Die Strichstärken sind annähernd gleich.
- Die Grundformen sind entweder geometrisch „ɑ". oder gehen auf die Antiquaschriften zurück „a".

Was ist kennzeichnend für die Antiqua-Varianten?

Zu dieser Gruppe gehören Schriften, die keinen der vorangegangenen Schriften zuzuordnen sind. Gruppe VII. **Wirkung**: dekorativ, ungewöhnlich bis exzentrisch

Muot

Was ist kennzeichnend für die Schreibschriften?

Aus Handschriften entwickelte Druckschriften mit unterschiedlichem Duktus: u.a. Wechsel-, Schwell-, Band-, Pinselzug. Oft Zierschwünge bei Versalien. Gruppe VIII.

Muot

Was ist kennzeichnend für die handschriftliche Antiqua?

Schriften handschriftlichen Charakters, aber gerade stehend oder wenig geneigt, kaum verbindende Übergänge (wie bei Schreibschriften), selten Serifen. Gruppe IX.

Muot

Was sind gebrochene Schriften?

Alle **gebrochenen Schriften** (**Fraktur**) weisen je nach Untergruppe mehr oder weniger Brechungen auf, sogar in runden Zeichen wie a, e, o. Untergruppen sind Gotisch, Rundgotisch, Schwabacher, Fraktur, Varianten.

Muot

Was sind nach DIN 16518 fremde Schriften?

Fremde Schriften sind alle nichtlateinischen Schriften, so Kyrillisch, Hebräisch, Arabisch, Chinesisch.

Was versteht man unter Monospace-Schrift?

Als **Monospace** werden Schriften bezeichnet, bei denen die Dickte (Breite) aller Zeichen gleich ist (Schreibmaschinenschriften, z. B. `Courier`).

Zugrunde liegende Norm?

Die **DIN 16518** sieht diese Unterteilungen der Schriften in Gruppen vor.

Typografie

Was versteht man unter Typografie?	Gestaltung mit Schriften und zusätzlichen Mitteln wie Bild, Linien, Schmuck, Farbe, Kontrast, Fläche, um Inhalte lesefreundlich und überzeugend darzustellen. Die **Typografie** unterliegt zum einen bewährten Mustern, zum anderen ist sie das Spiegelbild modischer Gestaltungstrends. Jedoch sollten gewisse Grundregeln immer beachtet werden: • Schriftwahl • Laufweite • Schriftgröße • Zeilenabstand • Schriftmischung • Satzbreite (max. 60 Zeichen/Zeile) • Composing • gute Kontrastwirkung
Unterscheiden Sie Mikro- und Makrotypografie!	**Mikrotypografie** befasst sich mit den Details im Schriftsatz, vornehmlich bei größeren Textmengen, z. B. Zeitungsspalten oder Buchseiten. Das Verhältnis der Buchstaben, Wörter und Zeilen zueinander ist hier von Bedeutung (Laufweite, Wortabstand, Grauwert u.ä.) Die **Makrotypografie** beschreibt das ganze Drumherum, d. h. Konzeption und Idee, das Kreative also. Aber auch Flächenaufteilung und Platzierung sowie Papier-, Format-, Schrift- und Farbwahl, Komposition der Seiten und Umbruch werden in der Regel einbezogen.
Welche Kriterien beeinflussen die Schriftwahl?	Kriterien für die **Schriftwahl** sind: • Produkt (Prospekt, Gebrauchsanweisung, Literatur...) • Adressaten, speziell deren Leseverhalten • Druckverfahren und Medium (Papier, Bildschirm)
Was muss man bei Schriftmischungen beachten?	Folgende Punkte sollten bei der **Schriftmischung** beachtet werden: • Nach Möglichkeit nie mehr als drei Schriftarten miteinander mischen. • Deutliche Schriftunterschiede schaffen. • Serifenlose Schriften und Serifenschriften können meist problemlos gemischt werden. • Schriften aus einer Schriftfamilie (normal, kursiv, fett usw.) kann man gut mischen. • Niemals Schriften aus derselben Schriftklasse mischen.
Was bedeutet Grundschrift?	Mit **Grundschrift** wird die Schriftart bezeichnet, die im Satzprodukt durchgängig verwendet wird, ungeachtet dessen, ob unterschiedliche Auszeichnungen (fett, kursiv o.ä.) eingesetzt werden.

Was ist Blindtext?

Als **Blindtext** bezeichnet man beliebigen Text, der zur Veranschaulichung von Druckprodukten mit den gewünschten Attributen wie Schriftart, Schriftgröße, Zeilenabstand, Farbe o.ä. angeordnet wird, inhaltlich aber belanglos ist. Man erlangt so einen ungefähren Eindruck, wie die fertige Drucksache aussehen wird.

Was bedeutet Grauwert?

Der **Grauwert** oder das Graubild einer Seite wird vor allem vom Schriftschnitt, der Laufweite und dem Zeilenabstand bestimmt. Je gleichmäßiger der Grauwert ist, umso besser fallen Auszeichnungen durch fette oder kursive Schriftschnitte auf.

Textformatierung

Was heißt Textformatierung?

Die **Textformatierung** legt fest, wie der Text dargestellt wird. Zur Formatierung gehören Angaben wie Schriftart, -größe, -schnitt, Einzug und Zeilenabstand.

Was versteht man unter Schriftfamilie?

Alle Varianten (Schriftschnitte) des Schriftbildes einer Schrift bezeichnet man als **Schriftfamilie** oder Schriftsippe, z. B. Frutiger mit allen ihren Schnitten.

Was ist mit Schriftschnitt gemeint?

Schriftversion (einer Schriftfamilie). Eine Schriftfamilie verfügt z. T. über mehrere **Schriftschnitte,** z. B.:

- light (mager)
- **demi (viertel- bis halbfett)**
- **bold (dreiviertelfett bis fett)**
- *italic (kursiv)*
- VERSALIEN
- Kapitälchen

Wichtig ist, nur „echte" Schnitte zu verwenden, keine elektronisch generierten, da diese ästhetisch nicht befriedigen und auch beim Belichten Probleme bereiten.

Was versteht man unter Auszeichnung?

Unter **Auszeichnung** versteht man das Hervorheben gewisser Textstellen durch Schriftschnitte, Farbe o.ä., um deren Wichtigkeit zu unterstreichen.

Welche Auszeichnungsarten gibt es?

Man unterscheidet zwischen **integrierten** und **aktiven** Auszeichnungen.
Integrierte Auszeichnungen passen sich mit unauffälligem Grauwert dem Mengentext an. Sie werden erst wahrgenommen, wenn der Lesesprung dort angelangt ist. Beispiele sind:

- *kursiv*
- Kapitälchen

Aktive Auszeichnungen fallen dem Leser sofort ins Auge, ohne dass er den Text gelesen hat.
- fettere Schrift
- Versalien
- Verwendung einer anderen Schrift
- farbige Schrift

Folgende Auszeichnungen sind nur selten geeignet:
- Unterstreichungen
- Sperren

Was bedeutet kursiv?

Schriften verfügen meist über mehr als nur den „normalen" Schriftschnitt. Meist ist auch der **kursive (italic)** oder **oblique** Schnitt verfügbar. Hierbei sind die Buchstaben schräg gestellt, und zwar fast immer nach rechts.

Was sollte man über Kapitälchen wissen?

Kapitälchen sind Großbuchstaben ungefähr in Höhe der Mittellängen. Die Strichstärke entspricht den eigentlichen Großbuchstaben. Kapitälchen sollten als eigener Schriftschnitt (Small Caps) vorliegen und nicht elektronisch generiert werden: ECHTE KAPITÄLCHEN FALSCHE KAPITÄLCHEN

Was sind Outlineschriften?

Bei den so genannten **Outlineschriften** werden nur die äußeren Umrisslinien der Zeichen abgebildet. Die Buchstaben haben so eine Kontur, aber keine Füllung.

Was bedeutet in Layoutprogrammen *tiefgestellt*?

„Tiefgestellt" ist die Formatierung von Zeichen (Indizes), die nach der Zuweisung die Grundlinie der Zeile nach unten überschreiten. Als Grundeinstellung sind meist 33 % der normalen Schriftgröße vorgegeben.

Warum ist längerer Negativtext problematisch?

Negativtext ist weißer Text auf schwarzem Grund. Aufgrund der sehr schlechten Lesbarkeit sollte bei längeren Textabschnitten darauf verzichtet werden.

Wann spricht man von Gemeinen, wann von Versalien? Was ist bei Versal(ien)satz zu beachten?

Der Begriff **Gemeine** ist von Minuskel (lat.) abgeleitet und bedeutet Kleinbuchstabe.
Versalien sind Großbuchstaben (Majuskeln). Versalsatz ist ein wenig zu sperren und 1/2 p kleiner zu setzen als Mengentext, da sie dort sonst zu aufdringlich wirken.

Unterscheiden Sie Versalziffern (Normal- oder Tabellenziffern) und Mediävalziffern!

Da **Versalziffern** (123456789) die Größe von Großbuchstaben aufweisen, sollten sie – wie Versalsatz – etwa 1/2 p kleiner gesetzt werden: 123456789. Besser fügen sich **Mediävalziffern** bzw. **gemeine Ziffern** (123456789) in das Textbild ein, weil sie – ganz so wie Kleinbuchstaben – Ober- und Unterlängen haben.

Was versteht man unter Schriftgrad?
Welche Schriftgrößen unterscheidet man nach der Verwendung?

Der **Schriftgrad** – sprich Schriftgröße – wird anhand der Versalhöhe des Buchstabens gemessen und in Punkt angegeben. Unterschieden wird in:

- **Konsultationsgrößen**
  Schriftgrößen bis 8 Punkt. Sie werden z. B. für Randbemerkungen (Marginalien) oder Fußnoten verwendet.
- **Lesegrößen**
  Schriftgrößen von 8 Punkt bis 12 Punkt. Sie finden Anwendung in Büchern, Briefen und sonstigen Druck- und Multimediaprodukten.
- **Schaugrößen**
  Schriftgrade bis zu 48 Punkt. Anwendungsgebiete sind Überschriften, Titel und Texte, die auch auf größere Entfernung lesbar sein sollen.
- **Plakatgrößen**
  Schriftgrade ab 48 pt.

Was versteht man unter Ausrichtung?

Unter **Ausrichtung** versteht man die Satzanordnung:

- linksbündig Flattersatz
- rechtsbündiger Flattersatz
- Zentriert
- Blocksatz

linksbündig rechtsbündig zentriert Blocksatz

Was unterscheidet Rausatz von linksbündigem Flattersatz?

Von **Rausatz** spricht man, wenn als Basis zwar linksbündiger Flattersatz verwendet wird, aber der ungleiche rechte Satzrand durch Worttrennungen annähernd ausgeglichen wird.

Was versteht man unter Flattersatz? Wofür eignet er sich?

Flattersatz kann linksbündig, rechtsbündig und auf Mitte zentriert vorkommen. Für schmale Satzformate und als Alternative zum Blocksatz eignet sich diese Satzart sehr gut.

Was versteht man unter Form- bzw. Figursatz? Wofür eignet er sich?

Der **Form-** bzw. **Figursatz** imitiert durch die Umrisse des gesetzten Textes Symbole, Bilder oder andere grafische Elemente (z. B. Rundsatz). Diese Art von Textausrichtung eignet sich gut, um Aufmerksamkeit zu erregen.

Welche typografischen Regeln gelten sowohl für Block- als auch Flattersatz?

Beim **Satz** von Blocksatz oder Flattersatz sollten folgende typografischen Regeln beachtet werden:
- bei schmaler Satzbreite besser Flatter- als Blocksatz
- Überschriften immer im Flattersatz
- Aufzählungen immer im Flattersatz
- Textlöcher durch Trennungen beheben
- Zeilenabstand immer größer als Wortabstand

Was ist beim Satz von kinderfreundlichen Texten zu beachten?

Bei **kinderfreundlichen Texten** ist auf Folgendes zu achten:
- Schrift nicht zu klein
- größerer Wortzwischenraum
- geringere Satzbreite
- größerer Zeilenabstand
- Schriftart mit eindeutigen Schriftzeichen

Worauf ist bei Trennungen zu achten?

Trennungen sind vor allem dann notwendig, wenn Textlöcher vermieden werden sollen, jedoch müssen auch noch folgende Grundsätze beachtet werden:
- keine Abkürzungen trennen
- keine Trennung zwischen Zahl und zugehörigem Wort bzw. zugehörigen Wörtern
- keine sinnentstellenden Trennungen (wie z. B.Urin-stinkt oder Drucker-zeugnis, wenn Druckprodukt)
- nicht zu viele Trennungen hintereinander

Was ist beim Abstand der Zeichen in Abkürzungen zu beachten?

Bei **Abkürzungen** sollten die Zeichen nicht aneinander kleben, jedoch wäre ein Leerschritt zu groß. Deshalb ist es sinnvoll, diese nur ein wenig zu sperren (z. B. -> z. B.).

Was versteht man unter Laufweite?

Laufweite ist der Abstand der Buchstaben zueinander. Wird der Abstand vergrößert, spricht man von **s p e r r e n**, wird er dagegen verringert, heißt das **unterschneiden** (komprimieren). Man verändert die Laufweite aus Gestaltungs- oder auch aus Platzgründen.

Was bedeutet Kerning bzw. Tracking?

Beim **Tracking** wird die vorgegebene Laufweite der Schrift verändert, beim **Kerning** werden die Buchstabenabstände zueinander verändert, meist reduziert (unterschnitten), um optisch gleiche Abstände zu erzielen.

Was versteht man unter Schriftlinie?

Eine **Schriftlinie (Grundlinie)** ist eine gedachte Linie, auf der die Zeichen einer Zeile stehen. Auch wenn in einer Zeile unterschiedliche Schriften und Schriftgrade verwendet werden, müssen alle Zeichen auf einer gemeinsamen Schriftlinie stehen.

Unterscheiden Sie Zeilenabstand und Durchschuss!

Mit **Zeilenabstand** wird der gemessene Abstand zwischen den Schriftlinien von zwei aufeinander folgenden Zeilen bezeichnet. Er berechnet sich also aus dem Abstand der Schriftlinie einer Zeile und dem der folgenden Zeile. **Durchschuss** ist der Raum zwischen Unterlänge einer Zeile und der Oberlänge der folgenden Zeile. Er entspricht dem Zeilenabstand minus der Schriftgröße.

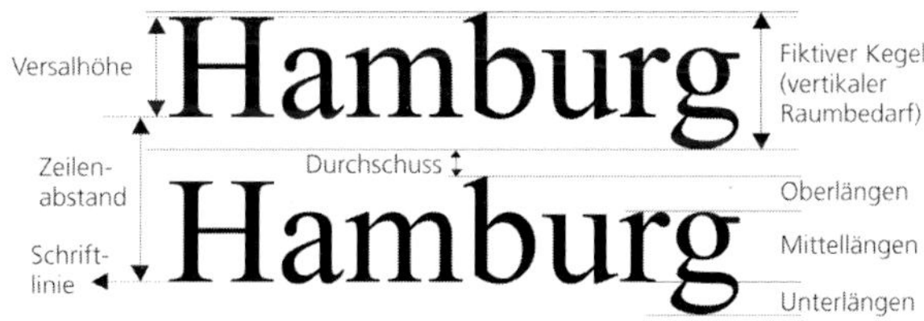

Was ist der optimale Zeilenabstand?

Der **optimale Zeilenabstand** beträgt bei Serifenschriften etwa 150 % der Gemeinen-Höhe, bei serifenlosen Schriften ein bisschen mehr.

Was bedeutet Einzug?

Das Einrücken einer Zeile nennt man **Einzug**. Die Zeile erhält beispielsweise einen größeren Abstand zum Seitenrand und dient so zur Gliederung von Textpassagen oder bei neuem Inhalt im Text.

Was gilt als Zeilenlänge für gute Lesbarkeit?

Als Faustregel für gute Lesbarkeit gelten ca. 40–60 Zeichen in einer Zeile.

Was bedeutet optischer Randausgleich?

Obwohl im linksbündigen Satz alle Zeichen an der gleichen Kante beginnen, scheinen Versalien wie O, C, G, Q leicht innenstehend. Damit dieser optische Versatz behoben wird, müssen Zeichen mit optischem Leerraum leicht nach links über die Bundlinie gestellt werden. So erzielt man links am Textblock eine optisch gleichmäßige Satzkante. Ähnliches gilt für den rechten Rand. Hier werden Satzzeichen außerhalb des Satzblocks gestellt. Für den Mengensatz-Randausgleich gibt es spezielle Ästhetikprogramme, z. B. integriert ins Layoutprogramm.

Was bedeutet Seitenumbruch?

Seitenumbruch ist die Stelle im Text, wo der Umbruch in eine neue Seite erfolgt. Nachfolgender Text steht nun auf der nächsten Seite.

Was gilt als optimaler Spaltenzwischenraum?

Der **optimale Spaltenzwischenraum** wird durch Messen der Breite der beiden Buchstaben „mi“ in Schrift und Schriftgröße der Grundschrift ermittelt.

Was bezeichnet man als Hurenkind, was als Schusterjungen, die als schwere Umbruchfehler gelten?

Als **Hurenkind** bezeichnet man die Ausgangszeile eines Absatzes, die beim Umbruch als erste Zeile in die nächste Spalte „gerutscht“ ist.

Wenn die erste Zeile eines neuen Absatzes am Ende einer Spalte steht, spricht man vom **Schusterjungen** oder auch **Waisenkind**.

Als Hurenkinder bezeichnet man am Ende stehende Zeilen eines Absatzes, die wegen des Umbruchs alleine in die nächste Spalte gerutscht

sind.
Als Hurenkinder bezeichnet man am Ende stehende Zeilen eines Absatzes, die wegen des Umbruchs alleine in die

Hurenkind

Wenn die erstse Zeile eines neuen Absatzes am Ende einer Spalte steht, spricht man vom Schusterjungen.
Wenn die erstse Zeile ei-

nes neuen Absatzes am Ende einer Spalte steht, spricht man vom Schusterjungen. Wenn die erstse Zeile eines neuen Absatzes am Ende einer

Schusterjunge (Waisenkind)

Was bedeutet Registerhalten (Registerhaltigkeit)?

Bei der Erstellung von mehrseitigen Druckprodukten achtet man darauf, dass die Schriftlinien der Textzeilen vom Grundtext der Vorder- und Rückseite exakt deckend aufeinander stehen. Diese Deckungsgleichheit nennt man **Registerhalten**. Überschriften (Rubriken) brauchen nicht registerhaltig zu sein.

Definitionen zur Schrift

Was bedeutet Oberlänge?

Mit **Oberlänge** ist bei Buchstaben wie k, l, h oder b die sichtbare Strichhöhe gemeint, die über die Höhe der Mittellängen von Kleinbuchstaben hinaus reicht.

Was bedeutet Mittellänge?

Die **Mittellänge** bezeichnet die Buchstabenhöhe von Kleinbuchstaben wie x, m, n usw.

Was bedeutet Unterlänge?

Mit **Unterlänge** beschreibt man in der Typografie die Ausdehnung der Buchstaben g, q, p, y oder j, welche die Schriftlinie nach unten überschreiten.

Was ist mit Dickte gemeint?

Mit **Dickte** ist die gesamte Breite eines Buchstabens gemeint. Zur Breite des Buchstabens gehören auch die in der Schriftzurichtung festgelegten Vor- und Nachbreiten. Vor- und Nachbreiten sind die entstehenden Weißräume, wenn Buchstaben zu Wörtern und Sätzen aneinander gesetzt werden.

Was bedeutet Duktus?

Die Charaktereigenschaft des Striches, also Strichstärke, Strichkontrast, Strichführung und der so vermittelte Gesamteindruck, wird mit **Duktus** umschrieben.

Was bedeutet Fleisch?

Mit **Fleisch** wird der nicht druckende Teil eines Buchstabens bezeichnet, also der das Bild umgebende Raum.

Viele Begriffe aus dem Bleisatz sind in Fotosatz und DTP übernommen worden, z. B. **Geviert**. Was versteht man unter diesem Terminus (Fachbegriff)?

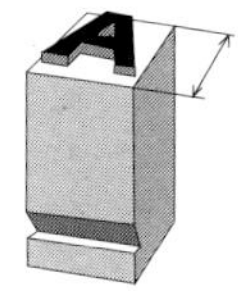

Unter dem Begriff **Geviert** versteht man die Höhe des Schriftkegels. Ober-, Mittel- und Unterlängen ergeben die Schriftgröße. Die Strecke von der Ober- bis zur Unterlänge ist die Höhe des Gevierts (Quadrats) sowie auch dessen Breite.

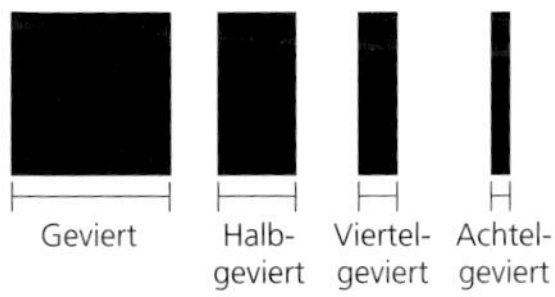

Was sind Ligaturen?

Im Bleisatz war es schwierig, ausladende Buchstaben, wie z. B. das „f“ eng genug an gleiche oder andere Zeichen zu stellen. Durch den Bleikegel ergaben sich zusätzlich Vor- und Nachbreiten, also Lücken. Aus diesem Grund wurden problematische Buchstabenkombinationen gemeinsam auf einen Schriftkegel gegossen. Diese Buchstabenkombinationen nennt man **Ligaturen**.

Was sind Akkoladen?

Mit Akkoladen sind geschweifte Klammern gemeint, mit denen Texte als zusammengehörig gekennzeichnet werden können: } { Nicht verwechseln mit [eckigen Klammern].

Was sind Interpunktionszeichen (Punkturen)?

Als **Interpunktionszeichen** gelten Satzzeichen wie Punkt, Komma, Strichpunkt, Doppelpunkt, Frage- und Ausrufungszeichen, Auslassungspunkte, Anführungszeichen oder Strichzeichen wie Binde- oder Trennstrich, Halb-/Geviertstrich, auch Schrägstrich / und Backslash \.

Wann spricht man von Sonderzeichen?

Alle Zeichen eines Zeichensatzes, die nicht Ziffern, Buchstaben oder Steuerzeichen sind, zählt man zu den **Sonderzeichen**. Das sind spezielle Satzzeichen und Symbolzeichen, z. B. ® © ∏ ∑ ø Ω Ø ∞ ∆ ≈ √ ≠ @ £ { π ‰ ∂

Vorzeichen bei Zahlen?

Jede Zahl hat ein **Vorzeichen**: positiv (+) oder aber negativ (–). Das Pluszeichen wird meist weggelassen.

Unterscheiden Sie Divis und Halbgeviertstrich (–)!

(Der Geviertstrich — wird kaum noch verwendet.)

Das **Divis** dient als
- Trennstrich
- Bindestrich (Typografie-Lehrgang)

Der **Halbgeviertstrich** hat die Länge eines Halbgevierts und wird wie folgt angewandt:
- Gedankenstrich (so ist es gut – so gelingt es)
- Zwischensatz (es wird – auch hierbei – gelingen)
- als Ersatz für das Minuszeichen (25 – 35 = –10)
- Auslassungszeichen (25,– Euro)
- Bis-Strich (1990–1992) und Streckenstrich (Köln–Kiel)

Was ist ein Apostroph? Ähnliche Zeichen?	Auslassungszeichen. Der **Apostroph** darf nicht mit dem einfachen (halben) deutschen Abführungszeichen oder dem Fuß- oder Minutenzeichen verwechselt werden.
Welche Anführungszeichen gibt es im deutschsprachigen Satz?	In deutschen Texten werden folgende **Anführungszeichen** gesetzt: „Deutsch doppelt" ‚Deutsch einfach' »Französisch doppelt« ›Französisch einfach‹ In französischen Texten werden die Anführungszeichen mit der Spitze nach außen gesetzt («France»).
Wie werden weggelassene Wörter oder Satzteile (zum Beispiel in Zitaten) gekennzeichnet?	Durch **Auslassungspunkte.** Es handelt sich dabei um drei (etwas gesperrte) Punkte, die für weggelassenen Text stehen, z. B. in Zitaten. Beispiele: So gelingt es ... wir werden es schaffen ... Stehen sie für fehlende Wortteile, werden sie ohne Leerschritt an das begonnene Wort gehängt (Lebens...). Selten muss nach Auslassungspunkten ein Punkt gesetzt werden; falls doch, soll ein Leerschritt dazwischen sein.
Was ist ein Typomaß, das aber meist Typometer genannt wird?	Das **Typomaß** besteht aus transparentem Material, mit dem man Schriftgrößen und Zeilenabstände ermitteln kann. Bei den meisten Typomaßen wird die Schriftgröße anhand der Großbuchstaben (Versalien) bestimmt. Genauso kann man anhand der Maßeinteilung auch die Abstände der Zeilen zueinander ermitteln. Streng genommen ist das **Typometer** ein Kontrollmaß für das Schriftsystem, eine Stahllehre mit festen Maßbacken.
Erläutern Sie die Gliederungsempfehlungen für Telefonnummern, Kontonummern usw. anhand von Beispielen!	Aus Gründen der Lesbarkeit werden Kennzahlen und Ziffern, wie z. B. Telefonnummern, **gegliedert** • Telefonnummern in Zweiergruppen von rechts beginnend: 0 23 45 67 89 • Postfachnummern in Zweiergruppen von rechts beginnend: 1 23 45 67 • Kontonummern in Dreiergruppen von rechts beginnend: 1 234 567 • Bankleitzahlen (BLZ) in Dreiergruppen von links beginnend: 500 909 00 • Postleitzahlen (PLZ) Inland ohne Gliederung: 25524 Itzehoe • Postleitzahlen Ausland ohne Gliederung: CH-6330 Cham • Maßangaben in Dreiergruppen von rechts nach links beginnend: 12 345 m vierstellige bleiben ungegliedert: 1234 kg

Text in Multimedia-Anwendungen

Welche Zeichensatzgrößen sind für MM-Produktionen optimal?

Für Screendesign-Produktionen sind die **Schriftgrößen** am optimalsten, für die Bitmaps im Schriftenkoffer mitgeliefert werden. Die verschiedenen Größen (zum Beispiel 9, 12, 18) werden dort angegeben.

Welche Schriften sind für MM-Produktionen geeignet?

Da nicht jeder Rechner über dieselben **Schriften** verfügt, sollten nur die wenigen Schriften verwendet werden, die standardmäßig auf nahezu jedem Rechner installiert sind:

Bei Windows:	Bei Mac:
• Arial	• Helvetica
• Times New Roman	• Times
• Tahoma usw.	• Verdana usw.

Um andere Schriften darzustellen, besteht die Möglichkeit, diese als Grafik in HTML-Seiten einzufügen.

Für gute Lesbarkeit sollten serifenlose Schriften mit gleichen Strichstärken und ausgeprägten Rundungen verwendet werden. Serifen-, Schreib und handschriftliche Schriften sowie Schriften mit Haarlinien sind zumindest in kleinen Schriftgraden nicht geeignet.

Was bedeutet Antialiasing?

Da sich Objekte auf dem Bildschirm aus Pixeln zusammensetzen, wirken vor allem kleinere Schriftgrade pixelig. Um dem entgegenzuwirken, können durch **Antialiasing** die Kanten geglättet werden. Dabei werden die Kanten mit Graustufen umgeben, wodurch das Buchstabenbild weicher, aber auch unschärfer wird. Bei kleinen Größen ist deshalb vom Antialiasing abzuraten.

ohne Antialiasing mit Antialiasing

Worauf sollte bei der typografischen Gestaltung geachtet werden?

Folgende Gesichtspunkte bezüglich **Typografie** sollten beachtet werden:

- Schriftgröße je nach Schrift mindestens 10 bis 12 px.
- große Mittellängen
- Zeilenabstand passend zur Schriftgröße
- Zeilenbreite 35 bis 60 Zeichen pro Zeile
- Ausreichender Kontrast zum Hintergrund
- Lesegrößen nicht glätten (kein Antialiasing)
- Ausrichtung (linksbündig statt Blocksatz)

Welche Auszeichnungsmöglichkeiten sind bei MM-Produktionen zu empfehlen, welche sind ungeeignet?

Folgende **Auszeichnungsmöglichkeiten** sind lesefreundlich:
- bold
- größerer Schriftgrad
- farbliche Hervorhebung

Ungeeignet sind:
- kursiv
- Versalien
- sperren
- Farben, welche die Lesbarkeit herabsetzen
- unterstreichen (Verwechslung mit Links)

Welche Kriterien sind bei größeren Textmengen auf der Webseite zu beachten?

Folgende Kriterien sollten beim Layout einer Webseite mit **großer Textmenge** beachtet werden:
- nicht 1-spaltig
- kleine Textblöcke mit Freiräumen
- den Inhalt erläuternde Bilder
- optimaler Hintergrundkontrast (ruhig, einfarbig)
- wenig Text auf einem Screen (Scrollen vermeiden)
- kurze Zeilen (max. 35 Zeichen)
- keine auffälligen Farbkontraste

Was ist wegen unterschiedlicher Plattformen von Mac und Windows zu beachten?

Folgende Unterschiede treten bei **Windows-Mac**-MM-Produktionen auf:
- Beim Mac erscheinen Texte kleiner als auf Windowsrechnern.
- Schriftschnitte gleicher Schriften, aber verschiedener Hersteller sind unterschiedlich groß und haben unterschiedliche Laufweiten.
- Die Zeichensatzbelegung ist unterschiedlich.

Schriftenverwaltung

Unterscheiden Sie Bitmap-, TrueType-, PostScript- und OpenType-Schriften nach ihren Merkmalen!

Bitmaps sind aus Pixeln hergestellte „Bilder" einer Schrift. Vorgesehen sind sie zur Bildschirmdarstellung von TrueType- und PostScript-Schriften.

TrueType-Dateiformat ist ein Schrift-Format, das wie das PostScript-Format die Konturen der Buchstaben in mathematisch-geometrischer Form beschreibt. Es enthält Drucker- und Bildschirmfont in einer Datei. Beim Drucken und Belichten von TrueType-Fonts in PostScript-Umgebung können Probleme auftreten. Das Format wurde von Apple und Microsoft entwickelt.

Das **PostScript**-Dateiformat von Adobe für Druckschriften beschreibt die Konturen von Buchstaben und Zeichen in mathematisch-geometrischer Form. Die PostScript-Fonts bestehen aus zwei Dateien, den ScreenFonts für die Monitordarstellung und den Printer-Fonts für die Ausgabe. Das Format hat sich im Druck- und Medienbereich als Standard durchgesetzt.

OpenType ist eine von Adobe und Microsoft entwickelte plattformübergreifende Technologie. Die Fonts verfügen über einen erweiterten Schriftsatz, basierend auf dem internationalen Unicode-Verschlüsselungsstandard für umfassende Sprachunterstützung. Durch eine erweiterte typografische Funktion können alternative Glyphen wie Mediäval-Zeichen, Kapitälchen und Zierbuchstaben enthalten sein.

Outline-Schriften sind die Basis von TrueType und PostScript. Erläutern Sie diese Aussage!

Sie definieren die Buchstabenformen mit Umrisslinien statt mit Pixeln, benötigen viel weniger Speicherplatz und sind verlustfrei skalierbar. Bei der Ausgabe werden sie allerdings gerastert, was bei niedriger Auflösung zu Qualitätseinbußen führen kann, jedoch nicht bei neueren Ausgabegeräten von 1200 dpi und mehr.

Was sind Hints?

Hints sind Algorithmen (Instruktionen) zur verbesserten Wiedergabe von TrueType- und PostScript-Schriften bei niedriger Auflösung (z. B. auf dem Bildschirm).

Erläutern Sie die Funktionen des früher viel verwendeten Adobe Type Managers (ATM) für Schriftdarstellung und -verwaltung!

Der Vorteil von **ATM** (Adobe Type Manager) ist, dass nicht alle Schriften aktiv sein müssen und somit Arbeitsspeicher gespart wird. Es ist möglich, Schriften beliebig in so genannten Sets zu verwalten, zu aktivieren und zu deaktivieren. ATM überprüft außerdem die Schriften auf Beschädigung oder Duplikate. Dokumentenbezogene Schriftenaktivierung ist möglich. Das geschieht, sobald ein Dokument geöffnet wird. ATM sorgt für weitgehend originalgetreue Schriftdarstellung.
Zur Schriftverwaltung auf dem Betriebssystem Mac OS wird meist Suitcase verwendet, eine Hilfsprogramm, das weit mehr Funktionen bietet als ATM.

Gestaltung

Erläutern Sie die Fähigkeiten der beiden Gehirnhälften (Hemisphären), bezogen auf die Gestaltung!

linke Gehirnhälfte
- logisch
- detailliert
- organisatorisch
- Wort/Sprache

–> **analytisch**

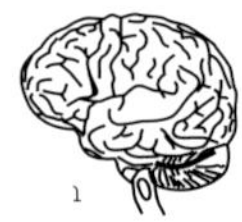

rechte Gehirnhälfte
- vernetztes Denken
- simultan
- visuell/bildlich
- rhythmisch

–> **kreativ**

Gestaltungsgrundsätze

Welche Stilmittel werden in der Gestaltung eingesetzt?

In der Gestaltung werden zum Beispiel die folgenden **Stilmittel** (Gestaltungsmittel) eingesetzt:
- geometrische Grundelemente
- Flächenaufteilung
- Form- und Gestaltgesetze
- Strukturen/Permutationen
- Proportionen
- Rhythmus
- Farbe
- Kontraste

Was sind geometrische Grundelemente?

Zu den **geometrischen Grundelementen** gehören:
- Punkt
- Linie
- Fläche
- Quadrat
- Dreieck
- Kreis

Was versteht man unter Proportion?

Durch unterschiedliche **Proportionen** ergeben sich vielfältige Gestaltungsmöglichkeiten. Als Proportionen bezeichnet man Abstufungen oder Variationen zwischen:
- Größe
- Formen
- Anzahl
- Farben/Helligkeit
- Abstand
- Position

Was bedeutet Rhythmus?

Wenn alle Seiten eines Prospekts gleich aussehen, fühlt sich der Betrachter zumeist schnell gelangweilt. Ein bestimmter **Rhythmus** erzeugt Spannung. Vergleichbar mit Zahlenreihen (z. B. 3, 6, 12...) lassen sich Gestaltungsmittel einsetzen, um Rhythmus zu erzeugen:
- Größenunterschiede
- Formenunterschiede
- unterschiedliche Abstände

Perspektive

Was bewirkt Perspektive im Bild?

Um bei zweidimensionalen Bildern einen räumlichen Eindruck zu erzielen, müssen perspektivische Merkmale (wie Fluchtpunkt, Fluchtlinien, Objektgrößen) vorhanden sein. In erster Linie bestimmt der Standort des Betrachters die Art der **Perspektive**.

Welche Arten von Perspektiven für die bildliche Darstellung gibt es?	Unterschieden wird in der Regel in: • Zentral-, Linear- oder Fluchtpunktperspektive • Parallelperspektive (wichtig für CAD) • Kavaliersperspektive (Kavalier ist ein Festungsturm) • Farbperspektive • Luftperspektive Manchmal wird noch die Schattenprojektion genannt.
Was ist die Zentralperspektive? Welches sind die wesentlichen Elemente dieser Perspektive?	Eine der bekanntesten Darstellungsformen ist die **Zentralperspektive**. Sie vermittelt den Eindruck, dass die abgebildeten Objekte proportional zu ihrer Entfernung von der Bildebene kleiner werden. Objekte in weiter Entfernung erscheinen also kleiner als näher liegende. Wesentliche Elemente dieser Perspektive sind: • Grundlinie • Horizont • Augenlinie • Fluchtpunkte
Wovon hängt die Wirkung der Zentralperspektive auf den Betrachter ab?	Sie ist abhängig vom Standort des Betrachters: • in Augenhöhe • von oben • von unten • und von der Entfernung des betrachteten Objekts
Was versteht man unter Farbperspektive?	Die **Farbperspektive** arbeitet mit dem Kalt-Warm-Kontrast. D. h. Objekte in warmen Farben erscheinen dem Betrachter näher als solche in kalten Farben. Das betrifft vor allem die Extreme Blau und Rot.
Was versteht man unter Luftperspektive?	Die **Luftperspektive** basiert auf der naturgegebenen Unschärfe, die mit zunehmender Entfernung größer wird. Weiter entfernte Gegenstände erscheinen unscharf, während ein gleiches Objekt im Vordergrund klare Linien aufweist und sehr scharf konturiert ist. Die Luftperspektive verstärkt ganz erheblich die Räumlichkeit in zweidimensionalen Darstellungen.
Was versteht man unter Frosch- oder Wurmperspektive?	Bei der **Froschperspektive** wird von unten nach oben betrachtet, also vom Boden aus. Sie vermittelt den Eindruck des Emporblickens, wodurch das betrachtete Objekt dominierend und mächtig wirkt. Um Eindrücke wie Größe, Kraft und Macht zu vermitteln, eignet sich diese Perspektive sehr gut.

Was bedeutet Vogelperspektive?	Bei der **Vogelperspektive** sieht man von oben auf das Objekt herab. Auf den Betrachter wirkt diese Darstellungsweise sehr übersichtlich, aber teilweise auch recht distanziert. Mit dieser Perspektive suggeriert man eher den Eindruck von Kleinheit und Unterordnung.
Was ist für die Normalperspektive kennzeichnend?	Der Blick auf halber Höhe des Motivs vermittelt den Eindruck des Geradeausblicks (**Normalperspektive**). Diese Perspektive (meist aus Augenhöhe) ist weit weniger spannungsbetont als der Blick nach oben oder unten. Er wirkt vielmehr idealisierend und ausgeglichen, da der Bildbetrachter mit dem Objekt auf einer Ebene steht. Anwendung findet diese Blickrichtung oft bei Darstellungen, die sachlich bzw. naturalistisch wirken sollen.

Licht und Schatten

Wozu dienen Licht und Schatten in bildlichen Darstellungen?	Mit Lichtquellen, die das Objekt von verschiedenen Positionen aus beleuchten, wird die Plastizität von Bildelementen verstärkt. Hier einige Lichtrichtungen und deren Wirkung:

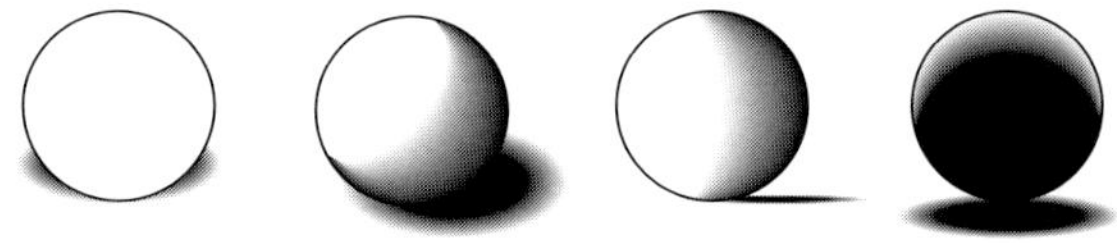

frontales Licht — Streiflicht — seitliches Licht — Gegenlicht

Was ist Streiflicht und wie wirkt sich dieses Licht auf die Wiedergabe von Objekten aus?	Eine besonders starke Schattenmodellierung entsteht durch das **Streiflicht**. Hierbei wird die Lichtquelle im Winkel von 80° bis 90° zu der vorderen Seite eines Objekts positioniert. Die Strukturen und Konturen der Oberfläche des beleuchteten Objekts werden dabei besonders herausgearbeitet. Werden die Schatten nicht von einer weiteren Lichtquelle überdeckt, resultiert ein intensiver Hell-Dunkel-Kontrast.
Was passiert bei der Beleuchtung von Objekten mit Gegenlicht?	**Gegenlicht** kann das Objekt vom Hintergrund lösen. Jedoch führt direkte Gegenbeleuchtung aus einem Winkel von 180° zu keinem befriedigenden Ergebnis. Um einen Lichtsaum auf der linken und rechten Außenlinie zu erzeugen, muss der Gegenstand mit zwei Gegenlichtquellen beleuchtet werden, die sich in einem bestimmten Winkel überkreuzen.

Visuelle Wahrnehmung

Wovon ist die visuelle Wahrnehmung abhängig?

Nicht jeder empfindet das Gleiche, wenn er etwas Bestimmtes sieht. Die **visuelle Wahrnehmung** ist von drei individuellen Wirkfaktoren abhängig:

- spektrale Empfindung (Eigenfarbe)
- Vorbilder
- Erfahrungswerte

Erläutern Sie die Form- und Gestaltgesetze der Wahrnehmung!

Folgende **Form-** und **Gestaltgesetze** wirken bei der visuellen Wahrnehmung:

- Gesetz der Nähe
  Was räumlich nah beieinander liegt, wird als Einheit wahrgenommen.

- Gesetz der Ähnlichkeit
  Ähnlich aussehende Elemente werden von der menschlichen Kognition (Erkennen) als zusammengehörend wahrgenommen.

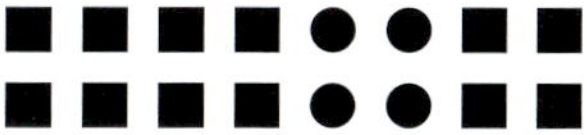

- Gesetz der Geschlossenheit
  Es besteht eine Tendenz, unvollständige Bilder als Ganzes wahrzunehmen (Abb. links).

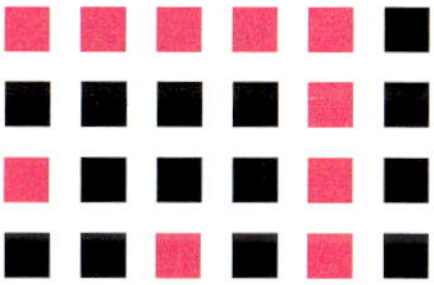

- Gesetz der Symmetrie
  Elemente, die symmetrisch einander zugeordnet sind, werden als Einheit erfasst (Abb. oben rechts).
- Gesetz der guten Gestalt (Prägnanzgesetz)
  Die menschliche Wahrnehmung sucht stets nach der „guten Gestalt", z. B. kontinuierliche Linien, Symmetrie, Geschlossenheit, Regelmäßigkeit, Ähnlichkeit.
- Gesetz der Erfahrung
  Unvollständige Muster werden aufgrund vorhandener Erfahrungen vervollständigt.

Erläutern Sie die psychologische Wirkung von Gestaltungselementen!

Aufgrund der Beschaffenheit wird jedem **Gestaltungselement** (Punkt, Linie, Fläche) eine subjektive psychologische Wirkung zugeteilt:
- Quadrat – ausgeglichen, neutral, harmonisch, beruhigend, statisch, spannungslos
- Querformat – stabil, panoramaartig
- Hochformat – Größe, Stärke, übergeordnet, erhaben, beherrschend, eindrucksvoll, dynamisch
- Dreieck – stabil, Blickfang
- Kreis – aufgeschlossen, stabil, Ruhe
- Linien – leitend, führend
- waagrechte Linien – ruhig, Gleichgewicht, stabil, dauerhaft, zuverlässig
- senkrechte Linien – stabil, spannungsvoll, Blickfang
- aufsteigende Diagonale – positiv, dynamisch, aufwärts
- absteigende Diagonale – negativ, fallend

Werbeorientierte Gestaltung

Welche Kriterien (Kennzeichen) sollten bei werbeorientierter Gestaltung beachtet werden?

Die wichtigsten Kriterien der **werbeorientierten Gestaltung** sind:
- Aufmerksamkeit erregend
- emotional ansprechend
- Wesentliches hervorhebend
- einzigartig
- zielgruppengerecht
- CI berücksichtigend

AIDA-Formel:
- Attention (Aufmerksamkeit erwecken)
- Interesting (Interesse erwecken)
- Desire (Kaufverlangen erwecken)
- Action (Kunden zum Kauf motivieren)

KISS-Prinzip
Keep it simple and stupid
(übersichtlich und idiotensicher)

Was muss bei der Seiten-Leseführung beachtet werden?

Eine Seite wird nur dann gerne gelesen, sofern sie lesefreundlich ist: wenn also die **Leseführung** der Seite logisch und überschaubar aufbereitet wird. Hierfür gelten folgende Grundregeln:
- keine großen Sprünge zwischen den Textblöcken, Bildern und Bildlegenden
- Bilder müssen textbezogen platziert werden

Erläutern Sie die Blickfolge beim Lesen eines Briefes!

Der Brief hier wird nach bestimmten Regeln gelesen, wenn die Fixierungspunkte (siehe Abbildung) vorhanden sind. Man spricht von **Blickfolge** bzw. Augenpfad.

1 = Logo
2 = Absender
3 = Empfänger
4 = Anrede
5 = MfG
6 = PS
7 – 10 = Text

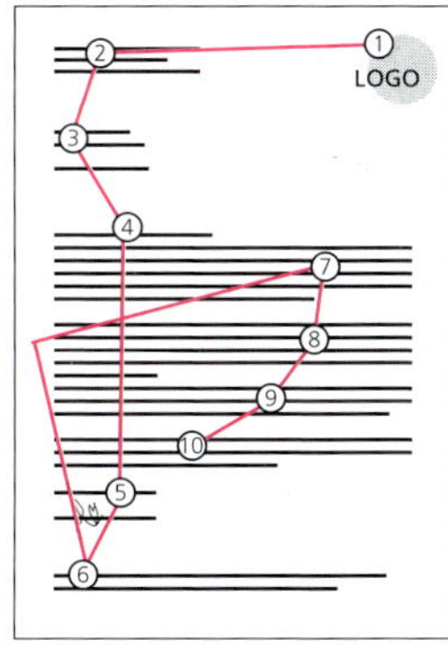

Welche Kriterien wecken oder verstärken Aufmerksamkeit?

Grundsätze, um **Aufmerksamkeit** zu erwecken, sind:

- Intensität
  Satte Farben fallen mehr auf als blasse.
- Farbe
  - Reine Farben fallen mehr auf als Mischtöne.
  - Bunte Farben fallen mehr auf als monochrome.
  - Warme Farben (rot) fallen mehr auf als kalte (blau).
- Einzelwirkungen subtrahieren oder addieren.
  Durch Einsatz mehrerer Effekte können Einzelwirkungen verstärkt werden:

- Ausnahmegesetz
  Nicht immer stimmen die Grundsätze, wie z. B. „bunt fällt mehr auf als monochrom“. Es kommt auf die Umgebung an, wie das rechte Beispiel zeigt:

- Dissonanz
  Aus Erfahrungswerten wissen wir, wie etwas auszusehen hat. Wenn ein Bild nicht der Realität entspricht, erzeugt es Aufmerksamkeit, z. B. Lila Milka-Kuh.
- Gewöhnung
  An Wiederholungen passt sich die Wahrnehmung an. An ein und demselben Bild sieht man sich schnell satt.
- Biologische Signale
  Sozusagen in die Wiege gelegte Eyecatcher, die automatisch die Blicke auf sich ziehen, wie z. B. Gesichter, Augen, sexuelle Reize, Bewegung.

Worauf ist beim Einsatz von Blickfänge(r)n zu achten?

Blickfänge, auch **Eyecatcher** genannt, fordern zum Umherschauen auf, wodurch sich ein Gesamteindruck des Sichtfeldes ergibt. Der hauptsächliche Grund, weshalb mit Blickfängen gearbeitet wird, besteht darin, Spannung zu erzeugen. Dabei spielt die visuelle Gewichtung, d. h. die Anordnung der Blickfänge, eine entscheidende Rolle. Folgende Möglichkeiten können das Ziel, Blicke auf sich zu ziehen, verstärken. Dabei soll sich jedoch das Spannungsfeld im Gleichgewicht befinden.

- Prägnant abgestufte Spannungshierarchie (1)
- unterschiedliche Spannungsdichte (2)
- entgegengesetzt orientierte Spannung (3)

1 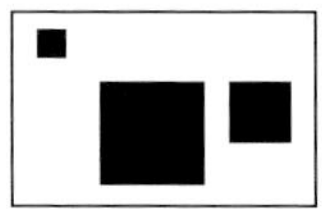

2 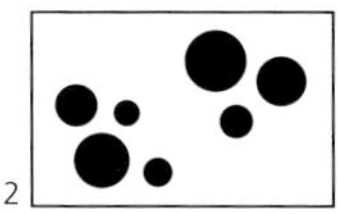

3 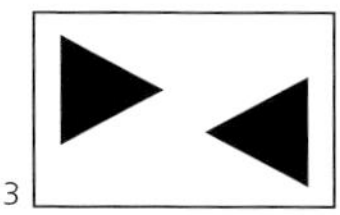

Welche Variablen können die visuelle Gewichtung beeinflussen?

Durch die folgenden **Gestaltungsgrundsätze** kann die Wirkung beeinflusst werden. Man nennt diese Grundsätze auch **Gewichtsvariable**.

- Größe (Abbildungsgröße ist ausschlaggebend)
- Stellung (asymmetrische Platzierung, d. h. unterschiedliche Abstände zur Formatbegrenzung erzeugen Spannung)
- vertikale Anordnung (oben wirkt leichter und spannungsvoller als unten)
- horizontale Anordnung (links ist dynamisch und unstabil, rechts kommt der Blick zum Ruhen)
- Helligkeit und Farbe (siehe Aufmerksamkeit)
- Form (rund ist leichter als eckig, senkrecht ist spannungsvoller als waagrecht, asymmetrische Formen erzeugen Spannung)

Farbgestaltung

Was ist bei der Farbgestaltung zu beachten?

Bei der **Farbgestaltung** sollten Farbkompositionen mit unterschiedlichen Farbtönen folgendermaßen aussehen, um statt Farbassonanz oder sogar Farbdissonanz Farbharmonie zu erzeugen:

- Farben mit gleichem Sättigungsanteil
- Farben mit gleicher Gegenstandsfarbe (Oberflächenstruktur)
- Verzicht auf große Flächen in satten Farben
- nicht zu viele Farben verwenden

Welche Aufgaben hat Farbe bei der Gestaltung?

Farbe kann nach verschiedenen Gesichtspunkten verwendet werden. Zum Beispiel:
- Gliedern
- Schmücken
- Hervorheben
- Aufmerksamkeit erwecken
- Assoziationen herstellen

Erläutern Sie an Beispielen, wie Farben wirken: psychologisch, symbolisch, kulturell, politisch, traditionell, in der Werbung!

Farben wecken unterschiedliche Assoziationen.
Diese **Farbwirkungen** werden wie folgt gegliedert:
- Psychologische Wirkung
  Persönliche Erfahrungswerte (positiv/negativ)
- Symbolische Wirkung
  Beispiel: Grün ist die Farbe der Hoffnung.
- Kulturelle Wirkung
  Im westlichen Kulturkreis z. B. bedeutet „schwarz" Trauer, in Ägypten steht „schwarz" für Wiedergeburt.
- Politische Wirkung
  „Rot" ist z. B. die Farbe des Kommunismus.
- Traditionelle Wirkung
  Gift wird häufig als „grün" empfunden, da das kräftige, grelle Grün früher aus giftigen Ausgangsstoffen (Arsen) hergestellt wurde.
- Kreative Wirkung
  „Rot" bedeutet z. B. im Zusammenhang mit einem Herz Liebe. (Ein grünes Herz würde aber mehr Aufmerksamkeit bewirken.)

Womit befasst sich die Farbpsychologie? Nennen Sie Empfindungen, die von Blau, Grün, Rot, Rosa, Gelb, Violett, Schwarz, Weiß, Gold und Silber ausgehen!

In der **Farbpsychologie** bringen wir bestimmte Empfindungen mit bestimmten Farben in Verbindung. Jedoch ist dieser Kontext mit gewisser Vorsicht zu genießen, da hierbei individuelle Erfahrungswerte und traditionelle Zuordnungen eine große Rolle spielen.
Einige Assoziationen seien hier genannt:
- Blau: Sympathie, Freundschaft, Vertrauen, Entspannung
- Grün: Natur, Hoffnung, frisch, sauer, unreif
- Rot: Blut, Feuer, Leidenschaft, Aufstand, Liebe, Wut
- Rosa: zärtlich, kindlich, süß, kitschig
- Gelb: Licht, Sonne, Reichtum, Neid (schwefelgelb)
- Violett: Magie, Geheimnis, Melancholie, zweideutig
- Schwarz: Trauer, Tod, Eleganz, funktional, sachlich
- Weiß: vollkommen, unschuldig, klar, ehrlich, strahlend
- Gold: edel, prachtvoll, warm
- Silber: edel, gediegen, kühl

Farbkontraste

Welche Farbkontraste sind für die Mediengestaltung von Bedeutung?

Der Farbeffekt ergibt sich nie aus der Farbe an sich, sondern immer durch die Wechselwirkung mit der Umgebung. Man spricht hierbei von **Farbkontrasten**, z. B.:

- Grenzkontraste Bunt-Unbunt und Unbunt-Bunt
- Komplementär-Kontrast
- Hell-Dunkel-Kontrast
- Kalt-Warm-Kontrast
- Fern-Nah-Kontrast
- Qualitätskontrast (leuchtend-stumpf)
- Quantitätskontrast (viel-wenig)
- Simultankontrast

Den Sukzessivkontrast finden Sie auf Seite 78

Was versteht man unter den Grenzkontrasten Bunt-Unbunt- / Unbunt-Bunt?

Bunt-Unbunt: Auf weißem Hintergrund wirkt eine farbige Fläche dunkler als auf schwarzem. **Unbunt-Bunt**: Auf gelbem Farbhintergund (Y) wirkt Grau dunkler als auf dunklem (z. B. Blau).

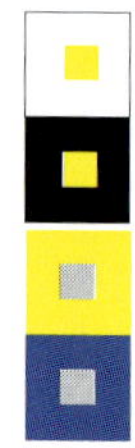

Was versteht man unter Komplementär-Kontrast?

Wie aus dem Namen ersichtlich, handelt es sich beim **Komplementär-Kontrast** um die Kontrastwirkung der im Farbkreis gegenüber liegenden Farben, z. B. Magenta und Grün.

Erläutern Sie an Beispielen, welchen Einfluss der Hell-Dunkel-Kontrast auf die Lesbarkeit hat!

Der **Hell-Dunkel-Kontrast** ist für die Lesbarkeit am wichtigsten. Je größer der Kontrast zwischen Zeichen und Hintergrund (Papier, Bildschirm), desto besser die Lesbarkeit. Beste Fernwirkung ergibt Schwarz auf Gelb. Grenz- und Hell-Dunkel-Kontrast wirken oft zusammen.

Was versteht man unter Kalt-Warm-Kontrast?

Der **Kalt-Warm-Kontrast** beruht auf dem Phänomen der Wärmeempfindung, wenn etwa die Wirkungen eines „warmen" Orangetons und eines „kühlen" Blautons verglichen werden.

Was ist der Fern-Nah-Kontrast?

Beim **Fern-Nah-Kontrast** können Körperfarben, auf einer Fläche nebeneinander liegend, räumliche Vorstellungen vermitteln. Farben im Bereich Gelb bis Rot scheinen nah, Violett, Blau, und Grün scheinen, je nach Sättigung, entfernter zu liegen. Allerdings spielt hier auch noch der Quantitätskontrast eine Rolle, der verstärkend oder vermindernd wirken kann.

Unterscheiden Sie Qualitätskontrast und Quantitätskontrast!

Der **Qualitätskontrast** beschreibt das Verhältnis der reinen Farbe zur gebrochenen Farbe.

Der **Quantitätskontrast** erfasst die Wirkung des Verhältnisses der Farbflächengrößen zueinander.

Was versteht man unter Simultankontrast?

Wenn das Aussehen einer Farbe durch die Umfeldfarben beeinflusst wird, nennt man das **Simultankontrast**.

Layoutgestaltung

„Layout" ist ein viel verwendeter Begriff. Was besagt er?

Der Begriff **Layout** kommt von dem englischen „to lay" und meint so etwas wie Entwurf, Planung, Anordnung aller Seitenelemente, also Seitengestaltung.
Das Layout beschäftigt sich mit Aspekten wie
- Satzspiegel
- Positionierung von Texten, Bildern, Fotos, Illustrationen, Logos, Symbolen etc. auf der Seite

Was bedeutet DTP?

DTP (Desktop Publishing) umschreibt den gesamten Prozess einer Produktion, bei dem Text, Bilder und Grafiken am Computer mit einem Programm und dem Layout als Vorlage zusammengestellt werden.

Was hat man sich unter „Satzspiegel" vorzustellen?

Der **Satzspiegel** ist ein festgelegter „Rahmen", der meist für alle Seiten gleich ist. Hier hinein werden Texte bzw. Bilder platziert. Außerhalb des Satzspiegels befinden sich: **Marginalien** und toter **Kolumnentitel** (Pagina).

Was genau ist der goldene Schnitt?

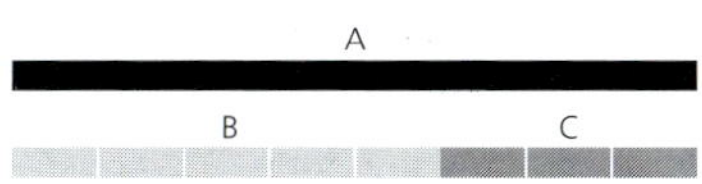

Der **goldene Schnitt** bezeichnet ein Teilungsverhältnis. Dabei wird die Gesamtstrecke A so in zwei Teilstrecken unterteilt, dass die größere Teilstrecke B sich proportional zur Gesamtstrecke verhält, wie die kleinere Teilstrecke C zur größeren Teilstrecke B.
Dieses Teilungsverhältnis 3:5:8:13 usw. (Lamésche Zahlenreihe) wird als besonders harmonisch empfunden.

Nennen Sie mindestens eine Methode zur Ermittlung des Satzspiegels, z.B. im Verhältnis des goldenen Schnitts!

Der **goldene Schnitt** bietet einen harmonisch proportionierten Satzspiegel. Dabei erfolgt die Aufteilung des freien Raumes um den Satzspiegel herum
von Bund zu Kopf zu Außenrand zu Fuß
im Verhältnis 3 Teile zu 5 Teilen zu 5 Teilen zu 8 Teilen.

Diagonalmethode

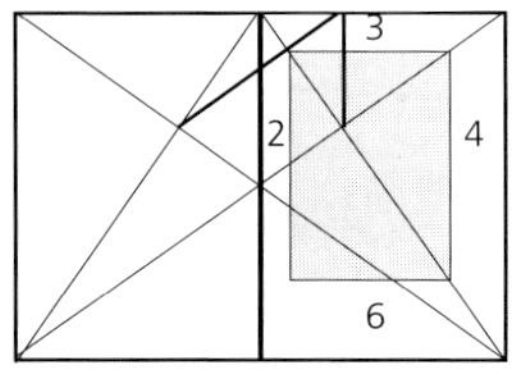

9er-Teilung

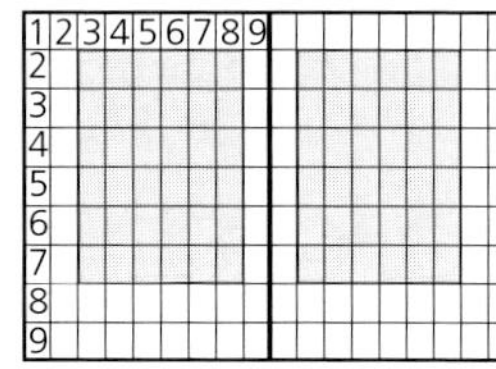

Welche Einstellungen sollten spätestens bei Satzbeginn festgelegt werden?

Bevor der **Satz,** z. B. einer Zeitschrift, am Computer beginnt, sollten folgende **Einstellungen** am neuen Dokument vorgenommen werden:
- Format
- Doppel-/Einzelseiten
- Stilvorlagen
- Silbentrennung und Blocksatz (S&B)
- Linien-, Rahmenstärken
- Farbdefinitionen
- Musterseite

Welche Elemente befinden sich in der Regel auf Muster- oder Stammseiten?

Um den Satz, z.B. einer Zeitschrift, zu erleichtern, sollten wiederkehrende Elemente auf einer **Musterseite** bzw. Stammseite angelegt werden:
- Randeinstellungen/Satzpiegel
- Spaltenbreite, -höhe, -abstand, -linien
- Titelarten
- Pagina
- sich wiederholende Elemente wie z. B. Logos
- Hilfslinien

Welche Unterschiede bestehen zwischen Skizze, Scribble und Kundenskizze?

Die „Gedanken"-**Skizze** ist eine grobe Skizzierung der Gestaltungsidee, ohne näher auf Schrift und Farben einzugehen.
Das **Scribble** ist die Ausarbeitung der Skizze. Sie kann mit beliebigen Zeichenutensilien ausgearbeitet werden. Headlines werden hierbei ausskizziert und der Schriftcharakter wird angedeutet.
Die **Kundenskizze** ist ein Entwurf zur Vorlage beim Auftraggeber. Sie kann ein gut ausgearbeitetes Scribble sein oder auch ein am Computer erstelltes Layout.

Wie sieht ein Scribble aus?

Das **Scribble** muss nicht in Original-Ausgangsgröße zu Papier gebracht werden, jedoch sollten die Proportionen erhalten bleiben.

Wie werden die einzelnen Elemente skizziert?

Titel und Zwischentitel können in Strichform oder im angedeuteten Schriftcharakter skizziert werden:.

Bei Scribbles werden die **Texte** so skizziert:

Bilder werden folgendermaßen angedeutet:

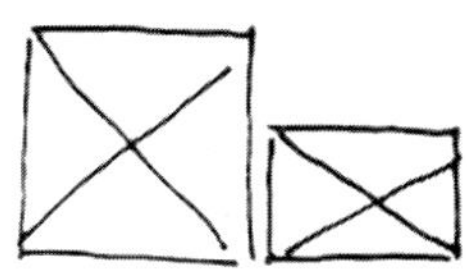

Was versteht man unter Gestaltungsraster?

Gestaltungsraster dienen zum rationellen Gestalten mehrerer Seiten, die gleiche Grundeinteilung erhalten sollen. Durch Unterteilung des vorhandenen Formats mittels horizontaler und vertikaler Linien entstehen Zellen, die über mehrere Seiten einheitlich in bedruckte und unbedruckte Bereiche eingeteilt werden. Es entsteht so ein durchgängig gleiches Layout.

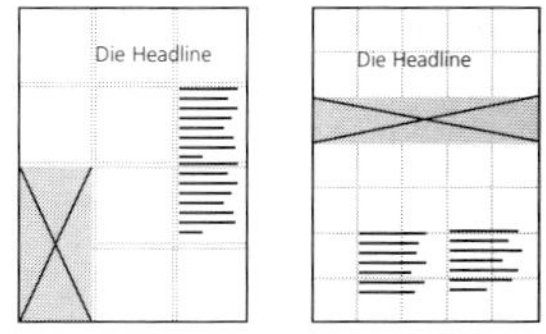

Welche Bildarten gibt es zur visuellen Illustration oder Veranschaulichung?

Folgende **Abbildungsvarianten** sind Beispiele für die Vielfalt an Möglichkeiten zur Bebilderung:

- Foto
- Karikatur
- Piktogramm
- Zeichnung
- Collage
- Diagramm

Welche Zeichentechniken bieten sich in diesem Zusammenhang an?

Abbildungen können als **Zeichnungen** u.a. mit folgenden **Techniken** umgesetzt werden:
- Marker
- Aquarell
- Wachsmalstift
- Kreide
- Öl-Pastell
- Kohle
- Stempel

Welche Vorteile haben Piktogramme im Vergleich zu Fotografien?

Piktogramme (Icons) haben als Bildzeichen einige Vorteile gegenüber Fotos:
- einprägsam
- leicht verständlich
- aufs Wesentliche konzentriert
- international
- intuitives Verständnis
- Orientierungshilfe

Bildcomposing

Was versteht man unter Composing?

Composing ist eine Collage, die aus mehreren Bildern besteht. Wichtig dabei ist, dass das gesamte Bild als Ganzes harmonisch wirkt. Bei Composing wünscht der Gestalter meist, dass der Betrachter gar nicht merkt, dass es sich um eine Montage handelt.
Selbstverständlich kann das Composing aber auch so angelegt werden, dass die Manipulationen deutlich zu erkennen sind. Dann kommt kein Zweifel auf, ob das Bild Realität oder lediglich ein Kunstprodukt ist.

Welche Bildparameter müssen beim Composing beachtet werden?

Grundsätzlich gilt es beim Composing folgende **Bildparameter** aufeinander abzustimmen, um das Bild stimmig erscheinen zu lassen:
- Schärfe
- Kontrastwirkung
- Größenverhältnisse
- Farbcharakter
- Perspektive
- Proportionen

Wie soll man Bewegung in Bildern darstellen?

Soll sich in einem Bild etwas bewegen, ist es wichtig, dass sich der Gegenstand von links nach rechts fortbewegt. Grund: Entsprechend abendländischer Tradition wird von links nach rechts gelesen.
Bei Diagonalen ist es wichtig, dass diese aufsteigen, da absteigende negativ besetzt sind.

Wie kann Räumlichkeit in Bildern dargestellt werden?

Um **Räumlichkeit** in einem Bild zu vermitteln, muss es über Vorder-, Mittel- und Hintergrund verfügen, in dem sich Anhaltspunkte für Entfernung und Größe befinden, also irgendwelche Objekte.

Was ist beim Gestalten mit Bild und Bild zu beachten?

Bei **Gestaltung** einer Seite mit **Bild und Bild** muss Folgendes beachtet werden:
- Bilder dürfen nicht die beabsichtigte Aussage durch Formatbeschnitt oder falsche Platzierung verlieren.
- Bilder müssen sich ins Gestaltungsraster einfügen
- Blickrichtungen *in* die Seite, nicht hinaus.
- Bilder in Vogelperspektiven weit unten platzieren.
- Bilder in Froschperspektiven weit oben platzieren.
- Der Wechsel von Perspektiven benachbarter Bilder muss inhaltlich oder formal begründet sein.
- Der Kontrast benachbarter Bilder soll gleich sein.
- Bilder mit gleicher Aussageabsicht sollen im vergleichbaren Ausschnitt gewählt werden.
- Ausschnitte sollen die gewünschte Aussage widerspiegeln.
- Die Bildaussage muss sich im Layout niederschlagen (z. B. Bilder mit Warnungsabsicht nicht unscheinbar darstellen und falsch platzieren).

Was bedeutet semantische Typografie?

Semantik (Bedeutungslehre) findet Anwendung bei Worten, die durch „spielerische" typografische Gestaltung für ihre eigentlichen Aussage visualisiert werden.

FALL **DER WALD** verschwi den

Geschäftsausstattung

Welche Drucksachen zählen zur Geschäftsausstattung?

Folgende **Drucksachen** gehören zu einer Geschäftsausstattung und sollten nach dem Corporate Design gestaltet werden:

- Briefbogen
- Folgeblatt
- Visitenkarte
- Briefhülle
- Kurzmitteilung
- Freistempler
- Stempel
- Pressemappe
- Faxpapier
- Adressaufkleber
- Ordner
- Werbemittel (Flyer, Anzeigen...)

Welche Bestimmungen gibt es bei Briefhüllen und Postkarten?

Um die Briefe mit dem Anschriftenlesegerät bearbeiten zu können, gelten folgende **Postbestimmungen**: Die Freimachungszone befindet sich rechts oben und misst vom oberen Rand 40 mm und von links 74 mm. Der Kodierraum beträgt von unten 15 mm. Diese Bereiche stehen demnach für die Gestaltung nicht zur Verfügung.

Erläutern Sie die Maße der gängigen Briefhüllen!

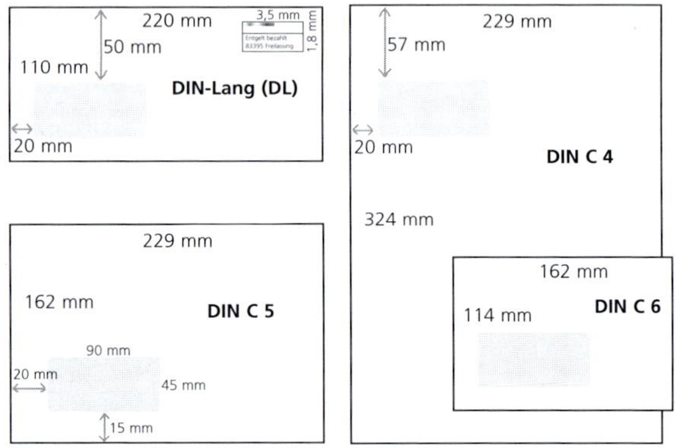

Erläutern Sie die Maße für Briefblätter!

Hinweise:
Die Maße sind DIN 676 (Briefvordrucke) und DIN 5008 (Schreib- und Gestaltungsregeln für die Textverarbeitung) entnommen.
Beachten Sie auch, dass es bei DIN 676 die Varianten A und B gibt.
Alle Angaben entsprechend DIN oder ISO sind keine Vorschriften, sondern immer nur Empfehlungen.

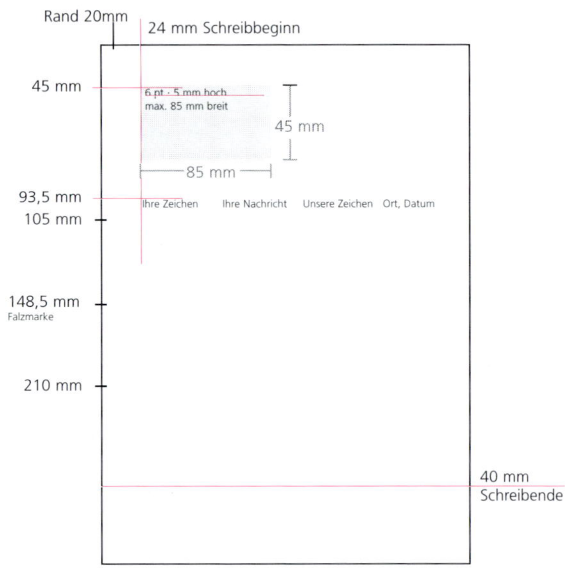

Was sind Falzmarken?

Falzmarken sind Markierungen, die auf dem Briefblatt als Orientierungshilfe dienen. Um zu wissen, wo das Blatt gefaltet werden muss, um später in eine Briefhülle zu passen, befinden sich auf der Höhe 105 mm und 210 mm die Falzmarken.
Druckbogen haben ebenfalls Falzmarken, die anzeigen, an welcher Stelle der Bogen vor dem Schneiden gefalzt (gebrochen) werden muss.

Buch

Erläutern Sie den äußeren Aufbau eines Buches!

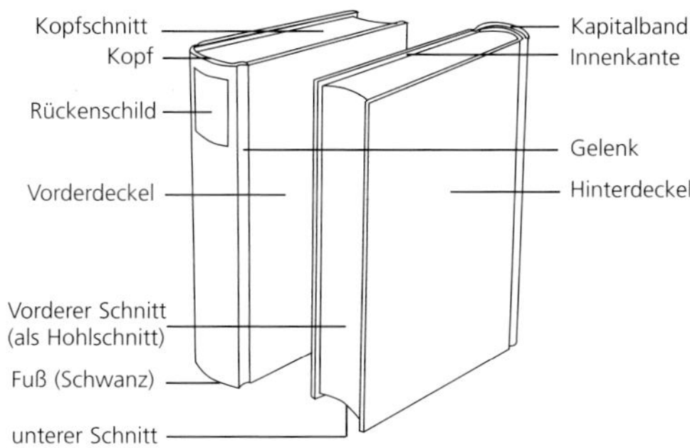

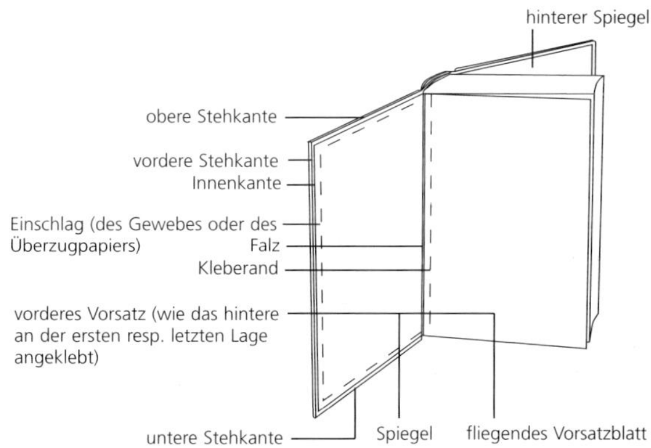

Welche Aufgabe haben Flattermarken im Bund des Buches?

Die **Flattermarke** bietet eine Kontrolle über die richtige Seitenreihenfolge beim Zusammentragen der Bogen in der Buchbinderei.

Erläutern Sie die Strukturierungsmöglichkeiten für den Buchinhalt, damit Nutzer sich schnell im Buch zurechtfinden!

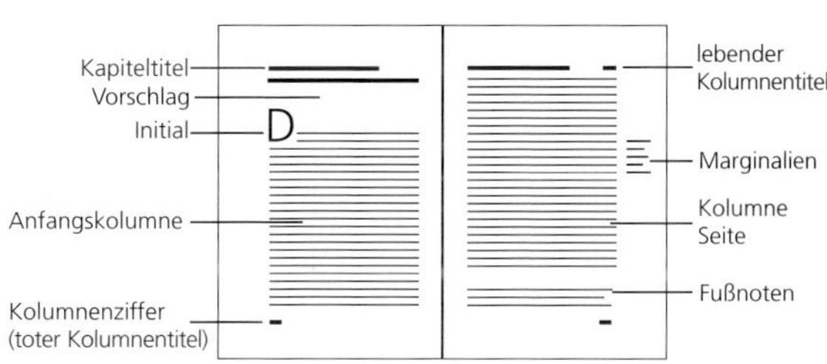

Erläutern Sie die Reihenfolge der ersten Seiten eines Buches, der Titelei!	Die **ersten Seiten** eines Buches sind: Schmutztitel, Reihen-/Sammeltitel oder Frontispiz (Titelbild) oder Vakat (unbedruckt), Haupttitel, Impressum, Widmung/Motto, Vorwort, Inhaltsverzeichnis. Einleitung gehört zum Text.
Was ist ein toter, was ein lebender Kolumnentitel?	Der **tote Kolumnentitel** enthält nur die Pagina (Kolumnenziffer). Er zählt nicht zum Satzspiegel. Der **lebende Kolumnentitel** hingegen besteht aus Pagina und einem Hinweistext. Hauptsächlich wird er in Büchern, Zeitschriften, Zeitungen und Lexika verwendet. Er gibt stichpunktartig den Inhalt der Seite wieder und dient zur Erleichterung der Navigation im Buch. Position: meist am Kopf, seltener (Zeitschrift) am Fuß.
Was besagt Kapiteltitel bzw. Untertitel?	Der **Kapiteltitel** bzw. **Untertitel** gibt Auskunft über den Inhalt des jeweiligen Abschnittes. Er steht als alleinige hervorgehobene Zeile zwischen den Sinnabschnitten. Fachleute sprechen oftmals von Rubriken. Da die Textfarbe früher nur schwarz war, wurden Überschriften rot gedruckt (lat. rubrum = rot). Daraus entstand Rubrik.
Was sind Fußnoten im Buch?	**Fußnoten** sind Bemerkungen, Quellenangaben oder weiterführende Erklärungen zu Text- oder Bildmotiven. Sie werden in einer kleineren Schriftgröße als der Fließtext (meist 2 Pt. kleiner als die Grundschrift) am unteren Rand angefügt. Die Fußnote wird mit einem Sternchen oder einer Ziffer gekennzeichnet, die auch in Klammern gesetzt werden können (*) oder ([1]).
Was bedeutet im Buch Legende?	Die **Legende** kann eine Bildunterschrift (Bildlegende) sein oder eine Tabellenlegende (Rubrik in erster Spalte).
Was heißt im Buch Pagina?	**Pagina** ist die fortlaufende Durchnummerierung (Kolumnenziffer), die am Kopf oder Fuß der Seiten steht.
Was ist in Schreibkunst und Satzherstellung unter Initial(e) zu verstehen?	Die **Initiale** ist der große Anfangsbuchstabe am Beginn von Kapiteln. Sie dient als schmückendes sowie textstrukturierendes Element. Man unterscheidet: • einfache Initiale (größerer Grad der Grundschrift, seltener einer anderen Schrift) • verzierte Initiale

- illustrierte Initiale
- Kassetten-Initiale

Ausladungen, wie z. B. beim großen T, sollten über den Satzrand hinausragen.
Die Initiale (das Initial) muss mit einer der Textzeilen Linie halten, um die Verbindung zum Text zu betonen.
Initialen dürfen den Lesefluss nicht stören und sollen sich immer in die Gesamtgestaltung einfügen.

Wie können Initiale(n) in den Text integriert werden?

Um eine **Initiale** im Text zu integrieren, gibt es verschiedene Möglichkeiten:

- Hineingestellt
  über mehrere Zeilen. Der Buchstabe muss hierbei mit der unteren Zeile abschließen und einen angemessenen Abstand zum Text haben.

- Herausgestellt
  Diese Variante fällt mehr ins Auge und eignet sich für locker angelegte Layouts.

- Mit Einzug
  Die Initiale muss nicht unbedingt am linken Rand stehen.

- Anderer Schriftschnitt
  Der Gebrauch einer anderen Schriftart, als sie beim Fließtext verwendet wurde, ist möglich. Jedoch sollte sie mit dem Inhalt des Textes sowie der Grundschrift harmonieren.

- Stilisierung
  Verzierungen oder Hinterlegungen der Initialen sind ebenso möglich, jedoch sollte dies dem Gesamtlayout angepasst sein.

- Wortinitiale
  Auch ganze Wörter können als Initiale dienen. Voraussetzung sind jedoch aussagekräftige und Spannung erzeugende Wörter.

Was sind Marginalien?

Marginalie stammt aus dem Lateinischen (margo = Rand). Sie dient meist in Sach- und Fachbüchern zur kurzen Erläuterung gesuchter Begriffe im Text und als Orientierungshilfe.

Was sind Marginalien? Wo auf der Seite stehen sie?

Randbemerkungen. **Marginalien** stehen linksbündig außerhalb des Satzspiegels in einem kleineren Schriftgrad als der Grundtext, evtl. auch in anderer Schriftart. Die erste Zeile der Marginalie steht auf derselben Zeile der zugehörigen Stelle im Grundtext.

Kreativitätstechniken

Was sind Kreativitätstechniken?

Kreativitätstechniken sind Methoden, die man alleine oder (vorzugsweise) in der Gruppe einsetzt, um neue Ideen zu produzieren. Manche der Kreativitätstechniken sind stark strukturiert, andere hingegen eher chaotisch. Manche bleiben eng am vorgegebenen Thema, andere gestatten, sehr weit abzuschweifen.

Welche Kreativitätstechniken gibt es?

Folgende **Kreativitätstechniken** erleichtern die Ideenfindung:

- Brainstorming
- Brainwriting
- Reizwortanalyse
- Mind Mapping
- Kopfstandtechnik

Was versteht man unter Brainstorming?

Durch freies Assoziieren werden beim **Brainstorming** Ideen, Vorschläge und Gedanken in der Gruppe mündlich geäußert, gesammelt und protokolliert. Auch Stichwörter, die mit dem Thema nicht unmittelbar etwas zu tun haben, können genannt werden.

Was versteht man unter Brainwriting?

Beim **Brainwriting** erhält jeder Teilnehmer ein Blatt mit 18 Feldern. In die obersten 3 Felder trägt jeder Teilnehmer 3 Ideen ein. Nach 5 Minuten wird das Blatt im Uhrzeigersinn weitergegeben. In das jeweilige Feld darunter sollen zu jedem Vorschlag anknüpfende Ideen eingetragen werden, aber auch völlig neue Ideen können notiert werden. Dieser Vorgang wiederholt sich.

Was ist Reizwortanalyse?

Bei der **Reizwortanalyse** suchen die Teilnehmer sich ein Wort, das nichts mit dem zu lösenden Problem zu tun hat und aus einem anderen Bereich kommt. Dann wird in ca. 5 Minuten alles zusammengeschrieben, was den Teilnehmern zu diesem Begriff einfällt: Wie sieht das

Objekt aus? Welche Eigenschaften hat es? Wie ist es konstruiert? Gibt es besondere Fähigkeiten? Diese Sammlung wird jetzt wieder mit dem Anfangsproblem zusammengeführt.

Was ist Mind Mapping?

Beim **Mind Mapping** wird in der Mitte eines Blattes ein Begriff aufgeschrieben, von dem Verästelungen zu Unterpunkten und von denen wieder Verästelungen zu Unterunterpunkten folgen.

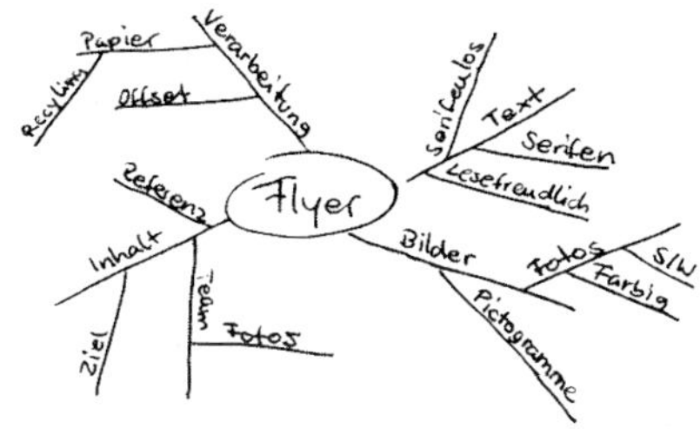

Erläutern Sie die Kopfstandtechnik!

Der Ablauf der **Kopfstandtechnik** gliedert sich wie folgt:
- Aufgabenformulierung
- Umkehrung der Aufgabe zur Anti-Aufgabe
- Anti-Lösungen finden mit Brainstorming
- Wieder Umkehren der Anti-Lösung zu Lösungen
- Realisierungsvorschläge durch Brainstorming

Wie bringen wir mehr Menschen dazu, ins Theater zu gehen?
↓
Wie verhindern wir, dass Menschen ins Theater gehen?
→
Wir zeigen Stücke, die niemand versteht.
↑
Wir zeigen Stücke, die viele verstehen.

Worauf muss im Umgang mit Kreativitätstechniken geachtet werden?

Beim Anwenden von **Kreativitätstechniken** sollten folgende Regeln im Voraus akzeptiert werden:
- keine vorschnelle Kritik
- Weiterführung der Ideen anderer, anstatt diese zu ignorieren oder zu belächeln
- ungehemmte Teilnehmer

Bildverarbeitung

Vorlagenarten

Was sind Halbtonvorlagen?

Halbtonvorlagen sind Bilder, die neben Licht und Tiefe aus Mitteltönen (Halbtönen) bestehen. Man unterscheidet zwischen Aufsichtvorlagen (z. B. Fotos) und Durchsichtsvorlagen (z. B. Dias).

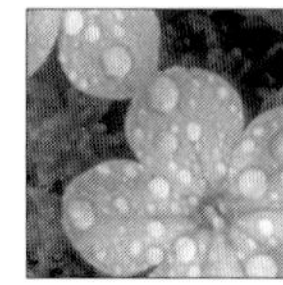

Was sind Strichvorlagen?

Strichvorlagen bestehen nur aus Licht und Tiefe bzw. Volltönen, die ein- oder mehrfarbig sein können. Bei Strichvorlagen wird unterschieden zwischen Grob-, Fein- und Feinststrich.

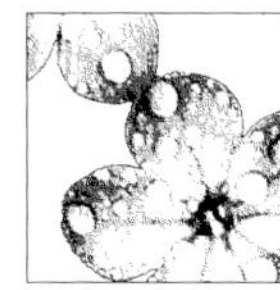

Was sind gerasterte Vorlagen?

Bei Vorlagen, die bereits gedruckt wurden und demzufolge ein Raster aufweisen, spricht man von **gerasterten Vorlagen**. Um Moirébildung beim erneuten Druck zu verhindern, muss das Bild beim Scannen oder in einem Bildbearbeitungsprogramm „entrastert" werden.

Bilddatenerfassung

Womit können Bilddaten erfasst werden?

Die **Bilddatenerfassung** erfolgt mit:
- Scanner
- Digitalkamera

Welche Parameter müssen beim Scannen beachtet werden?

Folgende **Parameter** (die Vorlage betreffend) müssen beim Scannen von Halbtonvorlagen beachtet werden:
- Größe der Vorlage
- Aufsicht oder Durchsicht
- Licht und Tiefe
- grau oder farbig
- Dichteumfang, Kontrast
- spezielle Tonwertbereiche
- Mängel, z. B. Unschärfe, Farbstiche

Ausgabe (betrifft den Ausgabeprozess):
- Auflösung
- Schärfe
- Bildgröße
- Gradation
- Bildausschnitt
- Farbmodus

Was versteht man unter Auflösung?

Werden Bilder beim Scannen erfasst, dann werden die Bildinformationen in Pixel (dpi = dots per inch) zerlegt. Die Auflösung gibt Auskunft darüber, wie gut die Bildqualität ist. Je größer (feiner) die **Auflösung**, desto besser die Qualität. Im Multimedia-Bereich sind 72 dpi ausreichend. Für den Druck hingegen sind bei Halbtonvorlagen 300 dpi und für Strichvorlagen 1200 dpi notwendig.

Unterscheiden Sie reprofähig, reproreif, nicht reprofähig!

Als **reproreif** werden Vorlagen bezeichnet, die ohne oder nur mit geringer Bearbeitung reproduzierbar sind (keine Kratzer, Knicke, Flecken aufweisen). Voraussetzungen sind ausreichende Schärfe, Kontrast, farbneutral (ohne Farbstich), Bildausschnitt ohne Ansatz möglich.

Reprofähig sind Vorlagen, die kleine Fehler aufweisen, die aber mit den im Betrieb vorhandenen Möglichkeiten korrigiert werden können, um akzeptable Qualitätsergebnisse zu erzielen.

Nicht reproreif sind alle Vorlagen, die mit der vorhandenen Hard- und Software nicht bearbeitet werden können, z. B. zu großes Format, dreidimensional, nicht flexibel (bei Trommelscanner).

Bildbearbeitung

Unterscheiden Sie Pixelbild und Vektorgrafik!

Pixelbilder (**Bitmap** oder **Rasterbild**) setzen sich je nach Auflösung aus einer bestimmten Anzahl von Pixeln (quadratischen Punkten) zusammen. Jedes dieser Pixel hat einen bestimmten Farbwert. Somit lassen sich fotorealistische Bilder darstellen. Von Nachteil ist aber, dass Skalieren immer mit Qualitätsverlust verbunden ist.
Vektorgrafiken bestehen aus so genannten Bézier-Kurven und Linien, die mathematisch genau definiert sind. Der Vorteil gegenüber Pixelbildern ist der geringe Speicherbedarf und die stufenlose Skalierbarkeit, da sie keiner Auflösung unterliegen.

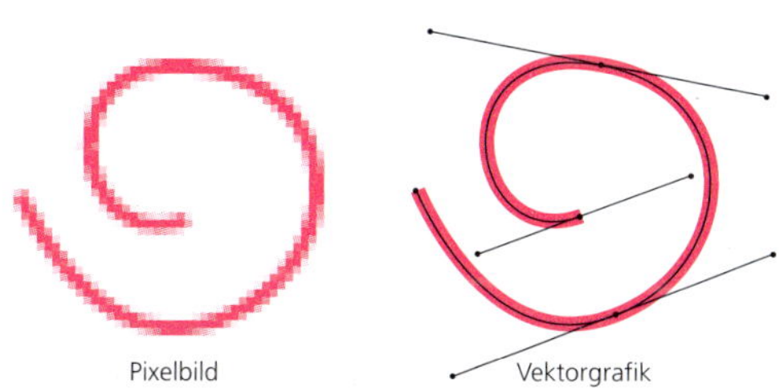

Was bedeutet Farbmodus?

Der **Farbmodus** gibt Auskunft über das Farbmodell (z. B. RGB oder CMYK), in dem das Bild abgespeichert ist. Er ist abhängig vom Ausgabeprozess bzw. von der medienunabhängigen Archivierung.

Was bedeuten Licht und Tiefe in Bildern?

Licht wird die hellste Stelle im Bild genannt, wogegen **Tiefe** die dunkelste Bildstelle ist. Beide sind bei Vorlagen abhängig von Motiv und Trägermaterial. Bei digitalisierten Bildern bedeutet Datentiefe die Anzahl möglicher Tonwert- oder Farbstufen von Licht zu Tiefe. Im Druck brechen lichte Stellen je nach Verfahren unter 2% bis 8% weg. Tiefen laufen ab 93% bis 98% zu.

Was versteht man unter Retusche im engeren Sinne?

Retusche ist das Beheben von Mängeln.
Mit Filtern und mit anderen Werkzeugen (z. B. Stempel) werden sie in Bildbearbeitungsprogrammen beseitigt:

- Unerwünschte Bilddetails (Kabel hängt von der Decke)
- Fussel, Schmutzpartikel (die durch mangelnde Sorgfalt beim Scannen enstanden sind)
- Schadstellen (z. B. durch Knicke oder Kratzer, die sich in der Vorlage befunden haben)
- Rasterstrukturen bzw. Moiré (die durch Scannen bereits gerasterter Vorlagen entstanden sind)

Was versteht man unter Entrastern?

Da beim Scannen von bereits gedruckten Vorlagen Moiré entstehen würde, wirken Scanprogramme diesem Problem mit Anti-Moiré-Filtern entgegen. Diesen Vorgang nennt man **Entrastern**. Allerdings bewirkt dieser Prozess leichte Unschärfe im Bild.

Was bedeutet Interpolation bei Größenberechnungen „gerasterter" Bilder (Pixelbilder)?

Mit **Interpolation** ist gemeint, dass beim Neuberechnen der Größe von Pixelbildern die Zahl der vorhandenen Pixel je nach Skalierungsfaktor zu einer kleineren oder größeren Anzahl umgerechnet wird. Dabei werden aus den Farbübergängen zwischen den ursprünglichen Bildpunkten geeignete Mittelwerte gebildet.

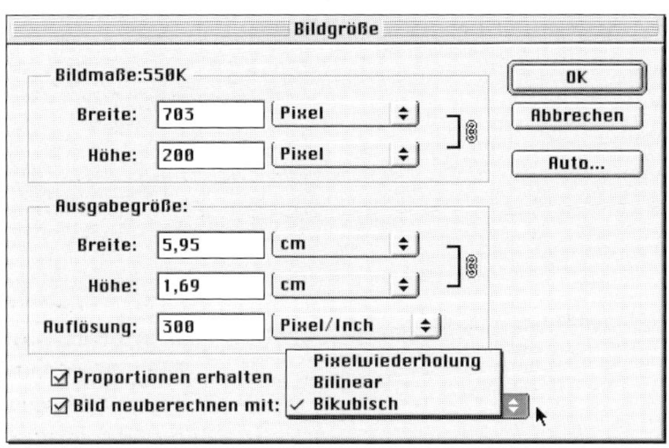

Welche Arten der Interpolation gibt es?

Folgende Interpolationsarten werden unterschieden:
- Pixelwiederholung (pixellinear)
- bikubische Interpolation
- bilineare Interpolation

Wie funktioniert die Pixelwiederholung?

Subjektiv gesehen, werden bei der **Pixelwiederholung (pixellinear)** die Pixel eines Bildes größer. In Wirklichkeit bekommen die neuen Pixel einfach die Farbe eines Nachbarn. Diese Methode ist relativ schnell, aber auch unpräzise. Sie eignet sich für Bilder, bei denen man die Farbanzahl beibehalten möchte oder bei denen verhindert werden soll, dass scharfe Kanten verschwimmen.

Was geschieht bei der bikubischen Interpolation?

Bei der **bikubischen Interpolation** bekommt ein neuer Bildpunkt die durchschnittliche Farbe aller umgebenden Bildpunkte. Dabei wird allerdings so vorgegangen, dass intensive Kanten betont werden, damit die subjektive Bildschärfe möglichst gut bleibt. Die bikubische Interpolation ist die rechenaufwändigste und verbreitetste Interpolationsmethode. Sie führt in der Regel zum besten Ergebnis.

Wie funktioniert die bilineare Interpolation?

Die **bilineare Interpolation** funktioniert grundsätzlich ähnlich wie die bikubische, mit dem Unterschied, dass das Bild nicht nachgeschärft wird und weniger Bildpunkte in die Berechnung einbezogen werden. Der einzige Vorteil, den die bilineare Interpolation gegenüber der bikubischen hat, ist der geringere Rechenaufwand. Im Allgemeinen macht es keinen Sinn, Bilder mit dieser Methode zu verändern.

Was geschieht beim Weichzeichnen?

Beim **Weichzeichnen** werden harte Konturen und Ecken durch Mittelwerte ersetzt. Beim Gaußschen Weichzeichner kann anhand des Radius das Ausmaß des Weichzeichnens festgelegt werden.

Welche Arten von Weichzeichnen gibt es?

Neben dem Gaußschen Weichzeichner gibt es folgende spezielle **Weichzeichnungsmethoden**:
- Bewegungsunschärfe
- radialer Weichzeichner
- selektiver Weichzeichner

Was geschieht beim Scharfzeichnen von Bildern?

Beim **Scharfzeichnen** wird der Kontrast benachbarter Pixel erhöht; dadurch wirkt das Bild schärfer. Eine individuelle Scharfzeichnung wird im Photoshop mit dem Filter Unscharf maskieren (USM) ermöglicht.

Die Stärke legt die Höhe des Kontrastes fest.
Der Radius bestimmt den Bereich, mit dem jedes Pixel verglichen wird.
Mit dem Schwellwert kann Einfluss darauf genommen werden, wie unterschiedlich die Pixel sein müssen, damit der Filter sich auf diese auswirkt.

Wozu wird der Störungsfilter genutzt?

Mit dem **Störungsfilter** können Störungen wie Staub und Kratzer entfernt, aber auch hinzugefügt werden. Hierbei werden zufällig verteilte Pixel mit unterschiedlichen Farbwerten in ein Bild projiziert.

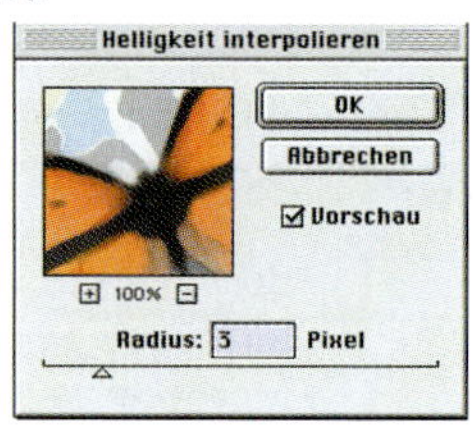

Was bedeutet ein Wasserzeichen im Bild?

Ein Bild, das mit digitalem **Wasserzeichen** versehen ist, erkennt man daran, dass in der Titelleiste das © für Copyright erscheint. Ein mit Wasserzeichen gekennzeichnetes

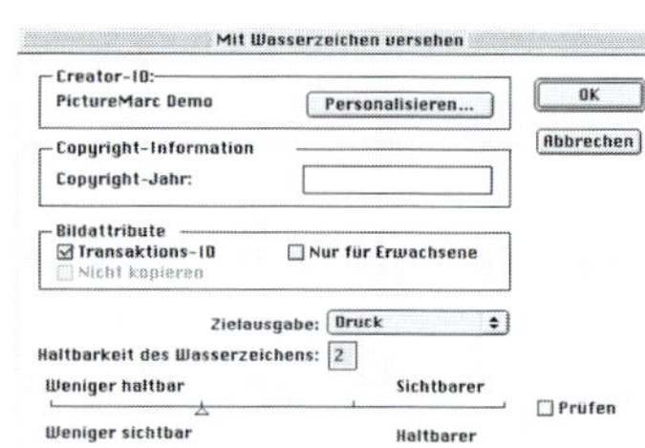

Bild enthält Copyright-Informationen. Zwar kann man sie mit bloßem Auge nicht erkennen, doch bleibt dieser Kopierschutz z. B. auch auf Screenshots erhalten.

Was bedeutet Freistellen von Bildern?

Soll ein Objekt auf einem anderen Hintergrund platziert werden, muss es zuerst freigestellt werden. Anhand eines Beschneidungspfades kann es freigestellt in das Layoutprogramm importiert werden.
Es gibt verschiedene **Freistellungsarten**:
- mit dem Pfadwerkzeug (empfehlenswerte, genaue Methode, jedoch nicht geeignet für diffizile Objekte, wie z.B. Haare)
- mit dem Maskierungsmodus
- mit Auswahlwerkzeugen (Zauberstab, Lasso) (dies ist eine sehr ungenaue Freistellmethode, deshalb nur für Layoutzwecke geeignet)

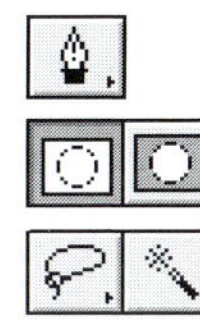

Farbkorrektur

Welche Werkzeuge stehen zur Farbkorrektur/ Farbkalibrierung zur Verfügung?

Folgende **Werkzeuge** stehen im Bildbearbeitungsprogramm Photoshop zur Verfügung, um Bilder farblich zu beeinflussen:
- Farbton/Sättigung
- Farbbalance
- selektive Farbkorrektur
- Gradationskurve
- Tonwertkorrektur
- Helligkeit/Kontrast

Was wird in Adobe Photoshop auch als LAB-Farbkorrektur bezeichnet?

Anhand der **LAB-Farbkorrektur,** die in Photoshop das Dialogfeld „Farbton/Sättigung" bereitstellt, können Bilder nach Farbton, Sättigung und Helligkeit komplett oder in definierbaren Teilbereichen verändert werden. Bezug zu (CIE)LAB besteht aber nur bei der Helligkeit.

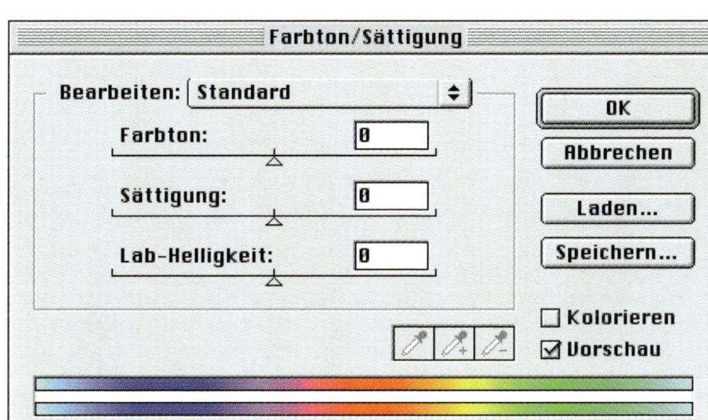

Was besagt
das Dialogfenster
Farbbalance?

Anhand der **Farbbalance** kann in Tiefen, Mitteltönen und Lichtern eine auf dem LAB-System basierende Farbkorrektur durchgeführt werden.

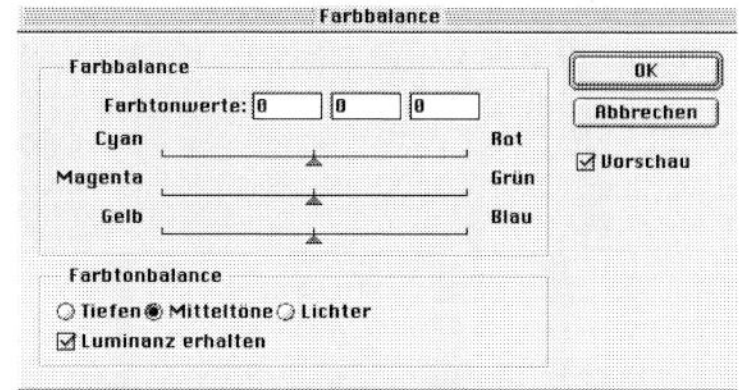

Was ist
selektive Farbkorrektur?

Mit der **selektiven Farbkorrektur** kann bestimmt werden, in welchen Farbteilen farblich etwas geändert werden soll. Wenn z. B. die eigentlich weiße Wand etwas blaustichig ist, kann in den Weißtönen Blau etwas zurückgenommen werden.

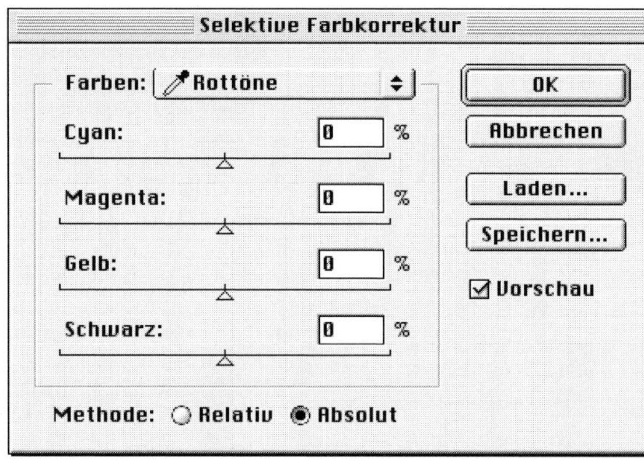

Was bedeutet
Schwell(en)wert
in Bildbearbeitungs-
programmen?

Der **Schwell- oder Schwellenwert** legt fest, welche Tonwerte schwarz und welche weiß werden. Möchte man ein Graustufenbild in eine Strichzeichnung umwandeln, kann man über die Schwell(en)wertfunktion bestimmen, von welchem Wert ab sich die hellgrauen bis dunkelgrauen Töne in Weiß bzw. Schwarz wandeln.

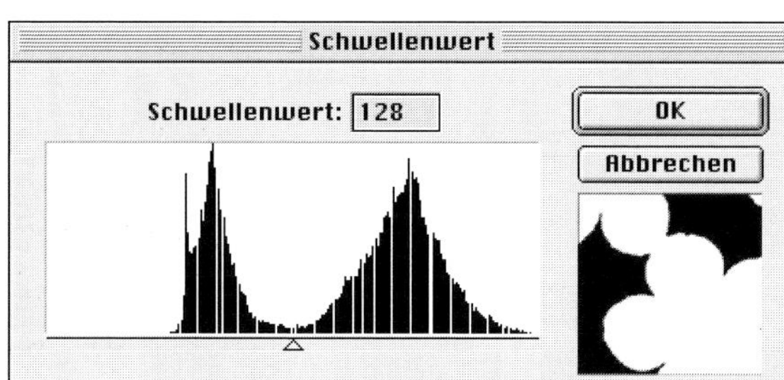

Wozu dient das Histogramm in Bildbearbeitungsprogrammen?

Im **Histogramm** können Einstellungen sowohl für die gewünschte Bildhelligkeit als auch für den gewünschten Kontrast ganz einfach vorgenommen werden. Das Histogramm Tonwertkorrektur steht in Bildbearbeitungsprogrammen (wie z.B. Paintshop, Photo-Impact, Photo-Paint oder Photoshop) zur Verfügung.

Wie lassen sich Bilder mit dem Werkzeug Tonwertkorrektur bearbeiten?

Mit dem **Werkzeug Tonwertkorrektur** können Einstellungen sowohl für die gewünschte Bildhelligkeit als auch für den gewünschten Tonwertumfang vorgenommen werden. Neben der Tonwertkorrektur steht dafür in professionellen Bildbearbeitungsprogrammen die Gradationskurve zur Verfügung.
Im Bild sollten sowohl eine hellste Stelle als auch eine dunkelste Stelle festgelegt werden. Dies kann durch Tonwertspreizung geschehen, indem die beiden äußeren Regler unmittelbar unter dem Histogramm verschoben werden.
Durch Verschieben des Gammareglers (mittlerer Regler unter dem Histogramm) kann man eine Korrektur der Bildhelligkeit vornehmen, indem die Tonwerte zwischen den Extremwerten erhöht oder verringert werden, wobei die Wirkung im Mitteltonbereich am stärksten ist. Mit den untersten beiden Reglern kann der Tonwertumfang beeinflusst werden.

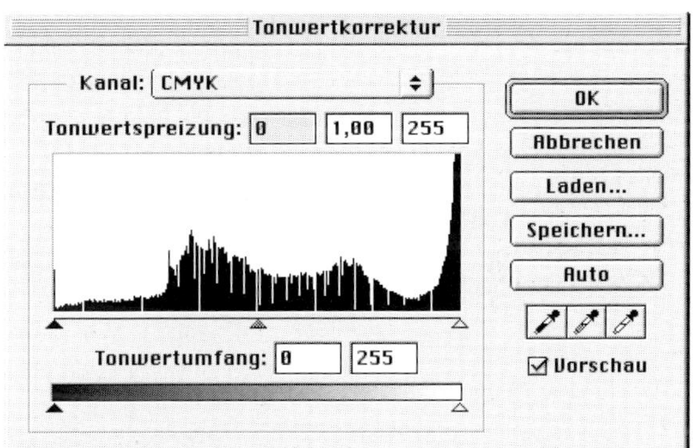

Was ist ein Farbkanal in der Bildverarbeitung?

Der **Farbkanal** bietet Informationen über die im Bild enthaltenen Farbkomponenten. Die Anzahl der Farbkanäle in einem Bild ist abhängig vom Modus, d.h. pro Farbauszug gibt es einen Kanal. Daher haben CMYK-Bilder vier Farbkanäle, RGB-Farbbilder nur drei.

Erläutern Sie das Werkzeug für die Gradationskurve!

Hinweis:
Streng genommen ist der Gammawert eine Größe, welche nur für die analoge Fotografie kennzeichnend ist. In der digitalen Bildbearbeitung steht für Gamma aber meist nicht die Steigung, sondern die Krümmung.

Im Fenster **Gradationskurve** stehen die Eingabewerte, d.h. jene Pixel-Tonwertstufen, die der Scanner produziert hat (horizontal – X-Achse), den Werten für die Ausgabe gegenüber, also den nach der Korrektur neu errechneten Tonwertstufen (vertikal – Y-Achse) .
Die Grundeinstellung zeigt eine Gerade im 45°-Winkel; es stimmen also die Werte der Ein- und Ausgabe überein. Der Unterschied zum Tonwertkorrektur-Fenster besteht in einer wesentlich feineren Abstufungsmöglichkeit. Helligkeits-, Kontrast- und Gammawertkorrekturen (Helligkeit und Kontrast ändern sich proportional) sind hier möglich. Das Beispiel zeigt den CMYK-Modus (im RGB-Modus wäre es umgekehrt):

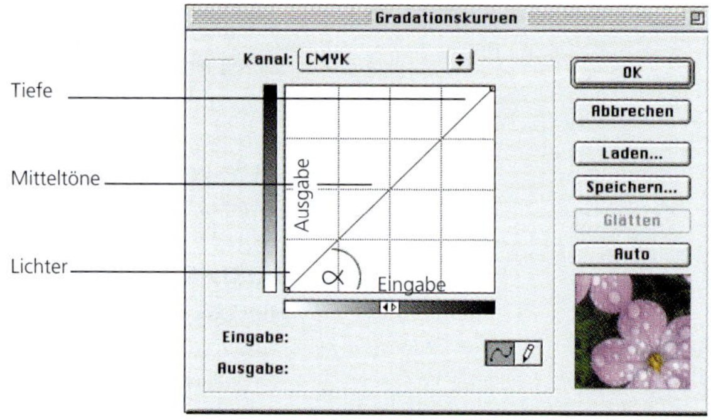

Grundeinstellung (45°-Winkel)

Die Korrektur kann sowohl auf das Gesamtbild als auch auf Mittel-, Viertel- und Dreivierteltöne angewendet werden. Auch eine Korrektur in den einzelnen Farbkanälen ist möglich.
Der Gammawert ($\tan\alpha$) errechnet sich folgendermaßen:

$$\tan\alpha = \frac{\text{Tonwertumfang im Scan}}{\text{Tonwertumfang in der Vorlage}}$$

Was bedeutet Graubalance in Farbbildern?

Um einen Farbstich im Bild zu korrigieren, eignet sich die **Graubalance** sehr gut.
Die Pipette für die Graubalance findet man unter „Tonwertkorrektur" und „Gradationskurve". Um die Graubalance vorzunehmen, muss im Bild eine Stelle gesucht werden, bei der es sich in der Realität eindeutig um Grau handelt, z.B. ein Stahlrohr. Um nun den Farbstich zu beseitigen, muss die mittlere Pipette für den Grauton gewählt und auf das Bilddetail geklickt werden, das als Grau gilt.

Farbe

Farbwahrnehmung

Erklären Sie den Vorgang des Farbensehens vom Lichteinfall ins Auge bis zur Farbempfindung!

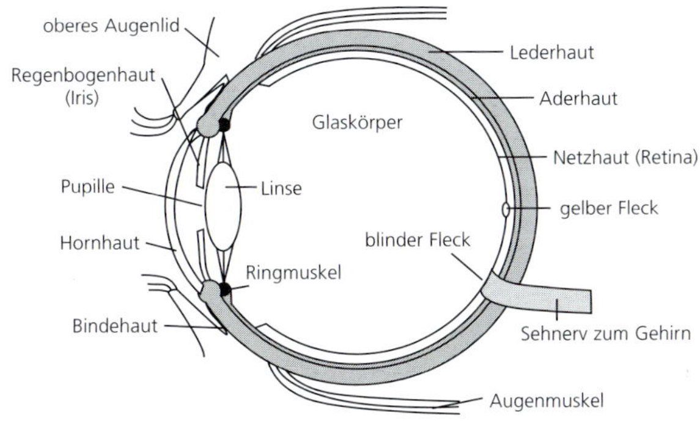

Über ein Linsensystem mit Blendenregelung (Pupille) fällt das Licht in das Auge und gelangt auf eine Schicht von Sinneszellen, die sich auf der Netzhaut befinden. Diese Sinneszellen bestehen aus Antennen und Rezeptoren, die wiederum aus Zapfen (Zäpfchen) und Stäbchen bestehen. Die Stäbchen sind für das Hell-Dunkel-Sehen zuständig, die Zäpfchen für das Farben-Sehen. Von den Zäpfchen gibt es drei Sorten, die jeweils auf eine bestimmte Wellenlänge des Lichts ansprechen.
Um Farben wahrnehmen zu können, muss eine Lichtquelle vorhanden sein, welche Energiestrahlen aussendet. Die Energiestrahlen (hier Licht) werden, wenn sie auf eine Oberfläche treffen, je nach Materialbeschaffenheit absorbiert oder reflektiert. Die reflektierten Energiestrahlen treffen auf die Netzhaut, werden von den Sehzellen registriert, in „organische" Impulse umgewandelt und an das Gehirn weitergeleitet, wo sie zu Farbeindrücken verarbeitet werden.

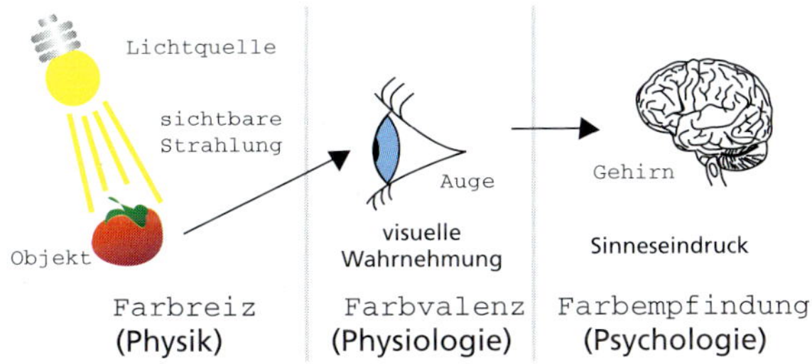

Erläutern Sie die spektralen Empfindlichkeitskurven in der Abbildung!

Für das Farben-Sehen sind die drei Zapfenarten verantwortlich. Diese Farbzapfen unterscheiden sich hinsichtlich ihres lichtempfindlichen Sehstoffes. Jeder dieser Sehstoffe hat eine andere spektrale Empfindlichkeitsfunktion, die anhand einer **spektralen Empfindlichkeitskurve** (2° Beobachtungswinkel) dargestellt wird.

1. rotempfindliche, langwellig empfindliche (L-Zapfen)
2. grünempfindliche, mittelwellig empfindliche (M-Zapfen)
3. blauempfindliche, kurzwellig empfindliche (K-Zapfen)

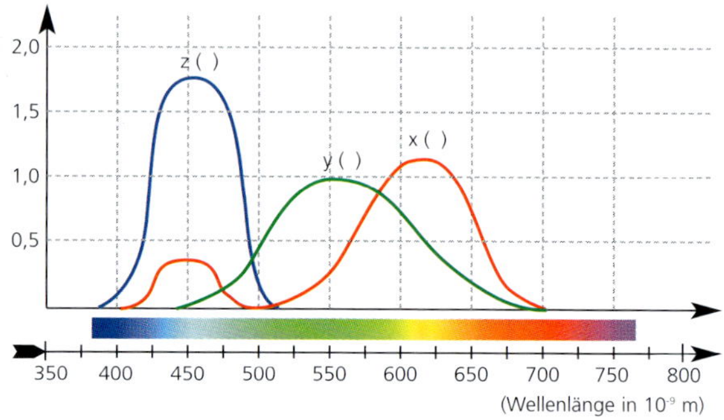

Was bedeutet Dispersion des weißen Lichts?

Das Prisma erzeugt einen künstlichen „Regenbogen". Schickt man weißes Licht durch ein prismenförmig geschliffenes Glas, wird das Licht an den beiden Grenzflächen zweimal gebrochen. Kurzwelliges Licht (blaues Licht) wird generell stärker gebrochen als langwelliges. Daher kann mit Hilfe eines Prismas weißes Licht in seine Wellenanteile zerlegt werden. Dieses Phänomen der **Dispersion** wurde erstmals von Isaac Newton beschrieben.

Beschreiben und erläutern Sie das Farbspektrum, das bei der Dispersion des weißen Lichts entsteht!

Beim **Farbspektrum** setzt sich weißes Licht aus der elektromagnetischen Strahlung verschiedener Wellenlängen im Bereich von ungefähr 370 bis 760 Nanometer (1nm = ein milliardstel Meter) zusammen. Dies ist der Teil der elektromagnetischen Wellen, welcher für das menschliche Auge sichtbar ist. Man nennt ihn deshalb Spektrum des weißen Lichts.

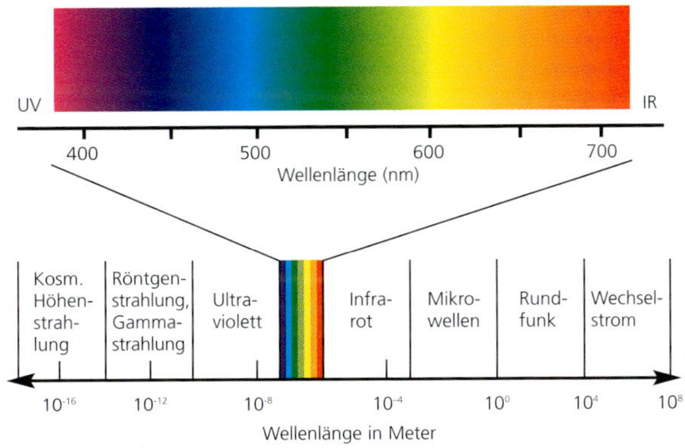

Das Spektrum der elektromagnetischen Wellen setzt sich an beiden Enden des sichtbaren Spektrums fort. Hier gibt es noch weitere für die Technik sehr bedeutsame Wellenlängenbereiche, z. B. UV- und Röntgen strahlen oder Infrarot- und Radiowellen.

Was sind Remissionskurven?

Wenn weißes Licht mit einer Wellenlänge von 400 bis 750 nm auf einen Körper trifft, werden Strahlen verschiedener Wellenlängen unterschiedlich stark zurückgeworfen. Dieses weiße Licht besteht nämlich aus den Grundfarben Rot, Grün und Blau.
Beleuchtet man z. B. einen cyanfarbenen Körper, werden hauptsächlich der blaue und der grüne Bereich des weißen Lichtes zurückgeworfen, der rote wird weitestgehend absorbiert (verschluckt).

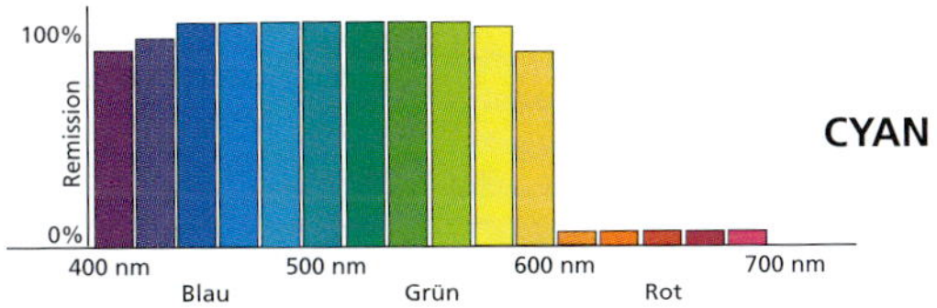

Die **Remissionskurve** zeigt den Zusammenhang zwischen aufgestrahltem Licht und wie viel davon in einem Wellenlängenbereich zurückgeworfen wird (Remission). Ein selbstleuchtender Gegenstand (Lampe) hingegen hat ein Emissionsspektrum (Emission = Aussendung).

Wodurch unterscheiden sich ideale Farben von realen Farben?

Bei den **idealen Farben** werden in der Theorie die beiden Spektralfarben, die sich im 6-teiligen Farbkreis neben der Druckfarbe befinden, vollständig remittiert. Die Komplementärfarbe wird stattdessen vollständig absorbiert.
In der Drucktechnik gibt es keine idealen Farben, weil sie nicht herstellbar sind. Die Eigenfarben werden nicht vollständig remittiert, die Komplementärfarben nicht vollständig absorbiert. Dies führt zur Verschwärzlichung der Körperfarbe. Man spricht von **realen Farben**.
Die Grafik veranschaulicht die Remissionskurven:

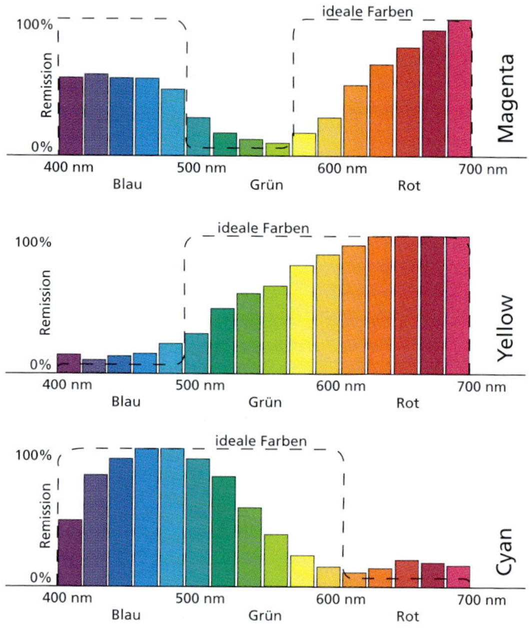

Nach welchen Kriterien werden Farben wahrgenommen?

Bei der **Farbwahrnehmung** sind folgende Kriterien von Bedeutung:

- Helligkeit
  beschreibt die Eigenhelligkeit einer Farbe (Gelb ist heller als Blau).
- Temperatur
  beschreibt die Empfindung von Wärme (Gelb, Rot, Orange) oder Kälte (Blau, Grün, Violett).
- Gegenstandsfarbe
  bzw. Lokalfarbe berücksichtigt den Einfluss von Oberflächenstrukturen.

- Erscheinungsfarbe
  lässt Beleuchtungssituationen mit einfließen.
- Eigenwert
  Trennung von Gegenstands- und Erscheinungsfarben.

Was versteht man unter spektralfotometrischer Messung?

Die Messung mit einem **Spektralfotometer** ist einfach über die Benutzerführung des Displays mit PC-/Mac-Software durchzuführen. Über eine Schnittstelle ist das Messgerät mit dem Rechner verbunden oder wird dort zum Datenaustausch angedockt.
Die spektrale Messung der Remission/Emission erfolgt stufenweise mit einer Schrittweite von 20 nm (Nanometer). Mit der Software werden die unterschiedlichen Lichtarten (6000 Kelvin, 8000 Kelvin usw.) sowie die beiden Beobachtungswinkel 2° und 10° simuliert.
Anhand der gespeicherten Normspektralfunktionen werden die Normfarben X, Y und Z ermittelt, die als Basis für die darauf folgenden Berechnungen dienen.

Was versteht man unter Farbtemperatur?

Ein so genannter **Planckscher (schwarzer) Strahler** wird erhitzt, bis er zu glühen beginnt. Je nach Temperatur glüht er in unterschiedlichen Farben, und zwar von Rot zu Orange und über Weiß bis Blau. Wenn man von **Farbtemperatur** spricht, ist die Temperatur der Farbe gemeint, in der dieser Körper glüht. Gemessen wird die Farbtemperatur in Kelvin (K).

Lichtquelle	Kelvin	Glühfarbe	Grad
Kerzenlicht	2000 K	dunkelrot	+ 700 °C
Glühbirne	2800 K	kirschrot	+ 900 °C
Halogenlampe	3400 K	hellkirschrot	+1000 °C
Mondlicht	4100 K	dunkelorange	+1100 °C
Sonnenlicht	6000–8000 K	hellorange	+1200 °C
Himmelslicht	9000–18000 K	weiß	+1300 °C

Farbordnungssysteme

Wie werden Farbordnungssysteme in der Regel untergliedert?

Um die Kommunikation über Farben zu verbessern und zu objektivieren, wurden **Farbordnungssysteme** entwickelt. Sie werden nach folgenden Gesichtspunkten gegliedert:
- Farbmischsysteme
- Farbauswahlsysteme
- Farbmaßsysteme

Es gab seit jeher Versuche, die Farbenfülle zu systematisieren.
Nennen Sie die wichtigsten dieser Farbkennzeichnungssysteme!

Folgende Systeme entstanden im Laufe der Jahre:

1 Leonardo/Alberti (1435)
2 Newton (1642–1726)
3 Goethe (1749–1832)
4 Schopenhauer (1788–1860)
5 Runge (1777–1810)
6 Klee (1879–1940)
7 CIE-Norm-Farbtafel (1931)
8 Itten (1888–1967)
9 NCS-System (1964)

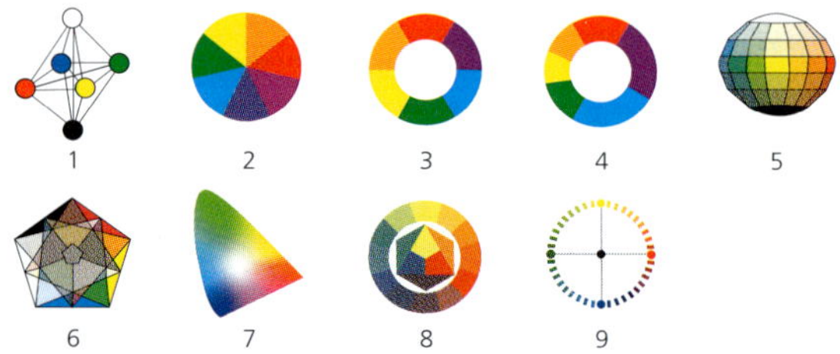

Nennen Sie alle Farben des sechsteiligen Farbkreises!
Wie heißen die additiven Grundfarben?
Wie heißen die subtraktiven Grundfarben?
Nennen Sie die drei komplementären Farbenpaare!
Warum ist Braun nicht im sechsteiligen Farbkreis enthalten?

Der **6-teilige Farbkreis** der bunten Farben besteht aus den drei Grundfarben der additiven Farbmischung (RGB) und den drei Grundfarben der subtraktiven Farbmischung (CMY), die im Kreis abwechselnd (gemäß den Farbmischgesetzen) angeordnet sind. Das heißt, die sich gegenüber liegenden Farben sind komplementär, und sie mischen sich stets aus den beiden benachbarten Farben. Deshalb ist Rot die Komplementärfarbe von Cyan aus den Nachbarfarben Gelb und Magenta. Grün aus den benachbarten Farben Gelb und Cyan ist die komplementäre Farbe (Gegenfarbe oder Ergänzungsfarbe) von Magenta. Und Blau schließlich, subtraktiv aus den Nachbarfarben Magenta und Cyan gemischt, hat Gelb als Komplementärfarbe. Tertiärfarben (Drittfarben, wie z.B. Braun, Oliv) sind im 6-teiligen Farbkreis nicht enthalten, weil sie aus drei Grundfarben bestehen.

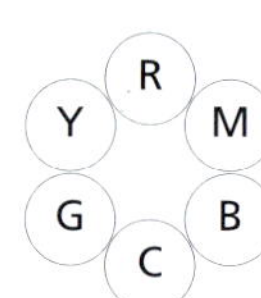

Was sind Komplementärfarben?

Die Farben, die sich im Farbkreis gegenüber liegen, sind so genannte **Komplementärfarben**. Sie ergänzen sich gegenseitig (theoretisch) zu Schwarz bzw. Weiß.
Die Komplementärfarbe kann ermittelt werden, indem man auf die Farbfläche starrt und anschließend den Blick auf eine weiße Wand richtet, wo dann als **Sukzessivkontrast** die Komplementärfarbe erscheint.

Farbmischungen

Was sind Farbmischsysteme?

Farbmischsysteme systematisieren die Farbenfülle, setzen aber unterschiedliche Schwerpunkte. In der Mediengestaltung interessieren CMYK- und RGB-System. Alle Systeme befassen sich mit der Farbmischung.

Welche drei Farbmischungen sind im Medienbereich bedeutsam?

Die **Farbmischung** hängt vom Farbmodus ab. Generell wird zwischen drei Farbmischungen unterschieden:

- additive Farbmischung
- subtraktive Farbmischung
- autotypische Farbmischung

Was versteht man unter additiver Farbmischung?

Werden bei der **additiven Farbmischung** die drei Grund-, Erst- oder Primärfarben, nämlich Rot, Grün und Blau übereinander projiziert, entsteht weißes Licht, weil dort wieder alle spektralen Anteile des weißen Lichts vertreten sind. In der additiven Farbmischung lassen sich in der Theorie alle sichtbaren Farben darstellen. Die bei Bildschirmen eingesetzte additive Farbmischung nennt man auch RGB-Mischung.

Welches sind die Sekundärfarben in der additiven Farbmischung?

Sekundärfarben sind die Farben, die durch die Mischung zweier Primärfarben entstehen, z. B.:
Magenta (Rot + Blau) Cyan (Grün + Blau)
Gelb (Grün + Rot)

Nennen Sie Anwendungsbeispiele für additive Farbmischung!

Beispiele für die **Anwendung** der additiven Farbmischung sind:

- Monitor
- Digitalkamera
- Bühnenbeleuchtung
- Addition der drei Teilreize (Farbvalenz) bei menschlichem Farbensehen (physiologische Farbmischung)

Was versteht man unter subtraktiver Farbmischung?

Bei **subtraktiver Farbenmischung** werden nicht selbstleuchtende Körper (Körperfarben) miteinander vermischt. Die Farbwirkung entsteht hierbei durch Absorption der komplementären Lichtanteile. Neben den Primärfarben und einer weiteren großen Anzahl von Farbtönen lässt sich durch den Übereinanderdruck theoretisch auch Schwarz darstellen. Da in der Praxis aber kein Schwarz, sondern nur ein sehr dunkler Braunton entstehen würde, verwendet man beim CMYK-Modell als vierte Farbe Schwarz (K).

Welches sind die Primärfarben (der subtraktiven Farbmischung)?

Als **Primärfarben** (Grundfarben) werden die Farben Gelb, Magenta und Cyan bezeichnet. Die drei Primärfarben sind nicht durch subtraktive Mischung aus anderen Farben herstellbar. Sie werden deshalb auch als absolute Farben bezeichnet.

Nennen Sie Anwendungsbeispiele für subtraktive Farbmischung!

Beispiele für die **Anwendung** der subtraktiven Farbmischung sind:
- Farbdruck
- künstlerische Mal- und Zeichentechniken

Was versteht man unter autotypischer Farbmischung?

Bei der **autotypischen Farbmischung** wirken additive und subtraktive Farbmischung zusammen. Vergleichbar mit Dithering werden zwei nebeneinander liegende Farben vom Auge physiologisch als additive Mischfarbe wahrgenommen. Die subtraktive Farbmischung erfolgt auf dem Bedruckstoff, indem sich übereinander gedruckte Rasterelemente (physikalisch) vermischen.

Was sind Tertiärfarben?

Tertiärfarben (Drittfarben) entstehen z.B. durch Mischen einer Primär- und einer Sekundärfarbe.

Was sind unbunte Farben?

Als **unbunte Farben** werden Schwarz, Weiß und Neutralgrau bezeichnet.

Unterscheiden Sie reine und getrübte Farben!

Man unterscheidet zwischen **reinen** (gesättigten) **Farben** und **getrübten Farben**, die z.B. durch Weißzugabe (Helligkeitstrübung, hellklar), Schwarz (Dunkeltrübung, dunkelklar) oder Grau (Grautrübung, stumpf) entstehen. **Gebrochene Farben** sind solche, die mit einer gesättigten Komplementärfarbe vermischt wurden, z.B. Grün mit wenig Magenta.

Farbauswahlsysteme

Was sind Farbauswahlsysteme?
Geben Sie Beispiele!

Farbauswahlsysteme sind Farbpaletten bzw. Farbtabellen, die aus ganz bestimmten Farben bestehen. Das bekannteste Farbauswahlsystem sind die **indizierten Farben**. Ein Bild in diesem Modus umfasst nur 256 Farben. Die Auswahl der Farben ist jedoch nicht durch Normen festgelegt, sondern systembedingt verschieden. Sehr bekannt ist auch die Palette der **websicheren Farben**.

Farbmaßsysteme

Was sind Farbmaßsysteme?

Farbmaßsysteme sind Farbordnungssysteme, die sich auf die valenzmetrische Messung beziehen, d.h. sie versuchen, die visuelle Erscheinung der Farben durch Koordinatensysteme messbar zu machen. Beispiele sind: CIE-Normvalenzsystem, CIELAB-System und CIELUV-System.

Was versteht man unter dem CIE-Normvalenzsystem?

Das **CIE-Farbsystem** ist am menschlichen Farbempfinden orientiert. Es kennzeichnet Farben durch die Normfarbwerte *X*, *Y* und *Z* (Farbvalenz). *Y* steht für die Helligkeit; die Skala reicht von 0 (absolutes Schwarz) bis 100 (absolutes Weiß). Buntton (Farbton) und Buntheit oder Sättigung können nicht direkt abgelesen werden.

Nennen Sie die wichtigsten Merkmale der CIE-Normfarbtafel (Schuhsohle)!

Hinweis:
Siehe hierzu vor allem die hilfreiche zweidimensionale Farbabbildung auf Seite 82 oben.

Koordinaten der CIE-Normfarbtafel sind die CIE-Normfarbwertanteile *x* und *y*. Sie kennzeichnen die Farbart, d.h. Buntton und Sättigung, nicht aber die Helligkeit. Die Spektralfarben liegen auf dem gekrümmten Rand der „Schuhsohle" (Spektralfarbenzug oder Spektralfarbenkurve). Das energiegleiche Spektum (*E* – theoretisches Unbunt) weist die folgenden Koordinatenwerte auf: $x = y = 0{,}3333$. Je weiter eine Farbart vom Unbunt *E* entfernt ist, desto gesättigter ist sie dann. Der Buntton (Farbton) ist an der Lage links, rechts, oberhalb oder unterhalb von Unbunt zu erkennen: Blau unten links, Rot unten rechts, Grün oben.

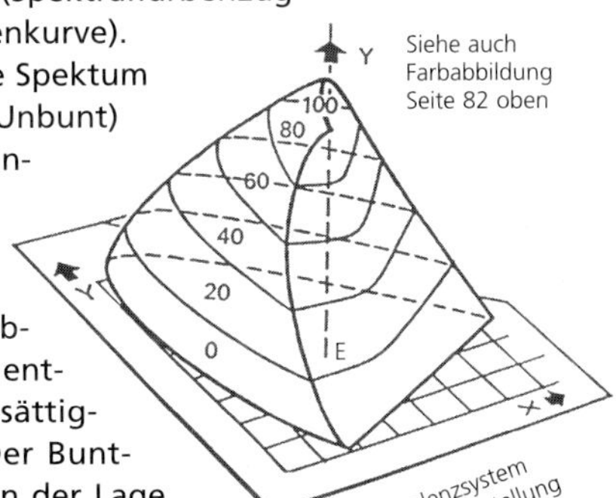

Siehe auch Farbabbildung Seite 82 oben

CIE-Normvalenzsystem in räumlicher Darstellung

Das CIE-Normvalenzsystem (Schuhsohle), von oben betrachtet, mit den gesättigten Farben und dem Weißpunkt:

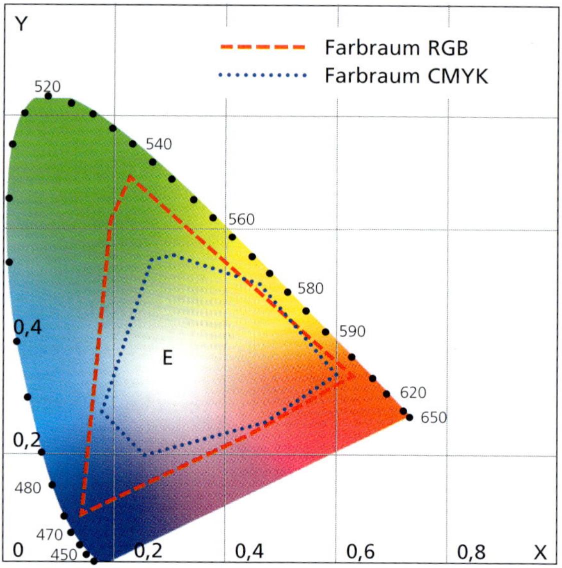

Wie erfolgt in der Farbtafel die Farbortbestimmung?	Der **Farbort** im CIE-Normvalenzsystem lässt sich durch drei Kenngrößen feststellen: • Farbton (*T*), Lage auf der Außenlinie der untersten Ebene • Sättigung (*S*), Entfernung von der Außenlinie • Helligkeit (*Y*), vertikale Stelle an der Grauachse
Was versteht man unter CIELAB-Werten (CIELAB-Farbsystem)?	Die **CIELAB-Farbwerte** *L**, *a**, *b** entstehen durch Umrechnung von CIE-Normfarbwerten (*X*, *Y*, *Z*). Vorteile gegenüber CIE-XYZ sind größere Anschaulichkeit und empfindungsmäßige Gleichabständigkeit.
Nennen Sie die wichtigsten Merkmale von CIELAB!	*L** kennzeichnet die Helligkeit mit Werten von 0 (absolutes Schwarz) bis 100 (absolutes Weiß). Die Farbwerte *a** und *b** können sowohl positiv als auch negativ sein. Siehe dazu die Abbildungen auf Seite 83, die der Anschaulichkeit halber sehr vereinfacht in der Darstellung sind. Farben mit positivem *a** sind rötlich, Farben mit negativem *a** (-*a**) sind grünlich, Farben mit positivem *b** sind gelblich, Farben mit negativem *b** (-*b**) sind bläulich.

Unbunt Liegt im Schnittpunkt der beiden Achsen (Unbuntpunkt, $a^* = b^* = 0$).
Der Buntton wird durch den Bunttonwinkel h gekennzeichnet.
Je weiter die Farbe vom Unbunt entfernt im a^*-b^*-Koordinatensystem liegt, desto bunter ist sie.
Die Buntheit wird durch C^* gekennzeichnet.

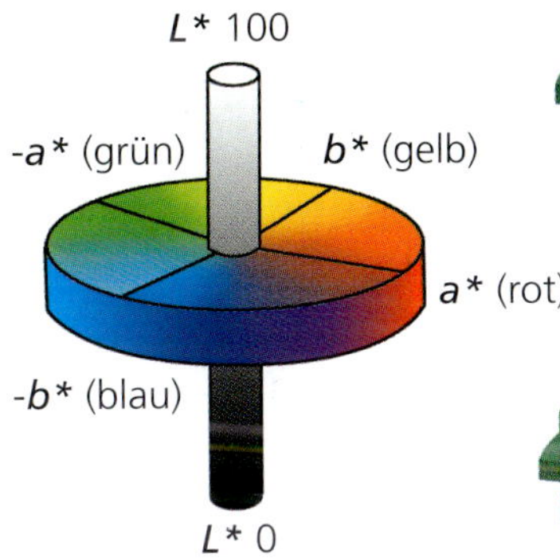

Querschnitt mit den bunten Farben auf der mittleren Ebene (L:50) und der Grauachse

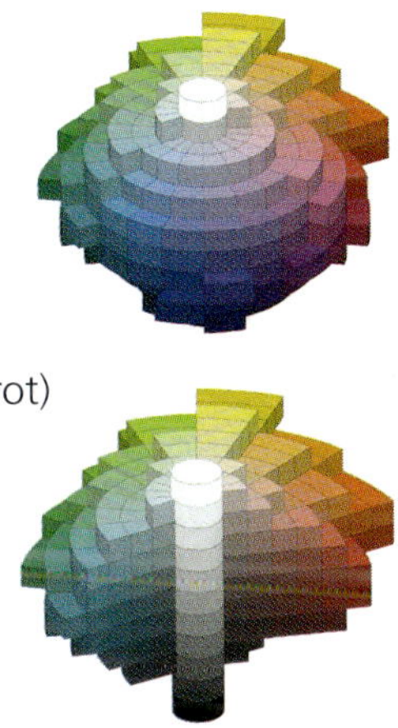

3-dimensionale Darstellungen

Wie wird der Farbabstand berechnet?

Die Entfernung des empfindungsmäßigen Unterschiedes zwischen zwei Farben heißt **Farbabstand**. Ziel der höheren Farbmetrik ist es, eine zahlenmäßige Bewertung der mit dem Auge subjektiv wahrgenommenen Farbabstände zu ermöglichen.
Der Farbabstand (ΔE^*) lässt sich mit den Koordinaten a^*, b^* und L^* nach dem Satz des Pythagoras folgendermaßen berechnen:

$$\Delta E^* = \sqrt{(\Delta a^*) + (\Delta b^*) + (\Delta L^*)}$$

Wie erfolgt die visuelle Bewertung des Farbabstandes?

Visuelle Bewertung anhand der E*-Werte erfolgt so:

(ΔE^*)	Bewertung
1	unsicher erkennbar
2	gerade noch erkennbar
4	kleine Differenz
8	noch tragbare Differenz
16	große Differenz

Welche Besonderheiten hat das HSB-Farbmodell?

Das **HSB-Farbmodell** ist eine Variante der RGB-Farbkennzeichnung. Es ist kein empfindungsmäßiges System. Die Farben werden mit den drei Größen Bunt- oder Farbton (**H**ue), Sättigung (**S**aturation) und Helligkeit (**B**rightness) beschrieben:

- Der Bunt- oder *Farbton* wird als Winkel im Farbkreis angegeben, und zwar in der folgenden Anordnung: Rot 0°, Gelb 60°, Grün 120°, Cyan 180°, Blau 240°, Magenta 300°.
- Je höher der Sättigungsgrad (in Prozent), desto intensiver und leuchtender wirkt die Farbe. RGB-Grundfarben haben hohe Sättigung, Mischfarben wie beispielsweise Beige weniger und Grautöne sind ungesättigt.
- Die Helligkeit wird ebenfalls in Prozent angegeben. Sie ist maßgebend für die Schwarz- und Weißanteile in einer Farbe. 0 % bedeutet höchster Schwarzanteil, 100 % steht für eine Farbe ohne Schwarzanteil.

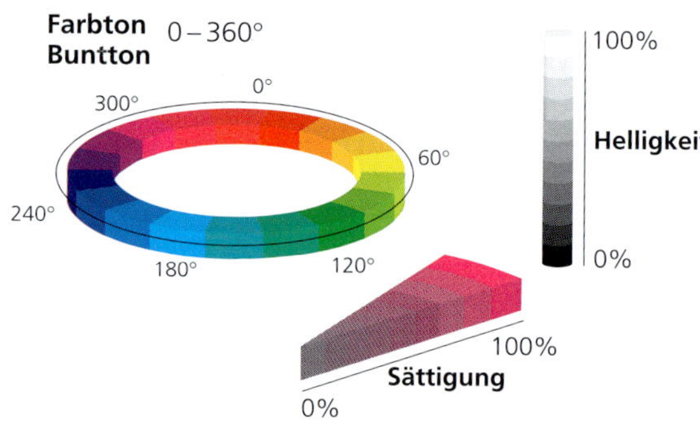

Farbmodus

Wovon ist die Wahl des Farbmodus abhängig?

Die **Wahl** des Farbmodus hängt ab von:

- der Art der Bilddatenerfassung (in der Regel RGB)
- der Bildverarbeitung (einige Filter sind nur im RGB-Modus anwendbar)
- dem Workflow (prozessunabhängige Bildarchivierung)
- dem Ausgabeprozess (Multimedia-Anwendung oder Druck)

Welche Faktoren hängen vom Farbmodus ab?

Der Farbmodus bestimmt folgende **Faktoren**:

- Anzahl der Kanäle
  - Bitmap- bzw. Strich-Modus
    1 Bit Farbtiefe = 1 Bit · 1 Kanal
  - Graustufen-Modus
    8 Bit Farbtiefe = 8 Bit · 1 Kanal

- RGB-Modus
  24 Bit Farbtiefe = 8 Bit · 3 Kanäle
- CMYK-Modus
  32 Bit Farbtiefe = 8 Bit · 4 Kanäle
- Indizierte-Farben-Modus
  max. 8 Bit Farbtiefe = 8 Bit · 1 Kanal
- LAB-Modus
  24 Bit Farbtiefe = 8 Bit · 3 Kanäle

• Anzahl der darstellbaren Farben
• Dateigröße (je mehr Kanäle, desto mehr Speicherplatz)
• Dateiformat
• Ausgabeprozess

Wie werden Farben mit dem RGB-System im Fernsehen dargestellt?
Wie viele Farben lassen sich wiedergeben?

Das **RGB**-Farbsystem (Rot, Grün, Blau) ist ein additives Farbsystem, das bei Monitoren und Farbfernsehern zum Einsatz kommt. D. h. die Bildröhre stellt Farben dadurch dar, dass sie rotes, grünes und blaues Licht in verschiedenen Helligkeitsstufen ausstrahlt. Bei der Überlagerung aller drei Spektralanteile in der höchsten Helligkeitsintensität entsteht weißes Licht. Wird von der Bildröhre keine Helligkeit ausgestrahlt, erhält man schwarzes „Licht".

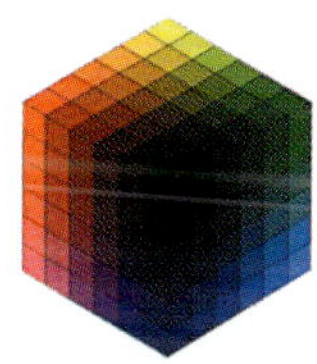

Mit dem RGB-System lassen sich etwa 16,7 Millionen Farben darstellen, was zwar für wirklichkeitsnahe Darstellung vollkommen ausreicht, aber doch nicht das sichtbare Spektrum der Natur wiederzugeben vermag.

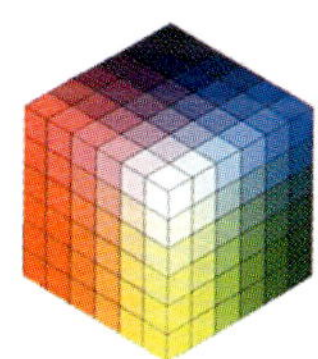

Wie funktioniert und wozu dient der RGB-Farbregler?

Der **RGB-Farbregler** basiert auf der additiven Farbmischung.

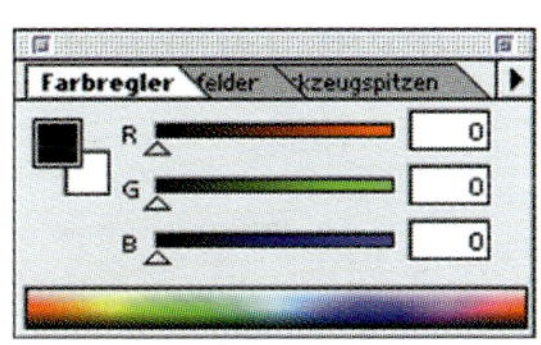

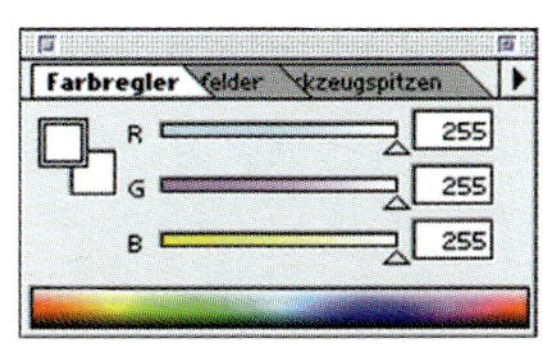

Stehen die Werte für Rot, Grün und Blau auf dem Farbregler alle auf Null, so ergibt sich Schwarz; bei 255, 255, 255 entsteht Weiß. Sind die drei Farbanteile gleich (beispielsweise 150, 150, 150), so definieren sie einen neutralen Grauton.

Was versteht man unter Farbtiefe?

Die Anzahl der möglichen verwendbaren Tonwertstufen wird als **Farbtiefe, Datentiefe oder Bittiefe** bezeichnet. Ein Bit hat zwei Werte, entweder 1 oder 0, d.h. schwarz/weiß. Bei 2 Bits gibt es 4 Werte; 00, 11, 01, 10, d.h. 4 Farben
4-bit-Darstellung entspricht demnach 16 Farben (2^4)
8-bit-Darstellung entspricht 256 Farben (2^8)
24-bit-Darstellung entspricht 16,7 Millionen Farben (2^{24})

Wie errechnen sich die 16,7 Millionen darstellbaren Farben?

Die **16,7 Millionen Farben** erhält man, da jeder RGB-Kanal 256 Helligkeitswerte annehmen kann (Postscript).
Formel: $256 \cdot 256 \cdot 256 = 2^8 \cdot 2^8 \cdot 2^8$
$= 2^{24} = 16{,}7$ Millionen
Die Datentiefe ist demnach pro Pixel 8 Bit. Da RGB jedoch aus drei Kanälen besteht (Rot Grün und Blau), beträgt die Farbtiefe 24 Bit (8 Bit · 3 Kanäle).

Wozu dient CMYK? Welche Aufgabe hat K im CMYK?

Das **CMYK**-Farbsystem ist ein subtraktives Farbsystem. Es wird zum Vierfarbdruck benutzt und – anders als bei den Monitoren – die unterschiedlichen Farben entstehen nicht durch Aussenden, sondern durch Remission von Licht. Diese Farben können daher auch nur auf weißem Papier optimal wiedergegeben werden.
Theoretisch erhält man Schwarz beim Zusammendruck von Cyan, Magenta und Yellow. In der Praxis jedoch entsteht je nach Beschaffenheit der Farbe ein schmutziger Braun- oder Grünton. Aufgrund dessen druckt man zusätzlich eine vierte Farbe: Schwarz.

Wie funktioniert der CMYK-Regler im Vergleich zum RGB-Regler?

Im **CMYK-Modus** funktioniert der Farbregler im Grunde genauso wie der RGB-Regler, nur umgekehrt, da alle Farben übereinander gedruckt Schwarz ergeben.

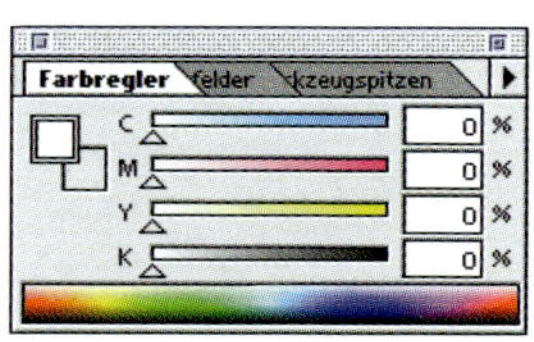

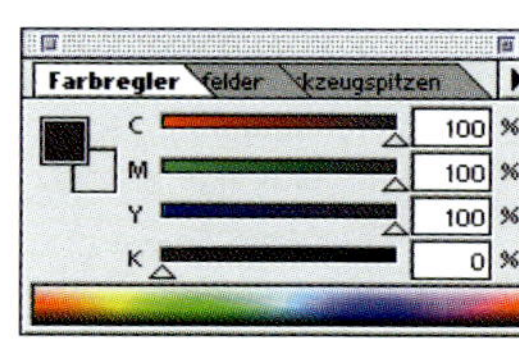

Was bedeutete Euroskala?

Euro(pa)skala war eine Norm für die bunten Prozessdruckfarben CMY. Sie wurde abgelöst durch die Normenreihen ISO 2846 (Farbe und Transparenz der Druckfarben) und ISO 12647 (Druckprozesse).

Was bedeutet Bitmap-Modus?	Im **Bitmap-Modus** wird einer von zwei Farbwerten (Schwarz oder Weiß) verwendet, um die Bildpixel darzustellen. Bilder im Bitmap-Modus werden als Bitmap- oder 1-Bit-Bilder bezeichnet, weil sie eine Farbtiefe von 1 haben. (Siehe auch „Farbtiefe".) Bitmap-Bilder beanspruchen den wenigsten Speicherplatz.
Was ist Duplex?	**Duplex-Bilder** bestehen aus zwei Farben, in der Regel einer Sonderfarbe und Schwarz für den notwendigen Kontrast. Neben diesen zweifarbigen Bildern besteht noch die Möglichkeit, Triplex- und Quadruplexbilder zu generieren, die aus drei bzw. vier Farben bestehen. Bei diesen Bildern werden die verschiedenen Druckfarben genutzt, um die Graustufenwirkung zu verstärken und nicht, um verschiedene Farben zu erzeugen. Bilder im Duplex-Modus werden eingesetzt, um den Tonwertumfang von Graustufenbildern zu vergrößern, auch, um Druckkosten zu sparen, vor allem aber, um spezielle Effekte zu erzielen.
Was sind Sonderfarben und wofür werden sie verwendet?	Neben den Farbsystemen gibt es auch **Sonderfarben**, wie HKS, Pantone oder RAL-Farben. Dies sind reine Farben, die nicht mehr ermischt werden müssen. Daher sind sie auch leuchtender als Prozessfarben. Solche Farben werden häufig als Hausfarbe in Logos verwendet, um u.a. Kosten zu sparen. Allerdings können diese Farben auch mit Prozessfarben wiedergegeben werden. Sie ergeben jedoch selten den Originalton. Sonderfarben gibt es für Kunstdruck-, Naturpapier und für spezielle Verfahren (u.a. Flexodruck).
Was sind Pantone-Farben?	**Pantone** ist ein Farbstandard für Buntfarben. Der Pantone-Farbfächer erleichtert allen „Machern" die Farbwahl. Es gibt derzeit 1114 Pantone-Farben, 204 Metallic- und 126 Pastellfarben. Für den Zeitungsdruck gibt es noch keinen Pantone-Standard.
Was bedeutet HKS im Zusammenhang mit Druckfarben?	**HKS** ist ein weiteres Farbmodell, bestehend aus 86 Farben, die es für verschiedene Papiersorten gibt, um medienübergreifend einheitliche Farbwiedergabe zu gewährleisten. HKS-Farben sind für Lacke, Bauten, Textilien, Kunststoff und für den Druck erhältlich. HKS ist das Kürzel der Initiatoren und Anbieter: H = Hostmann-Steinberg, K = K+E Druckfarben, S = H.Schmincke & Co.

Farbe in Multimedia-Anwendungen

Welche Farbmodi eignen sich?	Zur Bildschirmwiedergabe eignet sich nur der RGB-Modus (Rot, Grün, Blau). Indizierte und websichere Farben sind ausgewählte Farben des RGB-Farbraums.
Was sind indizierte Farben?	Das System der **indizierten Farben** zählt zu den Farbauswahlsystemen. Ein Bild in diesem Farbmodus basiert auf einer Farbtabelle mit maximal 256 Farben (8-Bit-Modus). Es lässt sich auch weniger Farbtiefe, d. h. die Anzahl der Bits für die Farbinformation pro Pixel, festlegen (z. B. 4-Bit/Pixel stellt 16 Farben dar). Vorteil indizierter Farben ist ihr geringer Speicherbedarf, was vor allem für Webanwendungen wichtig ist. Wenn ein Bild in diesen Modus umgewandelt werden soll, wird eine Farbtabelle mit den Farben des Bildes angelegt. Falls eine Farbe aus dem Originalbild nicht in der Tabelle erscheint, verwendet das Programm die Farbe aus der Farbtabelle, die der benötigten Farbe am ähnlichsten ist (CLUT), oder die Farbe wird anhand der verfügbaren Farben simuliert (Dithering).
Was bedeutet Dithering?	Beim **Dithering** werden die darstellbaren Farben in regelmäßiger oder unregelmäßiger Verteilung gerastert, um dadurch Farbtöne im Druck oder am Bildschirm zu simulieren. Z. B. kann die Farbe Grün durch mehrere gelbe und blaue Punkte dargestellt werden. Die Nachteile von Dithering sind die höhere Dateigröße und „scheckige" Darstellung.
Was bedeutet CLUT?	**CLUT** (Color Lookup Table) definiert bis zu 256 Farben, wobei jede Farbe eine Zahl erhält. Farben, welche nicht in der Farbtabelle stehen, werden durch Farben ersetzt, die ihnen am ähnlichsten sind. Oder: Die Farbe wird durch den Dither-Effekt aus zwei Farben erzeugt.
Was versteht man unter Web-Palette?	Da uns Monitoreinstellung, Gamma, Grafikkarte, Betriebssystem, Rechner und Art des Browsers vom potentiellen Internetsurfer unbekannt sind und nur gewiss ist, dass die Seite mit einem Browser angesehen wird, wurde eine so genannte **Web-Palette** (websichere Farben) als browserunabhängige Farben definiert. Die Web-Palette umfasst 216 Farben, welche nach mathematischen Gesichtspunkten ausgewählt wurden und

auf Windows- und Mac-Basis identisch sind. Zudem werden sie von allen gängigen Browsern unterstützt: Internet Explorer, Netscape Navigator, Mozilla, Opera.

Was ist über MM-Medien bezüglich der Farbtiefe zu sagen?

Betreffend **Farbtiefe (Bit- oder Datentiefe)** ist bei MM-Produktionen Folgendes zu bedenken:

- Farbtiefe 16 Bit = 32 768 Farben ist besser als 8 Bit = 256 Farben.
- Farbtiefen von mehr als 16 Bit führen zu Darstellungsverzögerungen bei Animationen.

Erläutern Sie die Ermittlung des Hexadezimalwertes der Farben!

Der Farbregelvorgang, durch den der **Hexadezimalwert** einer Farbe ermittelt wird, entspricht in etwa dem Farbregler von RGB im Photoshop. Nur dass die Werte 0 bis 255 durch Hexadezimalwerte 00 bis FF ersetzt werden. Im nachfolgenden Beispiel befinden sich die Regler auf 00 00 00, was Schwarz bedeutet. Ständen die Regler auf FFFFFF, würde sich Weiß ergeben. Bei 00 (R) 00 (G) FF (B) ergäbe sich ein sattes Blau; 00 00 80 hingegen ist Dunkelblau. Würde man beim Blau (00 00 FF) den roten Regler ebenfalls nach unten schieben, würde das Blau immer rotstichiger, d.h. violetter.

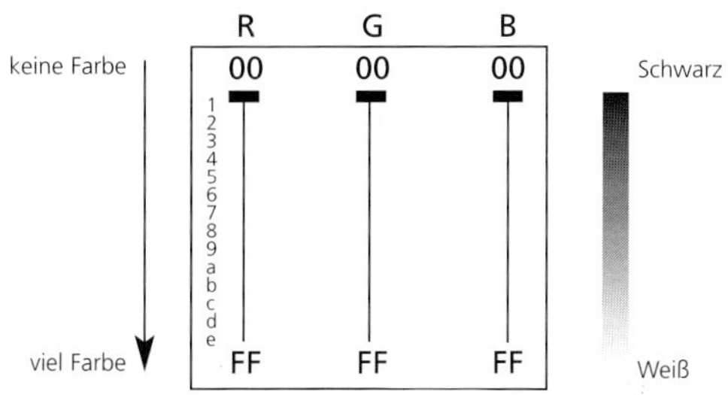

Color Management

Was versteht man unter Color Management?

Color Management ist die Bezeichnung für die Bemühung, Farbe prozessorientiert zu steuern und gleich zu halten, mit dem Ziel, dass Bilder auf dem Bildschirm, auf dem Proof und im Druck gleich aussehen.

Warum ist Color Management nötig?

Die Farbdarstellung ist u.a. deshalb unterschiedlich, weil Peripherie-Geräte von vielen Herstellern und mit abweichenden Eigenschaften produziert werden:

- Monitore mit unterschiedlichen Farbdarstellungen

- Bilderfassungsgeräte (Scanner, Digitalkamera) liefern unterschiedliche Farbwerte.
- Bildbearbeitungsprogramme errechnen bei der Farbkonvertierung (z. B. RGB in CMYK) unterschiedliche Werte.
- Die Ergebnisse der Proofsysteme sind unterschiedlich in der Farbwiedergabe.
- Farbabweichungen unter ungenormten Lichtquellen
- Abweichende Farbführung beim Druck
- Unterschiede der Druckverfahren, Druckfarben und Bedruckstoffe

Nennen Sie das Zubehör von Color Management-Systemen!

Color Management-System (CMS):
- CMS Softwaretool zur Farbraumcharakterisierung
- Spektralphotometer als Messgerät
- genormte Testbilder
- Betriebssystemerweiterung
- Anwendungsprogramme, die Einbindung der Farbprofile erlauben

Was versteht man unter IT8-Referenzvorlagen?

Um eine Farbcharakterisierung durchzuführen, wurden vom Normungsinstitut ANSI (American National Standardisation Institute) standardisierte Vorlagen definiert. Der zuständige Ausschuss für unseren Bereich heißt **IT8**. Die Normung ist international.

Was versteht man unter ICC-Profil?

Damit der Farbrechner (CMM) Farbraumtransformationen zwischen verschiedenen Geräten vornehmen kann, braucht er Kenntnis über die Ein- und Ausgabeeigenschaften der Geräte in der Farbdarstellung. Diese Informationen liefern **ICC-Profile**.
Die Profile, welche 1993 von der FOGRA entwickelt wurden, enthalten Informationen zum entsprechenden Gerät, z. B. Scanner, Monitor, oder Ausgabeprozess (Film- und Plattenbelichtung, Druck).

Welche Informationen enthalten ICC-Profile?

In den **ICC-Profilen** befinden sich die Umrechnungstabellen (Look-up Tables) oder auch die farbmetrischen Eigenschaften der Medien (Weißpunkt des Bedruckstoffs), der Beleuchtung (Scanner) oder auch Tonwert-Reproduktionskurven, in Form von Tags (Datenfeldern) kodiert.

Wie werden Profile erstellt?

Bei der **Profilerstellung** werden die Farbraumdaten des Eingabegerätes in einen geräteunabhängigen, alle Farben umfassenden Farbraum (CIELAB) umgerechnet, der von den meisten CM-Systemen unterstütz wird. Aus diesem Referenzfarbraum werden die Ausgabefarbräume für Monitor, Scanner, Drucker, Proofer und Druckmaschine abgeleitet.
Die Color-Management-Software bestimmt definierte Farborte, anhand derer schließlich die Geräteprofile durch Soll-Ist-Vergleich erstellt werden.
Zur schnelleren Farbraumanpassung werden die Farbdaten in einer Color-Look-up-Tabelle (CLUT) als Gesamtprofil hinterlegt.

Was bedeutet Kalibrierung?

Nicht nur, um am Bildschirm dieselbe Farbdarstellung zu bekommen wie im Druck, sondern auch für die Profilerstellung muss der Bildschirm **kalibriert**, also auf einen verlässlichen Standard eingestellt werden. Dies geschieht mit Kalibrierungs-Programmen.

Wie geht man bei der Kalibrierung von Monitoren vor?

Um den Monitor zu **kalibrieren**, geht man wie folgt vor:
- Monitor einschalten, dann warten, bis er Betriebstemperatur erreicht hat
- Lichtquelleneinfluss kontrollieren, ggf. beseitigen
- Helligkeit und Kontrast am Monitor von Hand einstellen
- Software erzeugt ein Monitor-Farbprofil
- Neu erstelltes Profil in der Systemsteuerung laden bzw. aktivieren

Was ist Gamut Mapping?

Als **Gamut Mapping** wird die Farbraumanpassung bezeichnet. Wenn Farben eines großen Farbraumes auf einem Gerät ausgegeben werden müssen, das nur einen im Vergleich kleinen Farbraum darstellen kann, müssen die Farben umgerechnet werden.

Welche Arten der Farbraumtransformation gibt es?

Die **Farbraumtransformation** kann in drei Varianten gegliedert werden:
- Relativ farbmetrisch
  Die Farben, die innerhalb des Farbumfangs liegen, werden nicht verändert. Die Farben außerhalb des kleinen Farbraumes werden durch Farben innerhalb des kleinen Raumes dargestellt.
- Absolut farbmetrisch
  Farben innerhalb des Farbumfangs werden 1:1 über-

nommen, außerhalb befindliche Farben werden „abgeschnitten". Der Weißpunkt bleibt unberührt. Es wird damit gewährleistet, dass die Farben erhalten bleiben.

- Perceptual, wahrnehmungsgemäß
  Die Farben außerhalb des kleinen Farbraumes werden durch Farben innerhalb des kleinen Raumes dargestellt. Die Farben innerhalb werden jedoch ebenfalls verändert, um das Verhältnis aller Farben untereinander so gut wie möglich zu erhalten.

Farbseparation

Was versteht man unter Separation in der digitalen Bildverarbeitung?

Bilder, die gedruckt werden sollen, müssen separiert werden. Es wird dazu vom additiven Farbsystem (RGB oder CIELAB) in das subtraktive Farbsystem (CMYK) umgewandelt. Da das CMYK-Farbsystem kleiner ist als das additive Farbsystem, bringt die **Separation** immer Verluste mit sich. Da Scanner nur im RGB-Modus einlesen können, kommt es bei der Separation stets zu verfahrensbedingten Farbveränderungen.

Was bedeutet Schwarzaufbau?

Der **Schwarzaufbau** beschreibt den Einsatz der vierten Farbe Schwarz im Druck. Wird Schwarz nur verwendet, um dem Druck mehr Tiefe zu verleihen, spricht man von Skelettschwarz oder kurzem Schwarz. Wenn die drei Farben Cyan, Magenta und Gelb durch Schwarz ersetzt werden (Unbuntaufbau bzw. Unterfarbenreduzierung = UCR), wird von langem Schwarz gesprochen. UCR wird im Druck u.a. eingesetzt, um Druckfarbe einzusparen.

Was versteht man unter Buntaufbau?

Beim **Buntaufbau** haben die drei Buntfarben (Cyan, Magenta und Gelb) den größten Anteil am Druckbild. Zusammen ergeben sie Schwarz. Die Farbe Schwarz verleiht nur den Schattenpartien und den dunkleren Farbtönen Dichte und Umriss.

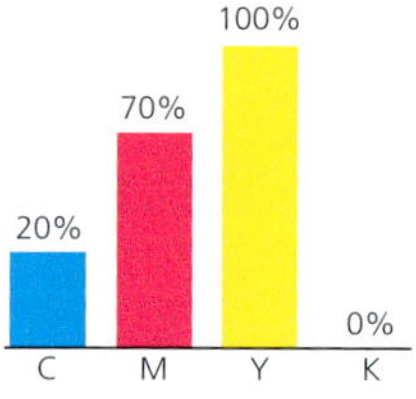

Was versteht man unter Unbuntaufbau?

Unbuntaufbau bedeutet, dass aus Mischungen von Magenta, Cyan und Gelb erzeugte Grau- oder Neutraltöne aus den Einzelfarben entfernt und durch (unbuntes) Schwarz ersetzt werden.

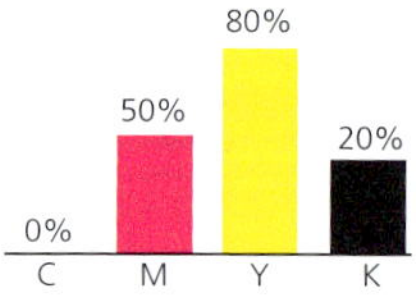

Was versteht man unter Unterfarbenrücknahme (Unterfarbenreduzierung)?

Bei der **Unterfarbenrücknahme** (**UCR**) sind die meisten Farb- und Graumischungen weiterhin aus den drei Primärfarben aufgebaut, während Schwarz lediglich in den tieferen Schattenbereichen zu finden ist.

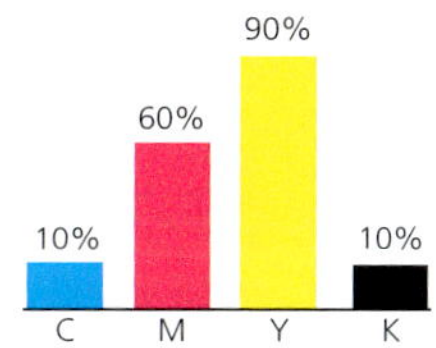

Wozu dient die Unterfarbenrücknahme?

UCR (Under Color Removal) erfolgt vor allem, um den Gesamt-Farbauftrag (die „Farbführung") zu verringern, der nicht mehr als 250 % betragen darf. Die Steuerung der Druckmaschine wird dadurch erleichtert (z. B. geringere Farbschwankungen); Wegschlagen der Druckfarbe und Farbannahme werden verbessert.

Was ist Gray Component Removal (GCR)?

Bei **GCR** wird in der Regel ein größerer Farbanteil in den Schwarzfilm übertragen als bei UCR. Dunkle, gesättigte Farben werden besser wiedergegeben.

Überfüllung & Co.

Was bedeutet Aussparen?

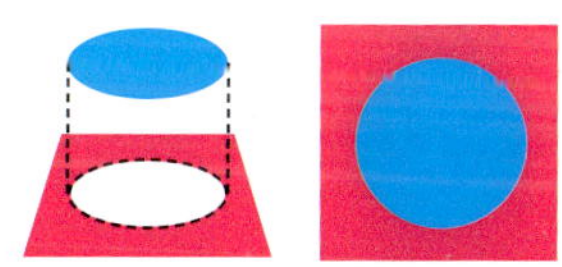

Da die Druckfarben lasierend sind, kann man z. B. einen blauen Kreis nicht auf eine gelbe Fläche drucken, da sonst der Kreis grün aussehen würde. Um dies zu verhindern, muss der Kreis **ausgespart** werden. Beim Druck auf Metallicfarben muss grundsätzlich ausgespart werden.

Was sind Blitzer?

Blitzer sind ungewollte, unbedruckte Stellen innerhalb einer Drucksache. Durch Register- oder Passerungenauigkeiten im Druckprozess liegen zwei Farben nicht genau aneinander. Eine kleine Fläche des Bedruckstoffs (z. B. weißes Papier) ist unbedruckt und „blitzt" weiß auf. Diese Blitzer können durch Überfüllen oder Überdrucken verhindert werden.

Was bedeutet Überfüllung?

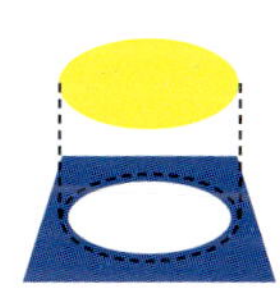

Wenn im Mehrfarbendruck zwei Farbflächen aneinander liegen, lässt man sie leicht überlappen, damit bei leichten Passerungenauigkeiten im Druck Blitzer vermieden werden. Die **Überfüllung** (Überlappung) wird so vorgegeben, dass die hellere Farbe die dunklere Farbe überlappt. Diese geringe Zunahme der „Größe des Objekts" wird so am wenigsten vom Betrachter wahrgenommen.

Was versteht man unter Unterfüllung?

Unterfüllung dient dem gleichen Zweck wie die Überfüllung, jedoch wird hierbei nicht eine Kontur nach außen zusätzlich überdruckt, sondern nach innen. Grundsätzlich überlappen helle Farben zwar die dunklen. Ist aber der Hintergrund heller als das darauf liegende Objekt, ist Unterfüllung ratsamer.

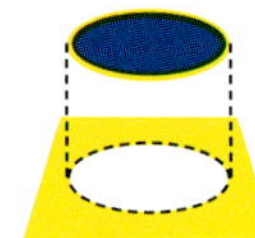

Was versteht man unter Überdrucken im Druck und was heißt Überdrucken in der Druckvorstufe?

Mit dem Begriff **Überdrucken** wird im Druckbereich das Übereinanderdrucken von lasierenden (durchscheinenden) Farben bezeichnet. Durch das Zusammendrucken der Prozessfarben entstehen neue Farbtöne. Mit Überdrucken bezeichnet man in der Druckvorstufe auch die Eigenschaftzuweisung vor der Farbseparation. Wenn also z.B. eine schwarze Schrift auf gelbem Fond (= Hintergrund) steht, wird man dem Text die Eigenschaft „Überdrucken" zuweisen, damit bei der Separation an der Stelle, wo der Text steht, nicht Gelb ausgespart wird. Eine Aussparung würde bei Passerungenauigkeiten zu Blitzern führen, was durch die Zuweisung „Überdrucken" der gelben Farbe nicht passieren kann.

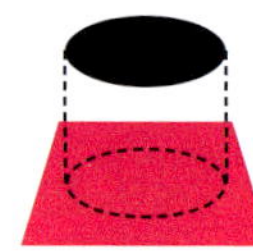

Raster

Was versteht man unter Raster auf gedruckten Halbtonbildern (Fotos)?

Der oder das **Raster** ist eine in druckende und nicht druckende Bildelemente zerlegte Fläche. Größe oder Anzahl der Bildelemente variieren entsprechend dem jeweiligen Tonwert.
Folgende Rasterungen werden unterschieden:

- autotypischer Raster
- frequenzmodulierter Raster

Wozu benötigt man beim Druck ein(en) Raster?

Zur Wiedergabe von Halbtönen erlauben die meisten Druckverfahren (außer Licht- und Tiefdruck) keine echten Halbtöne. Sie bieten stattdessen die Möglichkeit des autotypischen **Rasterns**. Je heller die Fläche, desto kleiner die Rasterpunkte. Die Rasterung erfolgt im RIP.

Was ist ein autotypischer Raster?

Beim **autotypischen** (amplitudenmodulierten oder herkömmlichen) **Raster** sind auf einer bestimmten Strecke immer gleich viele Rasterpunkte angeordnet, die dem jeweiligen Grauwert entsprechen, deshalb in unterschiedlicher Größe.

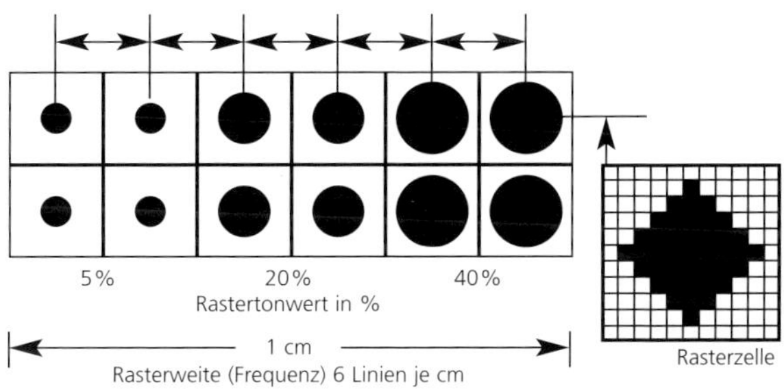

Was versteht man unter Rastertonwert?

Beim autotypischen Raster liegen sämtliche Rasterpunkt-Mittelpunkte gleich weit voneinander entfernt, es sind immer gleich viele Rasterpunkte auf einer gleich großen Fläche zu finden. Einzig die Größe der Rasterpunkte bestimmt, wie hell oder dunkel eine Fläche auf uns wirkt. Der **Rastertonwert** ist der Bedeckungsgrad der (zuerst weißen) Papieroberfläche und wird in Prozent angegeben. Er gibt Auskunft über die Größe des Rasterpunktes. Die Abstufung erfolgt zwischen 0% (absolut weißes Papier) und 100% volle (schwarze) Bedeckung der Papieroberfläche. Eine volle Bedeckung nennt man **Vollton**.

Was versteht man unter Rasterweite?	Die **Rasterweite** gibt an, wie viele Rasterzellen sich auf einer Strecke von 1 cm befinden. Je mehr Rasterzellen pro Zentimeter, desto feiner ist die Rasterweite. Beim 60er Raster (60 L/cm) sind auf einem Zentimeter 60 Rasterpunkte angeordnet. Demzufolge befinden sich dann auf 1 cm^2 $60 \cdot 60 = 3600$ Rasterpunkte.

Wovon hängt die Rasterweite ab?

Die **Rasterweite** ist abhängig von der Oberflächenbeschaffenheit des Bedruckstoffes und vom Druckverfahren. Folgende Übersicht veranschaulicht die empfohlenen Rasterweiten:

- raue Papiere (Zeitungspapier): 20er bis 30er Raster
- satinierte Papiere: 40er Raster
- gestrichene Papiere: 60er bis 100er Raster

Was versteht man unter Rasterwinkelung?

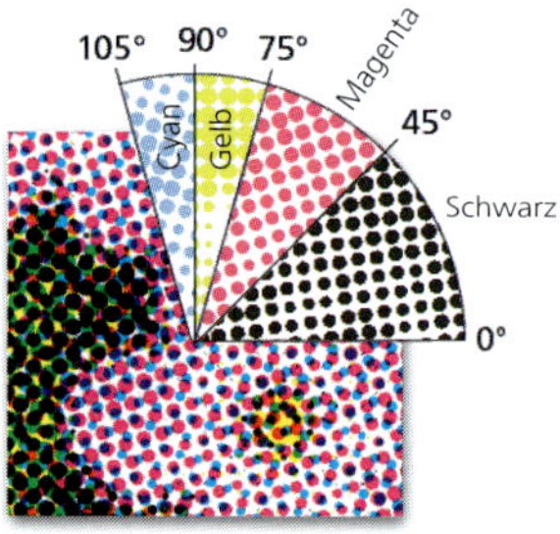

Die **Rasterwinkelung** bezeichnet bei regelmäßigen Rastern die Richtung der Rasterung, welche an einer Senkrechten gemessen wird. Bei einfarbigen Darstellungen ist die Diagonalstellung des Rasters (45° oder 135°) üblich. Um eine Musterbildung (Moiré) zu vermeiden, sollten bei mehrfarbigen Drucken für jede Farbe unterschiedliche Rasterwinkel verwendet werden.
Nach der DIN-Empfehlung 16547 wird für den Vier-Farben-Druck mit den folgenden Rasterwinkeln gedruckt: Gelb 0°, Magenta 15°, Cyan 75° und Schwarz 45°.
Grundsätzlich kann gesagt werden, dass die optisch hellste Druckfarbe (Gelb) auf 0° liegt, während die bildwichtigste Druckfarbe auf 45° liegt.

Was ist Moiré?

Ein **Moiré** ist eine auffallende, störende Musterbildung durch die Überlagerung regelmäßiger Strukturen, z. B. Raster. Denselben Effekt kann man auch auf Bildern erkennen, wenn jemand zum Beispiel ein sehr schmal gestreiftes Hemd trägt.

Was ist ein Fadenzähler?

Ein **Fadenzähler** ist eine spezielle Lupe, die u.a. zum Prüfen von Farbdias und Andrucken verwendet wird.

Was ist unter frequenzmoduliertem Raster zu verstehen?

Bei den **frequenzmodulierten Rastern** bleibt zwar die Anzahl der Laserspots gleich, jedoch ist im Gegensatz zu den autotypischen Rastern die Anordnung unregelmäßig.

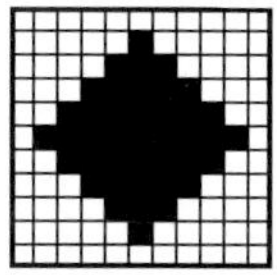
Rasterzelle beim autotypischen Raster

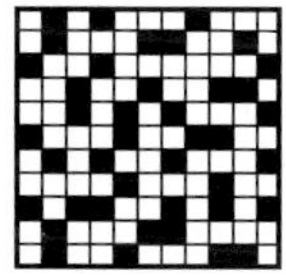
Rasterzelle beim frequenzmodulierten Raster

Welche Vor- und Nachteile haben frequenzmodulierte Raster?

Die **Vorteile** frequenzmodulierter Raster sind:
- Auflösung ist fotorealistischer
- keine Moiré-Bildung
- niedrige Belichtungsauflösung bei gleichbleibender Qualität

Die **Nachteile** sind:
- Unterstrahlung bei Plattenkopie möglich, deshalb
- nur optimal bei Computer-to-Plate

Welche Punktformen gibt es bei Rastern?

Folgende **Punktformen** können beim Raster eingesetzt werden:
- quadratisch
- rund
- elliptisch (Kettenpunkt)

Andere Raster-Arten (Effektraster)
- Kornraster
- Wellenraster
- Linienraster

Wie bilden sich die Rasterpunkte?

Die Rasterzelle setzt sich aus einzelnen **Rasterpunkten** zusammen. Die Rasterzellengröße wird bestimmt von der Belichter- bzw. Druckerauflösung.
Je nach Tonwert der Pixel werden unterschiedlich viele RELs (Recorderelemente) in der Rasterzelle angesteuert. Dieser Prozess findet im RIP statt.

Was geschieht im RIP?

Bilddateien werden im **RIP** (Raster Image Processor) verarbeitet. Dieser wandelt die verschiedenen Graustufen der Pixel in entsprechend große Rasterele-

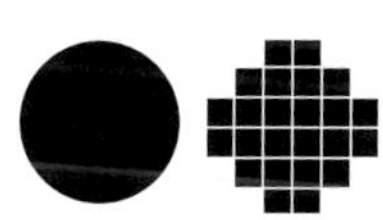

mente (Punkte) um. Den besten Wert erhält man, wenn die Mittelwerte von 2 · 2, also 4 Pixeln ermittelt werden. Ist die Datei in solche Rasterpunkte umgewandelt, errechnet der RIP Befehle, die den Laser steuern. Rasterpunkte bestehen aus so genannten RELs (Rasterelemente). Bei einer Datentiefe von 8 bit, also 256 Tonwerten, besteht ein Rasterpunkt demnach aus 16 · 16 RELs.

Unterscheiden Sie rationale und irrationale Rasterung!

Bei der elektronischen Rasterung wird die Rasterzellen-Matrix in entsprechenden Winkeln über die Belichter-Matrix gelegt. Bei den Winkeln 0° und 45° passen die Ecken jeder Rasterzelle auf die der Belichter-Matrix, d.h. sie weisen eine identische Form und die gleiche Anzahl von RELs auf, und das erleichtert somit die Berechnung im Belichter. Solche Winkel werden als **rationale Tangentenwinkel** bezeichnet.

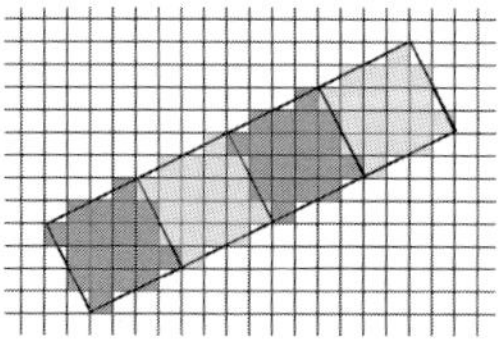
rationale Rasterung

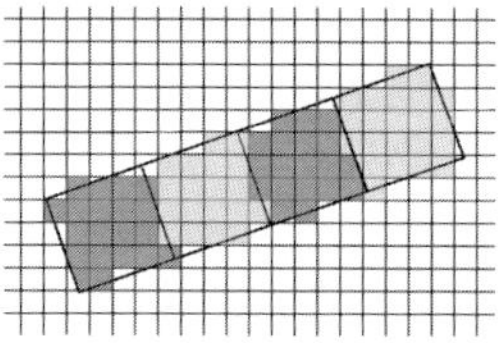
irrationale Rasterung

Bei den 15°- und 75°-Winkelungen schneiden sich die Ecken nicht, d. h. die Rasterzellen weisen unterschiedliche Formen auf und bestehen nicht aus der gleichen Anzahl von RELs. Hierbei spricht man von **irrationalen Tangentenwinkeln**. Die Problematik besteht darin, dass jeder Rasterpunkt einzeln berechnet werden muss.

Was ist eine Superzelle bei der elektronischen Rasterung?

Um eine Anpassung der irrationalen Tangentenwinkel an die rationalen Tangentenwinkel zu ermöglichen, werden einzelne Rasterzellen zu **Superzellen** zusammengefasst. Je größer die Superzelle, desto genauer ist die Übereinstimmung mit der Belichtermatrix und umso langsamer ist die Geschwindigkeit.

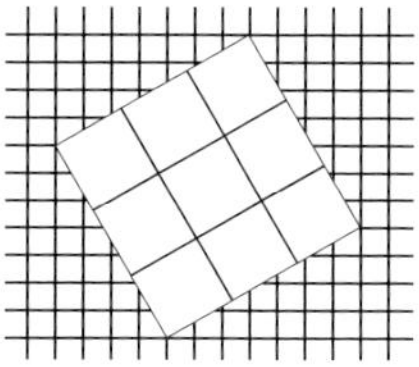

Scanner- und Belichterauflösung

Scanauflösung

Was besagt die Datentiefe?

Ein Bild, das z. B. im 256-Farbmodus (Postscript) abgespeichert ist, entspricht der **Datentiefe (Farb- oder Bittiefe)** von 8 bit (binär: $2^8 = 256$). Es sind demnach 256 Helligkeitswerte darstellbar. Die Datentiefe wird nun wie folgt errechnet:

$256 - 1$ = 255 Tonwertstufen (T)
= 2^8
= 8 Bit/Kanal

Erläutern Sie die einzelnen Elemente eines Rasters!

Nebenstehende Grafik veranschaulicht die einzelnen **Elemente** eines Rasters:

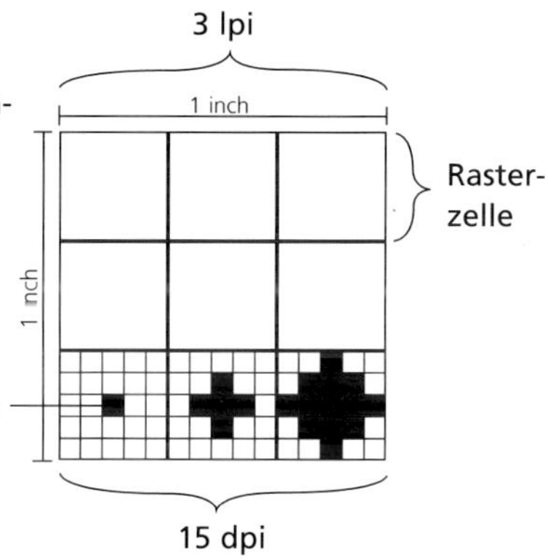

Strichvorlagen

Mit welchem dpi-Wert werden Strichzeichnungen gescannt?

Grundsätzlich gilt bei **Strichscans** Folgendes:
- 1200 dpi bei 1:1
- bei Skalierung:
  1200 dpi · Endgröße in %
  z. B. 1200 dpi · 200 % (doppelt so groß) = 2400 dpi

Halbtonvorlagen

Wie errechnet sich die Scanauflösung bei Halbtonvorlagen?

Beim **Halbtonvorlagen-Scan** gilt folgende Formel:
Scannerauflösung **lpi** (Endraster · inch) · **QF** · **SF = dpi**
z. B. 152 · 1,5 · 2 = 456 dpi

Wie errechnet sich der Qualitätsfaktor?

Der **Qualitätsfaktor (QF)** wird nach folgenden lpi-Werten bestimmt:
- **bis 133 lpi = 2-fach** (Zeitungen...)
- **über 133 lpi = 1,5-fach** (60er Raster...)
- **im Zweifelsfall: $\sqrt{2}$**

Wie errechnet sich die Rasterweite?

Die **Rasterweite** ist die Anzahl der Linien pro cm. Wird ein 60er Raster angegeben, heißt das also 60 Linien pro cm. Man spricht auch vom Endraster. Bei Angabe der lpi (Linien pro inch) lässt sie sich wie folgt errechnen:

$$\frac{\textbf{lpi}}{\textbf{2,54}}$$ **(1 inch = 2,54 cm)**

Wie errechnen sich die lpi?

Die **lpi** (Lines per inch) lassen sich anhand der Rasterweite (Linien pro cm) errechnen:
Rasterweite · inch

Wie errechnet sich der Skalierungsfaktor?

Der **Skalierungsfaktor (SF)** kann nach 2 Formeln errechnet werden, je nachdem, welche Angaben zur Verfügung stehen:

- $\frac{\textbf{Endgröße}}{\textbf{Ausgangsgröße}}$
- **bei Maßstabangabe z. B. 2 : 1 = SF 2**

Belichterauflösung

Wie errechnet sich die Belichterauflösung?

Die **Belichterauflösung**, welche in dpi angegeben wird, lässt sich je nach Angaben auf verschiedene Weisen errechnen:

- bei Angabe: lpi
  $\sqrt{\textbf{Tonwertstufen} \text{ (z. B. 256)} - \textbf{1}} \cdot \textbf{lpi}$
- Bei Angabe: Scanner-dpi (Scannerauflösung)
  $$\frac{\sqrt{\mathbf{T - 1}} \cdot \textbf{Scanner-dpi}}{\mathbf{QF} \cdot \mathbf{SF}}$$
- bei Angabe: Pixelgröße
  $$\frac{\textbf{25,4 mm}}{\textbf{Pixel in mm}}$$
- bei Angabe: Spotgröße
  $$\frac{\textbf{25,4 mm} \cdot \sqrt{\mathbf{2}}}{\textbf{Spot in mm}}$$

Unterscheiden Sie Pixel und Spot!

Am Bildschirm ist ein **Pixel** quadratisch dargestellt. Ein Belichterpunkt jedoch ist rund. Er wird als **Spot** bezeichnet.

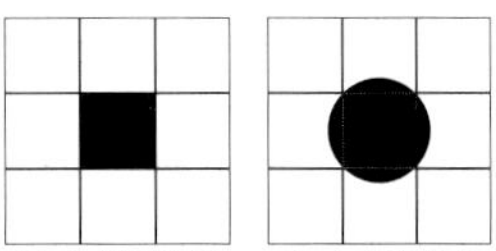

Pixel: 100% K   Spot: 100% K

Wie errechnet man die Pixelgröße in mm?

Um die **Pixelgröße** in mm zu ermitteln, kann folgende Formel angewandt werden:

$$\frac{\textbf{25,4 mm} \text{ (1 inch in mm)}}{\textbf{Belichterauflösung}}$$

Wie errechnet man die Spotgröße in mm?	Um die **Spotgröße** in mm zu ermitteln, kann folgende Formel angewandt werden: $\frac{\mathbf{25{,}4\ mm \cdot \sqrt{2}}}{\mathbf{Belichterauflösung}}$
Wie kann die gesamte Pixelanzahl errechnet werden?	Um die gesamte **Pixelanzahl** zu ermitteln, kann folgende Formel angewandt werden: **Flächenmaß · Pixel/inch² (dpi²) = Pixelanzahl** Das Flächenmaß wird folgendermaßen errechnet: **Länge in inch · Breite in inch = inch²** Wie viele Pixel auf ein inch² kommen, wird so ermittelt: **dpi · dpi = dpi²**
Wie wird die Tonwertstufenanzahl ermittelt?	Die **Tonwertstufenanzahl** kann nach 2 Methoden ermittelt werden: • **(Rasterzellenbreite der Belichtermatrix)² +1** • **Pixelanzahl in der Breite · Pixelanzahl in der Länge + 1**
Wie errechnet man die Rasterzellenbreite der Belichtermatrix?	Die **Rasterzellenbreite** der Belichtermatrix errechnet sich nach zwei Möglichkeiten: • $\frac{\mathbf{Belichterauflösung}}{\mathbf{lpi}}$ • $\sqrt{\mathbf{Tonwertstufenanzahl\ -1}}$
Wie errechnet man die lpi anhand der Belichterauflösung?	Um die **lpi** anhand der Belichterauflösung zu ermitteln, gilt folgende Formel: $\frac{\mathbf{Belichterauflösung}}{\mathbf{Rasterzellenbreite}}$

Formatänderung- und Maßstabrechnen

Auf welche Weise können Vorlagen vergrößert bzw. verkleinert werden?

Es gibt verschiedene **Arten**, Vorlagen zu skalieren:
- reprotechnisch mit der Kamera
- elektronisch beim Scannen
- in einem Bildbearbeitungsprogramm

Was versteht man unter proportionaler Vergrößerung?

Bei der **proportionalen Transformierung** wird die Verkleinerung bzw. Vergrößerung anhand der Seitendiagonale vorgenommen.

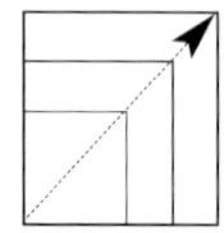

Wie funktioniert die Formatänderung aber bei nicht proportionaler Transformierung?

Bei Formatänderungen, die **abweichende Seitenverhältnisse** aufweisen, wird ebenfalls diagonal skaliert. Jedoch fällt dann bei formatfüllender Vergrößerung ein Beschnitt an.

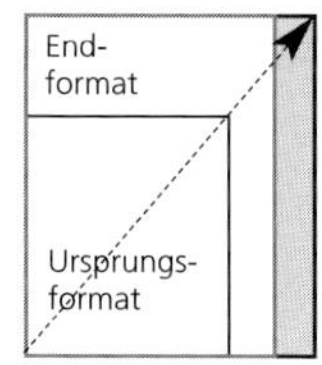

Wie verändert sich die Formatfläche bei linearer Verkleinerung?

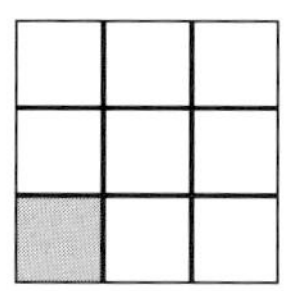

Bei **linearer Verkleinerung** einer Vorlage erfordert die neue Abbildung nur einen Bruchteil der Fläche der vorherigen. Bei einer 1/3-Verkleinerung entspräche dies dann nur 1/9 der Vorlage.

Wie berechnet man Formatänderungen?

Beispiel:
Vorlage 6 cm hoch und 4 cm breit
Reproduktion soll 6 cm breit werden.
Die Höhe x ist zu ermitteln.

Formatänderungen lassen sich mit Hilfe von Verhältnisgleichungen errechnen:

Vorlage = Reproduktion
Breite : Höhe = Breite : Höhe

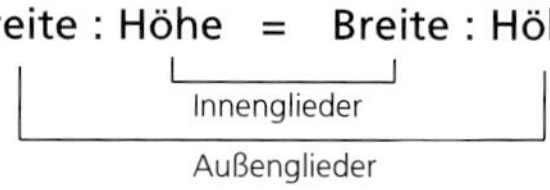

Beispiel:
$4 : 6 = 6 : x$
$6 \cdot 6 = 4 \cdot x$

Verhältnisrechnung:
Das Produkt der Innenglieder ist gleich dem Produkt der Außenglieder. Man isoliert x, indem die Innenglieder durch das verbliebene Außenglied geteilt werden.

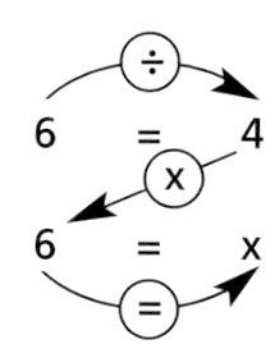

Einfacher Rechenweg anhand der Gliedertypen:

$\frac{6 \cdot 6}{4} = x = 9$ Die Reprohöhe beträgt 9 cm

Fotografischer Film

Was ist ein fotografischer Film (Negativ, Diapositiv), auch Litho genannt?

Fotografischer **Film** ist ein **analoger** Informationsträger aus mehreren Schichten, vor allem Bildschicht(en), auf transparentem Kunststoff. Er ist sehr formstabil, da Filme beim fotografischen Verarbeitungsprozess erheblichen mechanischen, chemischen und physikalischen Belastungen ausgesetzt werden.
Die Datenübertragung erfolgt mit PostScript-Belichter auf lichtempfindlichem Film, der dann die kompletten analogen Seiteninformationen enthält. Nach chemisch-maschineller Entwicklung ist das latente Bild sichtbar. Die Filme werden zur Druckformkopiervorlage montiert.

Sensitometrische Messungen

Welche Arten von Messungen gibt es für lichtempfindliche Materialien?

Folgende Messungen werden unterschieden:

- **Densitometrie**
  Die Dichtemessung, d.h. die Messung der Schwärzung, erfolgt mit dem Densitometer.
  – Optische Dichtemessung: bei Halbtönen (Foto, Dia)
  – Integrale Dichtemessung: bei Rastervorlagen
- **Sensitometrie**
  Lichtempfindlichkeitsmessung mit dem Sensitometer.
- **Spektralfotometrische Messung**
  Farbempfindlichkeitsmessung mit Spektralfotometer.

Was sind Densitometer?

Densitometer sind Geräte, mit denen man in Aufsicht oder Durchsicht Transparenzen, Opazitäten oder optische Dichten auf Filmen, Papier u.ä. messen kann.

Was versteht man unter Halbtondichtemessung?

Zur Dichtemessung von **Halbtönen**, z.B. auf Dias oder Fotos, wird das Densitometer durch eine erste Messung ohne Probe kalibriert. Bei der dann folgenden Messung wird ein Lichtstrahl ausgesandt, der bei Aufsichtsmessung von der Bildstelle mehr oder weniger remittiert, bei Durchsichtsmessung transmittiert wird. Aus dem Verhältnis von auftreffender zu remittierter/transmittierter Lichtintensität errechnet sich die optische Dichte.

Was versteht man unter Rasterdichtemessung?

Rasterdichtemessung (integrale Dichtemessung) dient dazu, den Mittelwert aus gedeckter und ungedeckter Fläche zu ermitteln. Nach der Kalibrierung, die auf einer unbedruckten Stelle vorgenommen wird, müssen für die Messung mindestens 100 Rasterpunkte erfasst werden, um genaue Werte zu erlangen.

Wie errechnet man die Transparenz?

Mit der **Transparenz** (Transmission) (T) wird angegeben, wie viel Licht durch ein Medium gelassen wird. Die Transparenz wird wie folgt berechnet:

$$T = \frac{\text{durchgelassene Strahlungsintensität (Licht)}}{\text{auffallende Strahlungsintensität}}$$

Wie errechnet man die Opazität?

Opazität bedeutet Lichtundurchlässigkeit, sie wird folgendermaßen berechnet:

$$O = \frac{\text{auffallende Strahlungsintensität}}{\text{durchgelassene Strahlungsintensität}}$$

Bei Angabe von Dichte (Schwärzung):

$$O = 10^{\text{Dichte}}$$

Wie errechnet man die Dichte?

Den Logarithmus der Opazität bezeichnet man als optische **Dichte** oder **Schwärzung**. Die Dichte wird mit höchstens zwei Stellen nach dem Punkt angegeben.

D = log von O *oder*

D = log von Absorption (A)

Wie errechnet man die Remission?

Bei der **Remission** wird die diffuse Strahlung remittiert, die auf eine Oberfläche trifft. Dabei verschluckt (absorbiert) der Stoff einen Teil. Berechnung der Remission:

$$R = \frac{\text{remittierte Strahlungsintensität}}{\text{auffallende Strahlungsintensität}}$$

oder $R = 10^{\text{Dichte}}$

Wie errechnet man die Absorption?

Absorption ist das, was vom Stoff verschluckt wird.

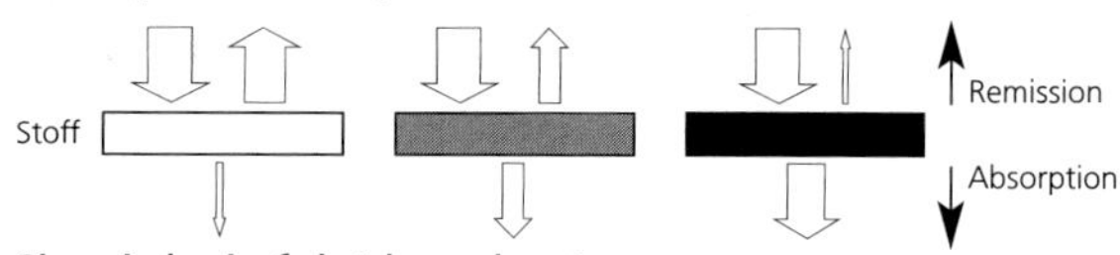

Sie wird wie folgt berechnet:

$$A = \frac{\text{auffallende Strahlungsintensität}}{\text{remittierte Strahlungsintensität}}$$

Wie errechnet sich der Rastertonwert im Druck?

Der **Rastertonwert** im Druck wird wie folgt ermittelt:

$$\text{Rastertonwert} = \frac{1 - \text{Remissionswert (Rasterton)}}{1 - \text{Remissionswert (Vollton)}}$$

Bei Angabe von Dichtewerten:

$$\text{Rastertonwert} = \frac{1 - 10^{\text{Dichte}}\ \text{(Raster)}}{1 - 10^{\text{Dichte}}\ \text{(Vollton)}}$$

Bei Angabe von Prozentwerten (Murray-Davies-Gleichung):

$$\text{Rastertonwert} = \left(\frac{1 - 10^{\text{Dichte}}\ \text{(Raster)}}{1 - 10^{\text{Dichte}}\ \text{(Vollton)}}\right) \cdot 100\,\%$$

Wie wird die Tonwertzunahme im Druck errechnet?

Die Tonwertzunahme im Druck errechnet sich wie folgt:

Tonwertzunahme (Druck)
= Rastertonwert (Druck) – Rastertonwert (Film)

Wie errechnet sich der Rastertonwert im Film?

Um die Belichterkalibration zu gewährleisten, die die Tonwertzunahme im Druck verhindern soll, muss ein vorgegebener Rasterstufenkeil kontinuierlich belichtet und densitometrisch ausgemessen werden. Die Rastertonwertveränderungen lassen sich wie folgt berechnen:

$$\text{Rastertonwert} = \left(1 - \frac{1}{10^{\text{Dichtewert}}}\right) \cdot 100\%$$

Wie errechnet sich die Tonwertzunahme bei der Belichtung?

Die Tonwertzunahme bei der Belichtung errechnet sich wie folgt:

Tonwertzunahme (Belichtung)
= Rastertonwert (Film) – Rastertonwert (Messstreifen)

Filmeigenschaften

Was versteht man unter Gradation?

Anhand der **Gradation** lassen sich die Tonwerte eines Films darstellen. Das Zusammenwirken von Schwärzung und einwirkender Lichtmenge wird von der Gradationskurve (Schwärzungskurve) dargestellt.

Was sind Halbtonfilme?

Mit **Halbtonfilmen** wird jeder Bildmotivpunkt entsprechend seiner Helligkeit abgebildet. Halbtonfilme geben daher neben reinem Schwarz und Weiß die ganze Palette von Grau- oder Farbtönen wieder.

Unterscheiden Sie echte Halbtöne und unechte Halbtöne!

Bei **echten Halbtönen** werden die Farbabstufungen durch unterschiedlich aufgetragene Menge an Farbe erreicht. Sie sind dreidimensional.
Bei **unechten Halbtönen** ist die Farbschichtdicke gleich, jedoch ist der Flächendeckungsgrad (Rasterdichte) unterschiedlich. Sie sind zweidimensional.

Was sind Strich- bzw. Rasterfilme?

Bei **Strichfilmen (Rasterfilmen)** entsteht im Film durch die Lichteinwirkung entweder eine absolute Schwärzung oder der Film bleibt „unberührt". Durch die gerasterten Tonwerte wird der Farbanteil nicht durch die Farbschichtdicke, sondern durch die Größe des Rasterpunktes generiert. Bildgradation und Materialgradation wirken hierbei nicht zusammen.

Unterscheiden Sie Positivfilme und Negativfilme!

Beim Positivfilm entsprechen die Tonwerte dem gedeckten Flächenanteil. Bei zunehmender Belichtung baut sich die Schwärzung ab. Die Gradationskurve beim Positivfilm fällt von links nach rechts.
Negativfilme. Mit zunehmender Belichtung bauen sie Schwärzung auf. Der Tonwert bezieht sich auf die ungedeckten Flächenanteile. Die Gradationskurve steigt von links nach rechts.

Was versteht man unter Allgemeinempfindlichkeit?

Die **Allgemeinempfindlichkeit** ist die relative Empfindlichkeit, d.h. sie sagt aus, wie viel Licht notwendig ist, um in der fotografischen Schicht des Filmes die gewünschte Belichtung auszulösen. Die Belichtungszeit ist abhängig von Abstand, Lichtart und Lichtmenge. Sobald sich ein Belichtungsparameter ändert, verändert sich auch die Belichtungszeit.

Was ist spektrale Empfindlichkeit bei lichtempfindlichen Materialien?

Auf welche Lichtfarben des Spektrums ein Film reagiert, wird als **spektrale oder Farbempfindlichkeit** bezeichnet. Das fotochemisch wirksamste Licht wird als aktinisches Licht bezeichnet. Als Arbeitsbeleuchtung muss eine Lichtfarbe verwendet werden, die nicht im Spektrum der Film-Farbempfindlichkeit strahlt. Die grafische Darstellung erfolgt in einem Spektrogramm.
Spektrale Emission der Lichtquelle und spektrale Rezeption des Films müssen aufeinander abgestimmt sein für kurze Belichtungszeit und für Arbeitsbeleuchtung.

Welche Verfahrenswege gibt es, um die Daten aus der Druckvorstufe zum gedruckten Produkt weiter zu verarbeiten?

Folgende Möglichkeiten werden unterschieden:
- **über Film**
  - Belichtung und Entwicklung der Filme
  - Montage der Negative oder Diapositive (Lithos)
  - Druckplattenkopie
- **über Computer-to-Plate (CtP)**
  - Belichtung direkt auf Druckplatten
  - Druck auf einer üblichen Druckmaschine
- **über Computer-to-Press**
  - Druckplatten werden direkt in der Druckmaschine belichtet (bebildert)
  - Einstellungen werden grundsätzlich an der Maschine vorgenommen
- **über Computer-to-Paper (CtP)**
  - eigentlich keine Druckmaschine, sondern leistungsfähiger Digitaldrucker (Laser- oder Inkjetdruck)
  - Falzen und Heften können integriert sein

– nur für kleinere Auflagen geeignet
– gut für Eindrucke und wechselnde Teile geeignet
• **über Daten**
– diese Daten können von Nutzern kostenlos oder gegen Gebühr abgerufen werden, da sie in Netze eingespeist werden

Was versteht man unter Auflösungsvermögen?

Das **Auflösungsvermögen** gibt an, wie viele Testlinien getrennt wiedergegeben werden können. Es ist von den Schichteigenschaften abhängig: Guter Lichthofschutz, geringe Filmempfindlichkeit, dünne Schicht verbessern das Auflösungsvermögen des Filmmaterials.

Was versteht man unter Farbauszug?

Bei den **Farbauszügen** (Farbseparation) werden für jede Farbe, die im Layout verwendet wurde, ein Film und davon eine Druckplatte hergestellt. Durch den Übereinanderdruck der Druckplatten entsteht das Druckbild. Überwiegend wird in der Vierfarben-Euroskala (CMYK) gedruckt, der die subtraktive Farbmischung zugrunde liegt. Für jede Sonderfarbe sind ein weiterer Film und eine weitere Druckplatte erforderlich.

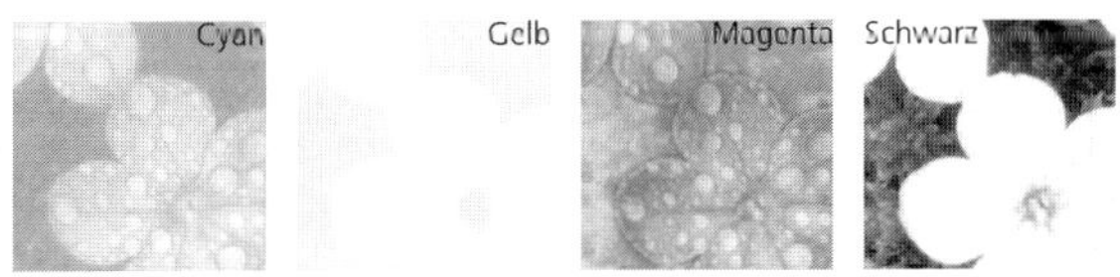

Welche potentiellen Fehlerquellen müssen bei der Kontrolle der Farbauszugsfilme überprüft werden?

Bei der **Überprüfung der Filme** müssen folgende Punkte gecheckt werden:
• Anzahl der Farbauszugsfilme
• Passer
• Blitzer
• Aussparungen & Co.
• Übereinstimmung mit der Vorlage

Druckformmontage

Erläutern Sie die Nutzenberechnung bei DIN-Formaten!

Manche Druckprodukte werden auf größere DIN-Formate gedruckt und nach dem Druck dann in **Nutzen** geschnitten. Beispielsweise können Handzettel DIN A5 im Rohbogenformat DIN A2 gedruckt werden.
Da sich die DIN-Formate von einem zum nächsten Format halbieren bzw. verdoppeln, lässt sich das Ergebnis in Potenzen zur Basis 2 ermitteln. Beispiel: A5 aus DIN A2;
$5-2=3$ (drei DIN-Formatstufen Unterschied)
$2^3 = 2 \cdot 2 \cdot 2 = 8$ Nutzen (=16 Seiten)

Erläutern Sie, wie man die bestmögliche Nutzenanzahl für den Bücherdruck ermittelt!

Anhand einer Vergleichsberechnung wird herausgefunden, welches Rohbogenformat ergiebiger ist. Die Gesamtnutzen müssen aber immer durch vier teilbar sein. Und die Laufrichtung soll auch berücksichtigt werden.

(÷) B x L (÷) Rohbogen
B x L Seitenformat
(=) N · N (=) Gesamtnutzen

(÷) L x B (÷) Rohbogen
B x L Seitenformat
(=) N · N (=) Gesamtnutzen

Ausschießen

Was versteht man unter Ausschießen?

Ausschießen: Platzierung der Seitenfilme derart auf der Montagefolie, dass nach dem Falzen des gedruckten Produkts die Seiten korrekt aufeinander folgen.
Nach dem Ausschießen gehen die Daten in den RIP, der sie für die Ausgabe auf Film umrechnet. Im Belichter werden die Filme belichtet und entwickelt.

Was ist beim Ausschießen zu berücksichtigen?

Beim **Ausschießen** ist Folgendes zu berücksichtigen:

- **die buchbinderische Verarbeitung**
  - Falzschema: Maschinenfalz mit Berücksichtigung der Falzanlage
  - Falz auf der Rollendruckmaschine
  - Zusammentragen oder Ineinanderstecken (Sammeln)
  - wird – wie meist üblich – im Bund geheftet oder an der Außenkante geklebt (Klebebindung)
- **mit welcher Wendeart der Bogen beidseitig bedruckt wird**
  - Umschlagen in einer Form
  - Umschlagen für Schön- und Widerdruck
  - Umstülpen mit 2 Druckformen auf der Schön- und Widerdruck-Druckmaschine
  - Umstülpen mit 1 Druckform auf der Schön- und Widerdruck-Druckmaschine
  - Druck zum Mehrfachnutzen

Nennen Sie Regeln, die das Ausschießen erleichtern und bei der Überprüfung des Ausschießens auf Fehler nützlich sind!

Folgende **Ausschießregeln** sind grundlegend für richtiges Ausschießen bzw. für das Kontrollieren:

- Das Ausschießschema wird von der Falzfolge der Falzmaschine festgelegt.
- Die erste und letzte Seite eines Druckbogens stehen im Bund stets nebeneinander.
- Vier Seiten, die im Bund nebeneinander liegen, stehen Kopf an Kopf.
- Die Seiten, welche im Bund nebeneinander stehen, ergeben in der Addition der beiden Seitenzahlen die selbe Gesamtsumme wie die Addition der ersten und letzten Seitenzahl des Bogens.
- Der letzte Falz ist der Bundfalz.
- Jeweils vier Seiten ergeben eine Drehrichtung, anschließend wechselt diese.
- Die Anlagen befinden sich je nach Seitenanzahl auf den Seiten 3 + 4 bzw. 5 + 6 (näheres auf Seite 110).

Beschreiben Sie, wie man ein Ausschießmuster anfertigt!

Das **Ausschießen** erfolgt nach folgendem Muster. Beispiel anhand eines 8-seitigen Produktes in Kreuzfalzung:

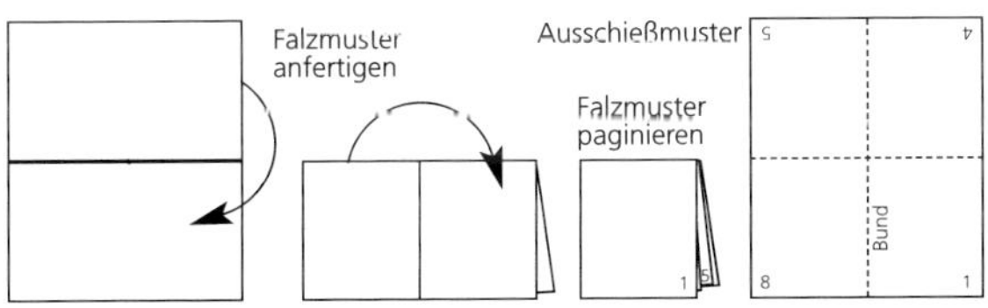

Unterscheiden Sie Schön- und Widerdruck!

Der **Schöndruck** ist der erste Druck, wenn der Bedruckstoff zweiseitig bedruckt werden soll.
Der **Widerdruck** ist der Gegendruck eines bereits einseitig bedruckten Bedruckstoffs.

Was versteht man unter Register?

Als **Register** oder Register halten bezeichnet man das präzise Aufeinanderstehen des Vorder- und Rückseitendrucks.

Was versteht man unter Passer?

Als **Passer** wird beim Mehrfarbendruck der genaue Übereinander- oder Nebeneinanderdruck der einzelnen Farben bezeichnet.

Welche Wendemöglichkeiten gibt es?

Es gibt folgende **Wendemöglichkeiten**:

- Umschlagen
- Umdrehen
- Umstülpen

Was geschieht beim Umschlagen?

Beim **Umschlagen** wechselt die Seitenmarke, aber die Vordermarken bleiben erhalten. Der Planobogen wird an zwei Seiten beschnitten, damit er rechtwinklig ist.

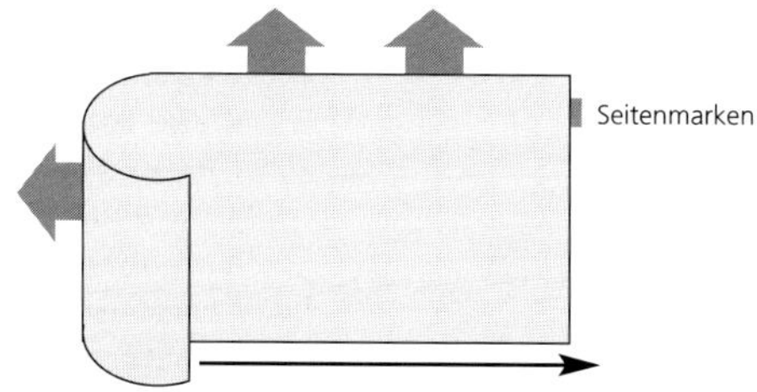

Was geschieht beim Umstülpen?

Beim **Umstülpen** wechselt die Vordermarke, aber die Seitenmarke bleibt erhalten. Der Planobogen wird an drei Seiten beschnitten.

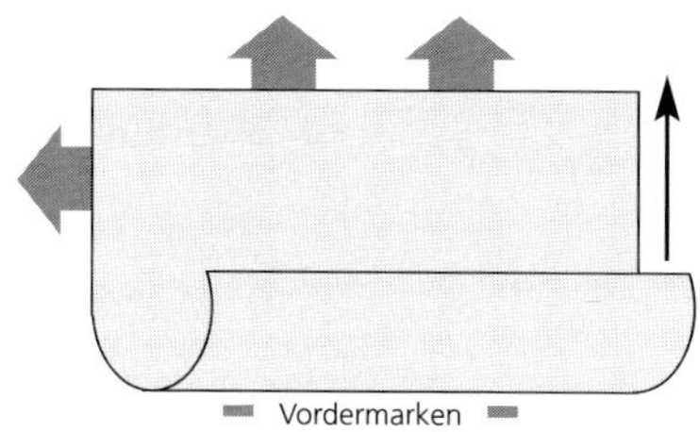

Was geschieht beim Umdrehen?

Beim **Umdrehen** wechseln die Vorderanlage und die Seitenanlage.

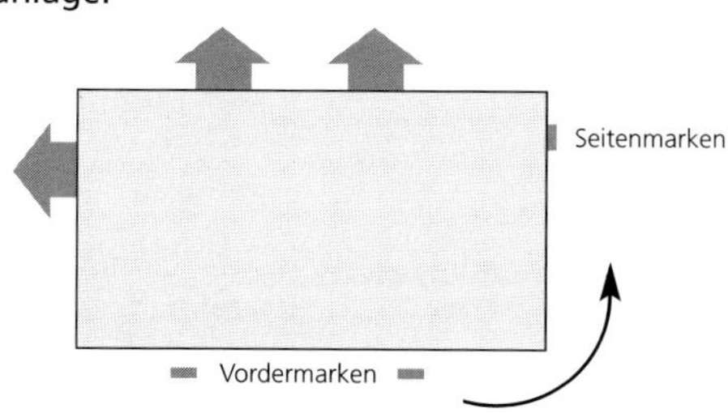

Wo befindet sich die Anlage bei Bogen zu 4, 8, 16 und 32 Seiten Hoch- und Querformat?

Folgende **Anlagen** ergeben sich beim Ausschießen:

4 Seiten	hoch	quer	Anlage:	Seite 3 + 4
8 Seiten	hoch	quer	Anlage:	Seite 3 + 4
16 Seiten	hoch	–	Anlage:	Seite 5 + 6
16 Seiten	–	quer	Anlage:	Seite 3 + 4
32 Seiten	hoch	–	Anlage:	Seite 3 + 4
32 Seiten	–	quer	Anlage:	Seite 5 + 6

Was versteht man unter Beschnitt?	Mit **Beschnitt** ist der Papierrand gemeint, der für Druck und buchbinderische Verarbeitung notwendig ist, der über das Endformat des Druckprodukts hinaus geht und als gut recycelbarer Papierabfall anfällt. Als technisch gerade noch vertretbarer Mindestbeschnitt gelten 3 mm. Bei Bildern, die über den Satzspiegel bis zum Papierrand ragen (randabfallend) ist zur Vermeidung von Blitzern (kleiner weißer Streifen zwischen Bild und Papierrand) auf exakten Beschnitt zu achten.

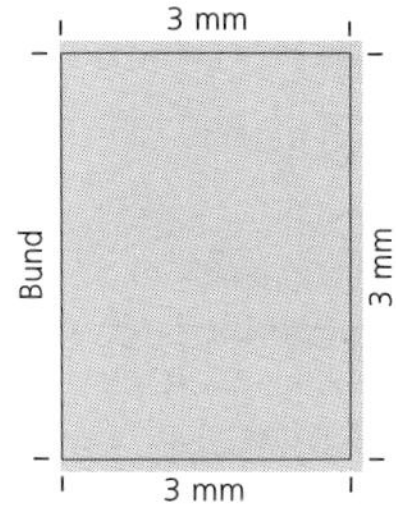

Einteilungsbogen sind die Basis für die Druckformmontage. Erläutern Sie die Elemente, die man auf Einteilungsbogen erwartet!	Die Elemente werden der Reihe nach in den **Einteilungsbogen** eingetragen: 1. Mittelsenkrechte 2. Druckbeginn 3. Greiferrand (darunter) 4. Druckbogenformat (zentriert ab Greiferrand) 5. unbeschnittenes Nutzenformat 6. Beschnitt 7. Schneidemarken 8. Falzlinien 9. Satzspiegel 10. Seitenzahlen 11. Flattermarke 12. Passkreuze 13. Anlagezeichen 14. Druckkontrollstreifen

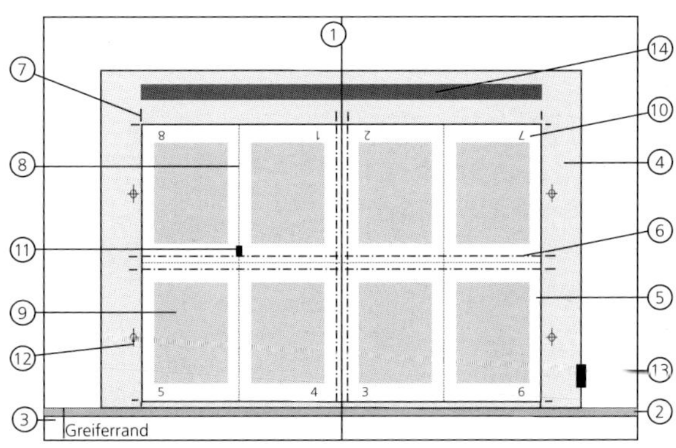

Plattenkopie

Unterscheiden Sie fotografische und Druckform-Kopierverfahren!

Alle **fotografischen Verfahren** haben das Ziel, ein Abbild des Objekts zu erzeugen. Beim **Kopiervorgang** entsteht ein „Bild" aus löslichen und unlöslichen Schichtpartien, aus dem eine Druckform „entwickelt" wird.

Was geschieht bei der Plattenkopie, wenn es sich – wie meist üblich – um ein Positivkopierverfahren des Offsetdrucks handelt?

Bei der **Plattenkopie** wird eine Druckformmontage Schicht auf Schicht mit einer Offsetdruckplatte in Kontakt gebracht. Die Trägerschicht besteht meist aus Aluminiumfolie, die lichtempfindliche Schicht aus sensibilisierten Kolloiden. Zuerst wird die Druckplatte belichtet. Die schwarzen Flächen des Films halten das Licht zurück, die lichtdurchlässigen Stellen des Films dagegen lassen die Strahlung passieren, zersetzen die Schicht und machen sie löslich. Anschließend kommt die Druckplatte in ein Entwicklerbad, wo sich die belichtete Schicht vom Träger löst und und das wasserführende Metall freigibt, während die farbführenden, leicht erhabenen Stellen unangetastet bleiben. Beim selteneren Negativkopierverfahren wird die ursprünglich lösliche Schicht nicht zersetzt, sondern gehärtet.
Zuletzt wird die fertige Druckplatte dünnschichtig gummiert als Schutz bis zum Einsatz in der Druckmaschine.

Nennen Sie gemeinsame Eigenschaften der lichtempfindlichen Materialien für die Druckvorstufe!

Lichtempfindliche Materialen haben gemeinsame Eigenschaften:

- fotochemische Reaktion
- Trägermaterial
- Entwicklungsprozess
- gering alterungsbeständig
- Über- oder Unterbelichtung möglich

Welche Regeln müssen bei der Plattenkopie unbedingt beachtet werden?

Um einwandfreie Ergebnisse bei der Plattenkopie zu erzielen, müssen folgende Punkte befolgt werden:

- absolute Sauberkeit (kein Staub, keine Fusseln)
- Schicht auf Schicht kopieren
- korrekte Belichtungszeit

Was bedeutet Schicht auf Schicht?

Die **Filmschicht** muss unmittelbar Kontakt mit der lichtempfindlichen Schicht des Druckplattenrohlings haben. Nur so erhält man, insbesondere von Rastervorlagen,

„punktgenaue" Kopien. Jeder Hohlraum zwischen den Schichten bewirkt, dass die Lichtstrahlen auch unter die gedeckten Stellen der Kopiervorlage fallen. Man sagt: Die Kopie wird je nach Kopiervorlage unterstrahlt oder überstrahlt. Es entsteht eine „Hohlkopie". Ursachen für die Unterstrahlung können sein:

- ungenügendes Vakuum
- die Kopiervorlage liegt mit der Trägerseite zur Druckform
- Belichtung mit (zu viel) Streulicht
- Schmutzteile, Filmreste oder Klebebänder verhindern den Kontakt der Schichten

Was geschieht bei der Lichteinwirkung?

Kopierschichten verändern sich durch die **Lichteinwirkung** chemisch in ihrer Löslichkeit: Entweder werden die belichteten Stellen löslich oder die belichteten Stellen werden unlöslich.

Was geschieht bei der Negativkopie während des Belichtens und Entwickelns?

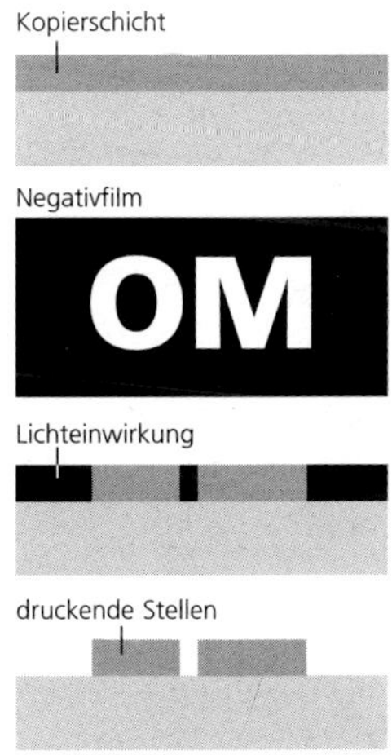

Bei der **Negativkopie** bewirken die Lichtstrahlen **Polymerisation**. Dabei schließen sich die Moleküle in der Kopierschicht zu einer im Entwickler nicht löslichen chemischen Molekülvernetzung zusammen.
Sämtliche Stellen der Kopierschicht, welche nicht belichtet wurden, lösen sich beim Entwickeln auf.
Zu diesen lichthärtenden Kopierschichten zählen Dichromat-Kopierschichten (kaum noch gebräuchlich), Diazoschichten und Fotopolymere.
Das vorstehend beschriebene Verfahren findet Einsatz in der Offset-Negativkopie, beim Kopieren der Siebdruckform, bei der konventionellen Tiefdruckkopie und bei der Druckplattenherstellung für Buchdruck und Flexodruck.

Was geschieht bei der Positivkopie?

Bei der **Positivkopie** bewirken Lichtstrahlen die Zersetzung der Molekülvernetzungen, die löslich werden und sich schließlich im Entwicklerbad auflösen.
Die unbelichteten Partien bleiben erhalten und ergeben druckende Stellen.
Als Kopierschichten für diese Offset-Positivkopie finden ebenfalls Diazoschichten Verwendung, die allerdings anders im chemischen Aufbau sind als die zur Negativkopie verwendeten.

Welche Kopierschichten gibt es sonst noch?

Neben den überwiegend in der konventionellen Druckformherstellung üblichen **Kopierschichten** wie:
- Dichromat-Kopierschichten
- Diazoschichten
- Fotopolymerschichten

gibt es noch:
- Elektrofotografie (z.B. Offset-Zeitungsdruck)
- Silbersalzschichten (Kleinoffsetdruck, Schnelldruck)

Woraus setzen sich Kopierschichten zusammen?

Die lichtempfindlichen **Kopierschichten** setzen sich hauptsächlich aus drei Bestandteilen zusammen:
- Schichtgrundstoff
- Sensibilisator
- Farbmittel

Woraus besteht der Schichtgrundstoff?

Als **Schichtgrundstoff** dienen Polyvinylalkohol (PVA) und andere synthetische Stoffe. Früher verwendete man u.a. Eiweiß oder Gummiarabikum.
Als Schichtbildner eignen sich viele Kolloide (colla, lat. = Leim), die zusammen mit Wasser oder anderen Lösemitteln eine dickflüssige, leimartige Masse bilden.

Was sind Sensibilisatoren?

Zusammen mit dem Schichtgrundstoff ergeben **Sensibilisatoren**, welche selbst nicht lichtempfindlich sind, eine lichtempfindliche Kopiersubstanz.

	Als Sensibilisatoren sind Diazoverbindungen (organische Stickstoffverbindungen) weit verbreitet. Früher verwendete man Dichromatsalze, die aber – weil giftig und umweltschädigend – nicht mehr eingesetzt werden.
Was sind Farbmittel?	**Farbmittel** dienen dazu, die Kopierschicht sichtbar werden zu lassen. Sie erweisen sich dadurch als Hilfe bei der Beurteilung des Kopierergebnisses.
Wie wird die Kopierschicht aufgetragen?	Während im Offsetdruck die Platten bereits vorbeschichtet und somit kopierfähig sind, wird im Siebdruck die **Kopierschicht** meist von Hand mit einer Beschichtungsrinne auf das Sieb aufgetragen.
Unterscheiden Sie oleophob und oleophil!	Von **oleophob** spricht man, wenn die Druckformoberfläche aufgrund von Grenzflächeneffekten farbabweisend und damit hydrophil = wasserannehmend ist. Von **oleophil** (hydrophob) spricht man, wenn die Oberfläche farbannehmend ist (hydrophob = wasserabstoßend, oleophil = fett- und farbannehmend).
Was bedeutet pH-Wert?	Der **pH-Wert** gibt an, ob eine wässrige Lösung sauer, neutral oder alkalisch reagiert. Im Offsetdruck (Feuchtung) liegt der ideale pH-Wert im leicht sauren Bereich zwischen 4,8 und 5,5.

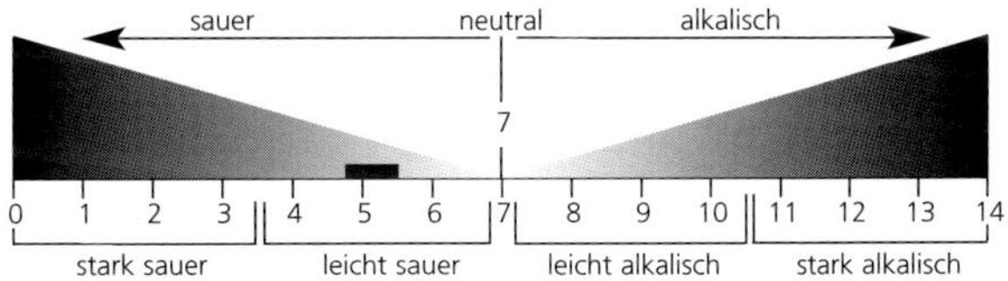

Druck

Was sind Druckkontrollstreifen und wofür verwendet man sie?

Der **Druckkontrollstreifen** soll auf jedem Druckbogen parallel zur Längsseite mitgedruckt werden. Nach DIN 16527 ist es eine eindimensionale Aneinanderreihung von Kontrollfeldern für den Druck einer oder mehrerer Druckfarben in einfacher Sequenz:

- **Rasterprozentwert-Feld** (25% und 75%)
  Mit diesen Feldern wird der Punktzuwachs geprüft.
- **Grobe und feine Rasterfelder**
- **Volltonfelder**
  Die einzelnen Volltonfelder (CMYK) dienen zum Messen der Farbdichten. Sie sollten mit denen auf dem Datenbogen der Druckerei übereinstimmen.
- **Farbannahmefähigkeit-Prüffelder**
  Wenn die erste Skalenfarbe zu schnell getrocknet ist, können die folgenden nicht in das Papier wegschlagen. Hierdurch entstehen fleckige Drucke, die mit dem Densitometer genauer überprüft werden können.
- **Graubalance-Feld**
  In diesem Feld sind alle Farben (z. B. CMYK) aufeinander gedruckt und ergeben bei korrektem gleichgewichtigen Andruck ein neutrales Grau.
- **Hochlichtpunkte- und Mikrolinienfelder**
  Damit lässt sich prüfen, ob die Platte richtig belichtet wurde, da die Punkte bei falscher Kopie verschwimmen würden.

In Druck und Druckverarbeitung geht es oft um Bogen.
Was sind Druckbogen, Buchbinderbogen, Falzbogen?

Im Druck spricht man von folgenden **Bogenarten**:

- **Druckbogen**
  der bedruckte Bogen, der direkt aus der Druckmaschine kommt
- **Buchbinderbogen**
  der gefalzte Papier- oder Druckbogen für die Weiterverarbeitung zum Werk (Heft, Broschüre, Buch)
- **Falzbogen**
  jeder gefalzte Papier- oder Druckbogen

Proof und Andruck sind nicht dasselbe.
Was ist für den Andruck kennzeichnend?

Beim **Andruck** wird an einer Offset-Andruck- oder Produktionsmaschine möglichst unter Produktionsbedingungen auf Auflagenpapier eine geringe Anzahl des gewünschten Produkts vorab gedruckt. Die Drucke dienen als reprotechnische Arbeitskontrolle und nach Genehmigung durch den Auftraggeber als Kontrollvorlage für den Auflagendruck (Fortdruck).

Unterscheiden Sie Analog- und Digitalproof!

Analog-Proofs werden von fertig belichteten Filmen z. B. mittels Farbfolie auf fotomechanischem Weg hergestellt.
Digital-Proofs werden mittels Farbdrucker (meist im Inkjet- oder Thermosublimationsverfahren) aus dem digitalen Datenbestand erstellt.
Ein druckgerechter Proof muss folgende Bedingungen erfüllen: Originalrasterung, Originalpapier, Originalfarben, Kontrollkeil, Simulation der Druckzunahme.

Ein bekanntes Proofverfahren heißt Cromalin. Schildern Sie den Arbeitsablauf!

Im **Cromalin-Proofverfahren** werden Einzelfarbauszüge von Vierfarb-Druckfilmen (CMYK) zur Farbprüfung ausbelichtet.
Der Zusammendruck wird durch Verfahrensschritte wie Belichten und Laminieren simuliert. So erhält man den Farbeindruck, wie er annähernd als Zusammendruck im Offsetdruck entstehen würde.

Was sind Akzidenzdrucksachen?

Akzidenzen sind Gelegenheitsdrucksachen geringeren Umfangs, z.B. Visitenkarten, Briefblätter, Flyer, Prospekte, Vordrucke. Newsletter (periodisches Erscheinen) und Bücher (umfangreich) zählen zum Werkdruck.

Was bedeutet Printing on Demand?

Als **Printing on Demand** (PoD) wird der Druck von Aufträgen (meist Bücher) bezeichnet, die nicht auf Vorrat produziert werden, sondern erst bei Bedarf oder zumindest in Teilauflagen, im Extremfall als Einzelexemplar auf Bestellung. Printing on Demand ist auch ein Begriff für Drucken auf Abruf aus einer Datenbank. Die Abrufdatei wird als Demand File bezeichnet. Personalisiertes Drucken ist deshalb möglich. Gedruckt wird zumeist digital mit xerografischen oder Inkjet-Verfahren.

Was bedeutet Abl(i)egen beim Drucken?

Als **Abl(i)egen** wird das Abfärben frischer Drucke auf der Rückseite des darüber liegenden Bogens bezeichnet. Damit dies nicht geschieht, werden die frischen Drucke nach der Auslage zum Schutz mit Puder bestäubt.

Was versteht man unter Zuschuss?

Die Anzahl der Druckbogen, die in die regulär abzuliefernde Auflage einkalkuliert wird, nennt man **Zuschuss**.
Der Zuschuss ist abhängig von der Auflagenhöhe, der Anzahl der Farben und der vorgesehenen Weiterverarbeitung (Schneiden, Falzen, Binden usw.).

Druckverfahren

Offsetdruck

Welche Besonderheiten sind für den Offsetdruck charakteristisch?

Das Flachdruckverfahren **Offsetdruck** beruht auf dem physikalisch-chemischen Verhalten von farbfreundlichen und farbabweisenden Stellen auf der Druckform. Die Druckform ist meist eine dünne Metallplatte, die um den Formzylinder gespannt wird. Nach Einfärbung der Platte wird die Farbe auf das Gummituch übertragen. Erst von hier aus gelangt die Farbe dann schließlich auf den Bedruckstoff, weshalb der Offsetdruck ein indirektes Druckverfahren ist. Mithilfe des elastischen Gummituchs ist es möglich, auch raue und sogar strukturierte Materialien zu bedrucken.

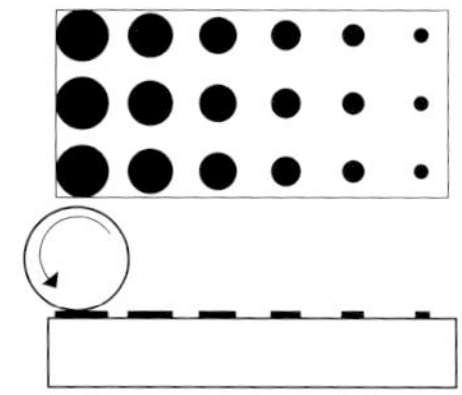

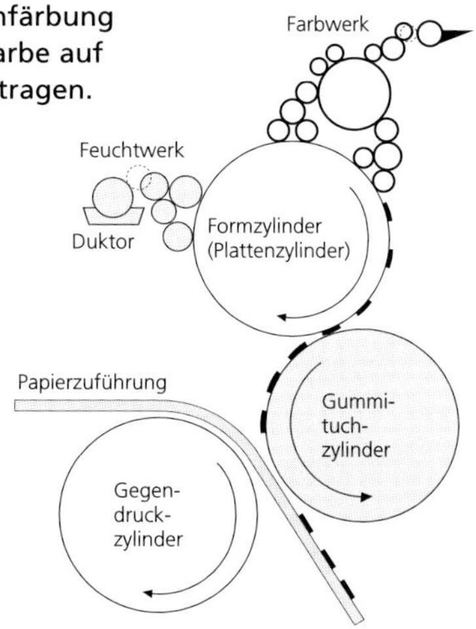

Welche Vorteile hat der Offsetdruck?

Vorteile des Offsetdrucks sind:
- hohe Auflagen
- hohe Geschwindigkeiten
- große Formate können bedruckt werden
- gleichmäßige Farbdeckung
- keine Quetschränder
- kein Sägezahneffekt
- keine Schattierung

Welche Nachteile hat der Offsetdruck?

Nachteile des Offsetdrucks sind:
- eingeschränkte Palette an Bedruckstoffen
- keine echten Halbtöne
- Spitzlichter können wegbrechen (Plattenbelichtung)
- Druckprobleme wegen der Feuchtung

Welche Druckprodukte sind Domänen des Offsetdrucks?

Zu den **Einsatzgebieten** des Offsetdrucks zählen kleinere, mittlere, aber auch hohe Auflagen, wie:

- Prospekte, Kataloge
- Handzettel
- Preislisten
- Plakate
- Geschäftsberichte
- Verpackungen (Papier u.ä.)
- Formulare, Etiketten
- Bücher, Periodika

Tiefdruck

Welche Besonderheiten sind für den Rakeltiefdruck charakteristisch?

Beim **Tiefdruck** liegen – wie der Name schon sagt – die druckenden Elemente in Form von vertieften Näpfchen in der Oberfläche des Tiefdruckformzylinders.
Beim Druckvorgang wird der Ballen des Druckformzylinders während der Drehung völlig mit flüssiger Farbe eingefärbt. Kurz vor der Druckzone befindet sich ein Rakelmesser, das die überschüssige Farbe von der Oberfläche abstreift. Die Farbe verbleibt so nur noch in den vertieften Näpfchen. Beim Weiterdrehen gelangt die freigerakelte Fläche des Zylinders unter die Druckzone. Hier wird die Papierbahn von einer elastisch beschichteten Stahlwalze (Presseur) gegen den Druckformzylinder gepresst, wobei die in den Näpfchen befindliche dünnflüssige Farbe an das Papier abgegeben wird.
Direkt nach der Druckzone schließt sich eine Trockenkammer an, in der die frisch bedruckte Papierbahn getrocknet wird. Im Gegensatz zum Offsetdruck muss die Papierbahn trocken sein, bevor der nächste Druck erfolgt.

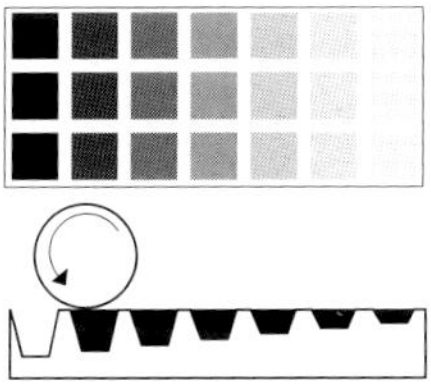

Welche Varianten des Rakeltiefdrucks gibt es?

Folgende **Varianten** lassen sich unterscheiden:

- konventioneller Tiefdruck
- gleiche Größe und unterschiedliche Tiefe der Näpfchen
- Druckformherstellung durch Ätzung
- echte Halbtöne, da unterschiedliche Tiefe der Näpfchen
- halbautotypischer Tiefdruck
- verschiedene Größe und Tiefe der Näpfchen
- Druckformherstellung meist durch Gravur
- echte Halbtöne, da unterschiedliche Tiefe und Breite der Näpfchen
- autotypischer Tiefdruck
- unterschiedliche Größe und gleiche Tiefe der Näpfchen
- Druckformherstellung meist durch Gravur

Welche Vorteile hat der Tiefdruck?	Die **Vorteile** des Tiefdruck sind: • hohe Geschwindigkeit • breite Papierbahn • hohe Auflagenbeständigkeit der Druckformen • fehlendes oder wenig störendes Moiré • echte Halbtöne im konventionellen und halbautotypischen Tiefdruck
Welche Nachteile hat der Tiefdruck?	Die **Nachteile** des Tiefdrucks sind: • teure Druckformherstellung • nur für größere Auflagen geeignet • fehlende Bildstellen (missing dots), da die Farbe teilweise nicht aus den Näpfchen „gezogen" wird • Sägezahneffekt • gerasterte Schrift • zugelaufene Bildtiefen • Rakelstreifen, wenn die Rakel beschädigt ist
Welche Einsatzgebiete sind Domäne des Tiefdrucks?	Zu den **Einsatzgebieten** des Tiefdrucks gehören Druckprodukte in hohen Auflagen, wie: • Zeitschriften • Versandhauskataloge • Zeitungsbeilagen • Werbebroschüren in hoher Auflage

Siebdruck

Welche Besonderheiten sind für den Siebdruck charakteristisch?	Beim **Siebdruck** wird das Sieb mit einer Kopierlösung beschichtet und nach dem Trocknen belichtet. Das belichtete Sieb wird anschließend mit Wasser entwickelt. Dabei lösen sich die unbelichteten Stellen von dem Siebgewebe, die Maschen werden dadurch dort offen und farbdurchlässig. Der Druckvorgang beim Siebdruck besteht darin, dass die Druckfarbe durch die Druckform hindurch auf den Bedruckstoff übertragen wird (Durchdruck). Mit einer Rakel wird die Druckfarbe zunächst über das Sieb verteilt. Dann wird die Druckfarbe an den offenen Siebstellen durch das Sieb auf den Bedruckstoff gepresst. Da der Farbauftrag bei Durchdruckverfahren fünf bis zehnmal so dick ist wie bei anderen, ist die Farbwiedergabe deckender und brillanter als im Offsetdruck.

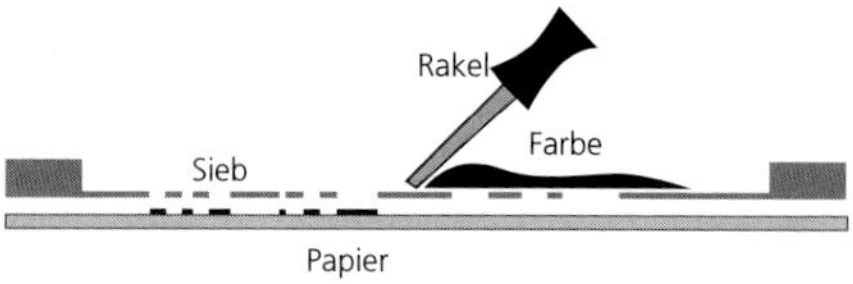

Welche Siebarten gibt es?

Folgende **Siebarten** gibt es:

- **multifile Siebe = Siebe mit Seide und ähnlichen Stoffen**
  - diverse Fäden im Gewebe
  - nutzen sich schnell ab, daher kaum noch verwendet
  - setzen sich schnell zu, verstopfen
  - sie sind schwer zu säubern
- **monofile Siebe = Siebe mit Polyester**
  - nur ein Faden im Gewebe, daher verstopfen diese Siebe nicht so schnell

Woraus können Siebrahmen bestehen?

Siebrahmen können aus folgenden Stoffen bestehen:

- Holz
- Aluminium
- Stahl

Welche Spezifikationen sind bezüglich der Rasterweite zu beachten?

Beim Siebdruck müssen aufgrund der geringen Rasterweite einige **Spezifikationen** beachtet werden:

- Rasterweiten von 42 bis 60 l/cm möglich
- Mindeststärke von Linien: 0,2 mm

Welche Vorteile hat der Siebdruck im Vergleich zu anderen Druckverfahren?

Die **Vorteile** des Siebdrucks sind:

- hoher Farbauftrag, daher leuchtende Farben
- alle Materialien können bedruckt werden
- großformatige Drucke möglich
- auch kleine Auflagen sind kostengünstig

Welche Nachteile hat der Siebdruck?

Die **Nachteile** des Siebdrucks sind:

- Sägezahneffekt
- keine echten Halbtöne
- grobe Rasterweite (45er Raster, da Einschränkung durch Sieb, Farbe und Trockner)
- keine hohen Auflagen

Welche Einsatzgebiete sind Domäne des Siebdrucks?

Zu den bevorzugten **Einsatzgebieten** des Siebdrucks zählen durchweg hochwertige Drucke, wie:

- Schilder, Plakate
- Verpackungsdrucke, auch Becher und Flaschen
- Selbstklebefolien
- Bedrucken von Gegenständen aller Art
- Bedrucken von Kunststoff, Holz, Schaumstoff, Glas
- Textilien, Tapeten
- Bedrucken von Metallen und Metallgegenständen
- Werbegeschenke und andere 3-D-Formen

Hochdruck

Welche Besonderheiten sind für den Hochdruck charakteristisch?

Im **Hochdruck** werden die erhöhten Teile der Druckform mit Druckfarbe eingefärbt. Beim Druckvorgang wird mit definierter Druckkraft ein Teil der Druckfarbe von der erhabenen Druckformoberfläche auf den Bedruckstoff übertragen. Die Farbe kommt (mit Ausnahme des indirekten Hochdrucks) direkt von der Druckform auf das Papier. Durch den Druck der Form entstehen auf der Rückseite mehr oder weniger sichtbare Vertiefungen, die der Drucker als „Schattierung" bezeichnet. Die Schattierung ist ein sicheres Erkennungsmerkmal des Buchdrucks. Maschinentechnisch gibt es im Hochdruck drei Arten zu drucken:

- Im Tiegel druckt eine Fläche gegen eine andere Fläche.
- In der Zylindermaschine druckt ein Zylinder auf eine Fläche.
- Zwei Zylinder, die gegeneinander abrollen, kennzeichnen den Rotationsdruck.

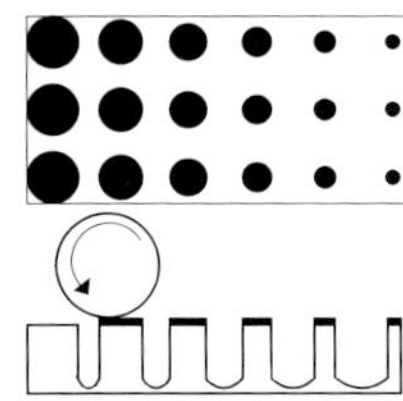

Welche Vorteile hat der Hochdruck?

Die **Vorteile** des Hochdrucks sind:

- keine Feuchtung
- Stanzen, Prägen, Perforieren möglich

Welche Nachteile hat der Hochdruck?

Die **Nachteile** des Hochdrucks sind:

- relativ grobe Raster (bis 60er Raster)
- mäßige Detailwiedergabe
- Quetschränder
- Lichterzeichnung oft unbefriedigend

Was versteht man unter Letterset?

Letterset ist indirekter Hochdruck. Das eingefärbte, erhabene Druckbild einer flexiblen Hochdruckplatte wird auf einen Gummituchzylinder übertragen, ehe es auf den Bedruckstoff gedruckt wird wird.

Was ist a) Buchruck, b) Bücherduck?

Buchdruck: von Gutenberg erfundenes, heute kaum noch angewandtes Hochdruckverfahren.
Bücherdruck: Druck von Büchern, meist im Offsetdruck.

Unterscheiden Sie Flexo- und Buchdruck!

Beim **Flexodruck** sind die Druckformen flexibel, beim **Buchdruck** sind sie nicht verformbar. Darum gibt es beim Flexodruck auch deutliche Quetschränder, während sie auf Buchdrucken kaum auffallen.

Nennen Sie die Charakteristika des Flexodrucks!

Der **Flexodruck** ist ein direktes Hochdruckverfahren. Wichtigste Merkmale sind: elastische Druckform (Fotopolymerplatte oder Gravur), sehr dünnflüssige, schnell trocknende Farben, Raster-Farbauftragwalzen (Aniloxwalzen, Kurzfarbwerk) und das Rotationsdruckprinzip. Haupteinsatzgebiet ist der Verpackungsdruck, da sich Folien aller Art (Kunststoff, Alu) bedrucken lassen.

Welche Einsatzgebiete waren früher Domäne des Buchdrucks?
Welche Einsatzgebiete sind noch immer Domäne von Buchdruckmaschinen?
Was ist Letterset?

Bis in die sechziger Jahre des 20. Jahrhunderts hat der **Buchdruck** (mit Ausnahme von Verpackung und Magazinen hoher Auflage) überall dominiert. Für Spezialarbeiten sind Buchdruckmaschinen auch heute noch unentbehrlich:

- Stanzen
- Prägen
- Perforieren
- Nummerieren

Letterset ist indirekter Hochdruck oder – etwas vereinfacht ausgedrückt – eine Art Trockenoffsetdruck.

Weitere Druckverfahren

Was ist digitales Drucken?

Bei den Verfahren des **digitalen Druckens** gelangen die Informationen direkt aus dem Computer über einen RIP an ein Ausgabegerät (z. B. Plotter) oder direkt in den Druckspeicher der Maschine. Die „Druckform“ wird für jeden Druckvorgang neu erstellt, deshalb ist digitales Drucken für personalisierte Drucke sehr gut geeignet.

Welche Verfahren gibt es im Digitaldruck?

Nach folgenden **Verfahren** arbeitet der Digitaldruck:

- Xerografisches Prinzip, das im Wesentlichen dem Kopieren und Drucken mit Lasern als Strahlungsquelle und Tonern als Farbmittel entspricht.
- Inkjet-Prinzip mit Flüssigfarbe-Düsen, das in den meisten digitalen Farbdruckern angewandt wird.

Wie funktioniert das xerografische Druckprinzip (Laserdruck)?

Beim Fotokopieren bzw. **Laserdruck** ist eine mit lichtempfindlichem Halbleiter beschichtete Trommel negativ aufgeladen. Durch Laserbelichtung werden die zu druckenden Stellen dann positiv aufgeladen. Negativ geladener Toner gelangt auf die Trommel und bleibt an den positiv geladenen Stellen haften. Über die sich drehende Trommel mit dem Tonerbild wird stark positiv geladenes Papier bewegt, das dann den „negativen“ Toner übernimmt. Anschmelzen des Toners auf das Papier und Entladen des Papiers sind die nachfolgenden Arbeitsgänge. Für jeden Druck müssen die Verfahrensgänge wiederholt werden. Daher sind alle Vorzüge des Digitaldrucks anwendbar, z. B. personalisiertes Drucken.

Was ist das 8-Zylinder-Prinzip des Digitaldrucks?	Beim **8-Zylinder-Prinzip** liegen sich jeweils zwei Zylinder gegenüber, durch welche das Rollenpapier hindurchläuft. Das Papier wird somit auf beiden Seiten gleichzeitig bedruckt. Der Toner entspricht den CMYK-Farben. Gedruckt wird von Rollenpapier mit einer maximalen Breite von 320 mm.
Wie funktioniert das Verfahren des elektrofotografischen „Offsetdrucks"?	Beim **Elektrofotografie-Verfahren** liegen sich wie beim 8-Zylinder-Prinzip zwei Zylinder gegenüber. Nachdem die druckfertigen Daten auf die mit Fotohalbleiter beschichtete Bildträgertrommel übertragen wurden, entsteht dort ein unsichtbares Druckbild. Auf das Druckbild wird gegenpolig geladene Farbe aufgetragen, welche, dem Offsetdruck ähnlich, über Gummituch- und Gegendruckzylinder vollständig auf den Bedruckstoff übertragen wird. Im vierfarbigen Druck geschieht dies viermal. Da sich der soeben beschriebene Vorgang für jeden Druckbogen auf gleiche Weise wiederholt, ist personalisiertes Drucken möglich.
Was versteht man unter Computer-to-Plate?	Bei **Computer-to-Plate** (CtP) werden die Daten vom Computer direkt mittels Laserstrahl auf die Platte übertragen, die sich entweder bereits in der Druckmaschine befindet oder außerhalb der Maschine bebildert wird. Dieses Verfahren kann als filmloser Offsetdruck bezeichnet werden, da man keinerlei Kopiervorlagen benötigt.
Was versteht man unter Computer-to-Press?	Bei **Computer-to-Press** findet die Bebilderung der Druckplatten bzw. der Plattenzylinder direkt in der Druckmaschine statt. Da Plattenwechsel, Einstellen der Farbzonen und Einrichten der Druckplatten, anders als bei Computer-to-Plate, entfallen, ist der Druck auch von kleinen Auflagen kostengünstig.
Was bedeutet personalisiertes Drucken?	**Personalisiertes Drucken** heißt, dass jedes Druckprodukt persönliche Daten des Empfängers innerhalb der allgemeinen Daten enthält.
Was ist Stahlstichdruck?	**Stahlstichdruck** ist ein Tiefdruckverfahren, das äußerst präzise Konturen wiedergibt. Das Druckbild ist plastisch erhöht und glänzend. Gedruckt wird von einer Stahldruckform mit eingravierter Zeichnung.
Was ist unter Blindprägung zu verstehen?	Die **Blindprägung** (farbloser Stahlstichdruck) erhält ihre Wirkung durch das Zusammenspiel von Licht und Schatten. Als Druckform dient eine Messinggravur. Die Blindprägung kann verschiedene Höhenstufen aufweisen.

Was ist Heißfolienprägedruck?

Beim **Heißfolienprägedruck** wird das Hochdruckprinzip als Druckverfahren eingesetzt. Dafür verwendet man eine wärmeleitende Druckform aus Messing oder Magnesium. Die entsprechende Folie wird über die geheizte Druckform geführt und unter starker Druckeinwirkung auf das Papier gepresst.

Was ist Thermoreliefdruck?

Der **Thermoreliefdruck** ist eine Alternative zum Stahlstichdruck, aber ein chemisch-technisches Druckverfahren. Im Gegensatz zum Stahlstich oder zur Blindprägung benötigt man für dieses Verfahren keine Gravuren. Nach dem Druck auf Papier wird ein Pulver aufgestäubt und unter großer Hitzeeinwirkung mit der noch nassen Druckfarbe verbunden. Dabei schmilzt das Pulver, quillt auf und vermischt sich mit der Druckfarbe.

Was versteht man unter Punktzuwachs im Offsetdruck?

Der Begriff **Punktzuwachs (Tonwertzunahme, Druckzuwachs)** beschreibt die prozentuale Zunahme des Rasterpunktes im Verlauf der Druckproduktion. Mitteltöne „verdunkeln" sich dabei mehr als helle Bereiche.

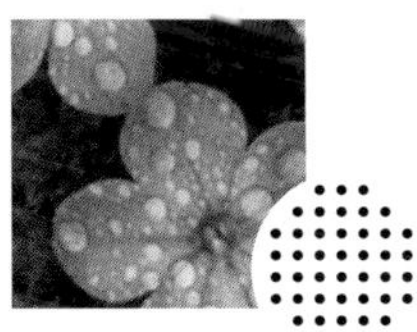

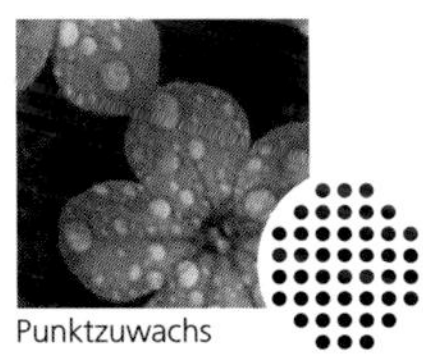

Punktzuwachs kann auf folgende Einflüsse zurückgehen:
- Druckmaschine und deren Einstellungen
- Druckplattenherstellung (der Rasterpunkt auf der Platte ist größer als auf dem Film)
- Alter und Art des Gummituches
- Druckabwicklung Druckform – Gummituch
- Druckabwicklung Gummituch – Bedruckstoff
- Farbart und Farbton (Gelb hat andere Tonwertzuwächse als Magenta, Cyan und Schwarz)
- Papierart, -farbe und -oberflächenstruktur
- Rasterweite
- Übergabepasser zwischen den einzelnen Farben

Der Punktzuwachs ist aber nicht in allen Tönen gleich. So ist er in den Lichtern und Tiefen nicht allzu stark, in den Mitteltönen hingegen umso mehr. Diesem Druckzuwachs wird mit Hilfe des Color-Managements (Kalibrierung der Belichter, Abstimmung auf den jeweiligen Druckprozess) entgegengewirkt, und zwar durch Kompensation des zu erwartenden Zuwachses.

Druckfarbe

Erläutern Sie, aus welchen Bestandteilen sich Druckfarbe zusammensetzt!

Grundsätzlich setzt sich **Druckfarbe** zuammen aus:
- farbgebender Substanz (Farbmittel), also Farbpigmenten (unlöslich), Farbstoffen (löslich)
- Bindemittel (Firnis)

Ergänzt werden diese Hauptkomponenten durch
- Hilfsstoffe (Additive) wie Verdünner, Gleitmittel, viskositätsbeeinflussende Substanzen.

Welche Bewertungskriterien werden herangezogen für die Prüfung der Druckfarbe auf Eignung für den jeweiligen Druckauftrag?

Da Druckverfahren und Bedruckstoffe unterschiedliche Anforderungen stellen, muss für jeden Auftrag ein Farbentyp mit spezieller Zusammensetzung verwendet werden. **Bewertungskriterien** dafür sind:
- Verdruckbarkeit (runability)
- Bedruckbarkeit (printability)
- Verwendungszweck

Wie wird Druckfarbe hergestellt?

Druckfarben bestehen aus Farbmittel (meist Farbpigment), Bindemitteln und Hilfsstoffen, die nach festgelegten Rezepturen angerieben werden.
Die **Druckfarbenherstellung** erfolgt in folgenden Schritten:
- Vermischung des Pigmentpulvers mit den Bindemitteln und Hilfsstoffen durch Vordispergierung
- Dispergierung in Rührwerkskugelmühlen (Stoffe werden von Mahlperlen aus Stahl homogen verteilt) oder im Dreiwalzenstuhl (3 Zylinder laufen mit verschiedenen Geschwindigkeiten gegeneinander)
- Abfüllung in Container, Fässer und Dosen

Was versteht man unter Druckfarbentrocknung?

Die **Druckfarbentrocknung** bezeichnet den Aggregatzustandswechsel von flüssig/pastös nach fest. Die Trocknungsart ist im Wesentlichen abhängig vom Druckverfahren und von der Saugfähigkeit des Bedruckstoffes.

Welche Arten von Trocknung gibt es?

Physikalische Trocknung
- Wegschlagen
  Der Bedruckstoff nimmt die dünnflüssigen Bestandteile des Bindemittels auf, während die Harze die Pigmente auf der Oberfläche verankern.
  Anwendung bei Zeitungs- und Werkdruckfarben
- Verdampfen des Mineralöls
  Anwendung bei Rollenoffsetdruckfarben (Heat-Set)

- Verdampfen der Lösemittel
  Anwendung bei Tiefdruck-, Flexodruck- und vielen Siebdruckfarben

Chemische Trocknung
- Oxidativ (durch Sauerstoff)
  Die Druckfarben enthalten trocknende Öle (Leinöl). Anwendung bei nicht saugfähigen Bedruckstoffen
- Polymerisation
  Polymerisierung des Bindemittels unter UV-Strahlung Anwendung bei saugfähigen und nicht saugfähigen Bedruckstoffen

Erläutern Sie die wichtigsten Druckfarbeneigenschaften!

An Druckfarbe werden die verschiedensten Anforderungen gestellt. Zwei davon sind:

Rheologie (Lehre vom Fließen)

Die rheologischen Eigenschaften werden unter dem Begriff Konsistenz zusammengefasst:
- Viskosität (innere Reibung)
  Zähflüssigkeit von Stoffen. Niedrigviskose Druckfarbe wirkt weich und dünn (wie Sirup), hochviskose Farbe ist zähflüssig, pastös (wie Kaugummi). Die Viskosität wird in Poise gemessen.
- Thixotropie
  Druckfarbeneigenschaft, durch mechanische Bewegung (z.B. Rühren) in einen niedrigviskosen (flüssigen) Zustand überzugehen, um nach einiger Zeit der Ruhe in die ursprüngliche Viskosität zurückzukehren.
- Zügigkeit (Tack)
  Zähigkeit, Widerstandsfähigkeit der Druckfarbe bei der Farbspaltung zwischen zwei Walzen. Sehr zähe Farbe neigt beim Drucken zum Rupfen des Papiers.

Echtheiten

Da Drucke Belastungen verschiedenster Art ausgesetzt werden, müssen die verwendeten Druckfarben entsprechende Echtheit aufweisen. Das sind z. B.:
- Lichtechtheit (da Farben nach längerer Lichteinwirkung ausbleichen)
- Deckvermögen (lasierende oder deckende Farben)
- Lacklösemittelechtheit (Resistenz gegen Lacke)
- Alkaliechtheit (z.B. bei Druckerzeugnissen, die geklebt werden müssen)
- Wasserechtheit
- Seifenechtheit
- Waschmittelechtheit
- Gewürzechtheit

Weiterverarbeitung

Falztechnik

Welche Falzarten sind in der Weiterverarbeitung üblich?

Folgende **Falzarten** sind im Druckbereich üblich:

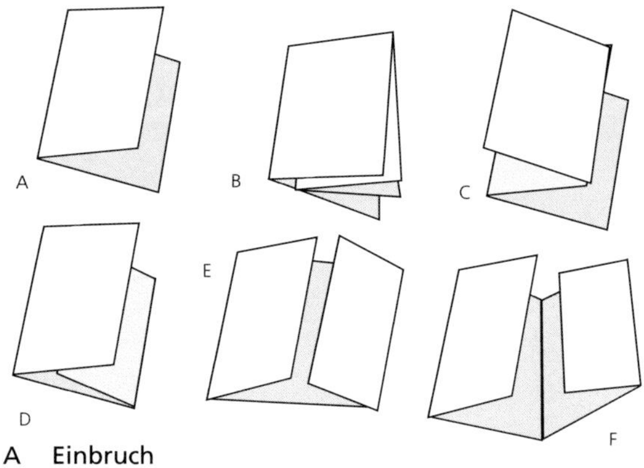

A Einbruch
B Kreuzbruchfalzung
C 2-Bruch-Zickzackfalz (Leporellofalz)
D 2-Bruch-Wickelfalz
E 2-Bruch-Fensterfalz (Altarfalz)
F 3-Bruch-Fensterfalz
Möglich sind auch Kombinationen der Falzarten.

Wovon hängt die Zahl der möglichen Falzbrüche ab?

Beliebig viele **Falzungen** eines Bogens sind nicht möglich. Die Zahl der Falzbrüche hängt von der Flächenmasse, der Steifigkeit und der Dicke des Papiers ab.

Welche Falzmaschinenprinzipe gibt es?

Beim Falzen von Papier kommen zwei Grundprinzipien und deren Kombinationen zum Einsatz:
Bei der **Taschenfalzung** wird der Papierbogen durch die Maschine geleitet, bis er in der Falztasche zum Anschlag kommt und zu stauchen beginnt. Der Stauch wird von den Walzen erfasst und dadurch gefalzt. Diese Falzung wird am häufigsten eingesetzt.

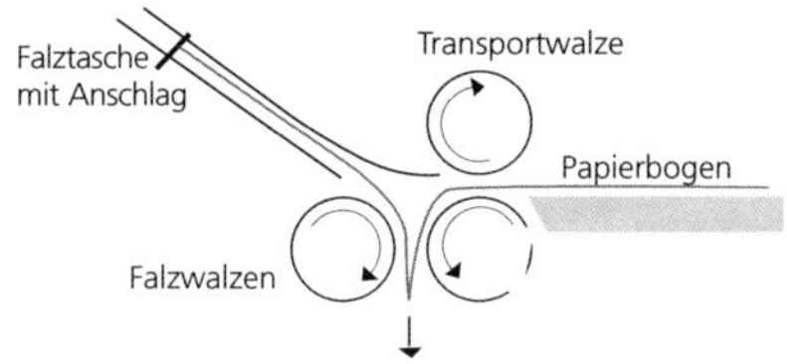

Bei der **Schwertfalzung** drückt ein Falzmesser das Papier zwischen die rotierenden Falzwalzen, die das Papier falzen und aus der Falzanlage befördern. Eine Taktfrequenz steuert das Messer und den Papiertransport. Diese Falzung eignet sich besonders für stärkere Papiere und exakte Kreuzbruchfalzung.

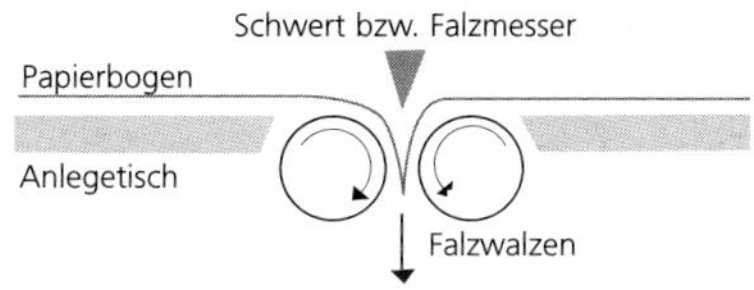

Welche Faltschachteltypen gibt es?

Es gibt viele Möglichkeiten, eine **Schachtel** zu falten. Hier einige Beispiele:

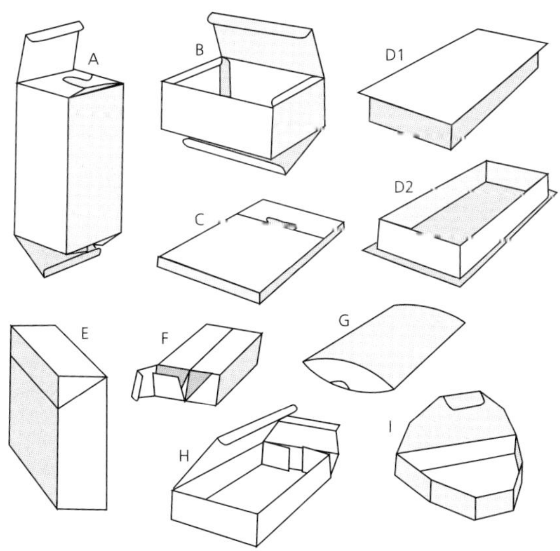

A Faltschachtel mit verhakten Seitenlaschen
B Faltschachtel mit Steck- oder Kuvertbodenverschluss
C Taschenzuschnitt mit Seitenlaschen, Verschluss und Deckel
D Stülpfaltschachtel, zweiteilig (1+2)
E Faltschachtel mit aufklappbarem Deckel
F Faltschachtel mit eingebauter Trennwand
G Kissenpackung
H Faltschachtel ohne Klebung, nur Faltung oder Verriegelung
I Faltschachtel mit sechseckiger Grundfläche

Was versteht man unter Blister?	Als **Blister** wird die Kunststofffolie bezeichnet, mit der Gegenstände auf den Verpackungen überzogen werden, z. B. Batterien.
Was versteht man unter Faltschachtelkarton?	Beim **Faltschachtelkarton** handelt es sich um gestrichenen oder ungestrichenen Karton, der sich gut falzen, ritzen, rillen, nuten und bedrucken lässt.
Welche Möglichkeiten erleichtern das Falzen?	Beim Falzen eines Kartons, der mehr als 170 g/qm Flächengewicht hat, besteht die Gefahr, dass er beim Umbiegen bricht bzw. platzt, oder es entstehen unregelmäßige Faltbrüche. Durch folgende Vorgehensweisen werden saubere, scharfe Brüche erzeugt: • **Rillen** In den Karton werden linienförmige Vertiefungen gedrückt mit vertiefter Rille und Rillwulst. • **Perforieren** Loch- oder Schlitzstanzung des Papiers oder Kartons. Hauptsächlich beim letzten Falz (Bundfalz) üblich. • **Stauchen** Der Karton wird mittels Stauchwerkzeug eingedrückt und dadurch leicht verformt. • **Ritzen** Die Kartonoberfläche wird bis zu 2/3 eingeschnitten: Materialschwächung. Bei Faltschachteln häufig. • **Nuten** Aus dem Karton wird ein Materialspan herausgetrennt. Für das Falten dicker Kartonsorten üblich.
Was bedeutet Stanzen?	Als **Stanzen** wird das Ausschneiden von Formteilen aus einem Bedruckstoff bezeichnet. Die hierfür benötigten Stanzlinien werden in der Datei als Volltonfarbe angelegt. Die Stanzung erfolgt mit Stahlklingen oder Stanzmesser in einer Stanz- oder Buchdruckmaschine. Etiketten z. B., die sich zu mehreren Nutzen auf einem Bogen befinden, werden angestanzt, damit man sie problemlos abziehen kann.
Wann wird perforiert? Welche Arten gibt es? Mit welchen Maschinen wird perforiert?	**Perforieren** macht es viel leichter, einzelne Blätter abzureißen, z. B. bei Kalendern. Übliche Trennverfahren sind Loch- oder Schlitzperforation. Perforiert wird in Perforiermaschinen, Endlosdruckmaschinen oder in Buchdruckmaschinen.

Was ist Prägen auf Druckprodukten?

Das Prägegut wird zwischen einer Matrize (Gravur) und der Gegendruckform (einer entsprechenden Patrize) unter hohem Druck und eventuell auch noch Hitzeeinwirkung geprägt. Die Prägung kann erhaben (Hochprägung) oder vertieft (Tiefprägung) sein. **Reliefprägungen** ergeben dank 3-dimensionaler Verläufe räumliche Effekte. **Heißprägungen** können auch farbig sein, farblose Prägungen nennt man Blindprägungen.

Was heißt Veredelung von Druckprodukten?

Als **Veredelung** wird das optische Aufwerten von Druckerzeugnissen bezeichnet. **Folienkaschierungen** und **Lackierungen** bieten eine Fülle technischer und gestalterischer Möglichkeiten, Druckerzeugnissen einen hochwertigen Touch zu verleihen und sie zu schützen.

Was ist Drucklackierung und wofür wird sie eingesetzt?

Unter **Drucklackierung** wird das vollflächige oder partielle Auftragen eines Lackes während des Druckvorganges bezeichnet. Sie wird nicht nur eingesetzt, um besonderen Glanz oder gestalterische Effekte zu erzielen, sondern auch, um das Druckprodukt zu schützen.

Welche Veredelungsmöglichkeiten gibt es?

Folgende **Veredelungen** sind allgemein üblich:
- Strukturkaschierungen
- Fensterkaschierungen
- Hologramm-Verbunde
- Dispersionslack
- UV-Lack (hochglänzend)
- Duftlackierung
- Laminierung

Buchbinderische Arbeiten

Was versteht man unter Zusammentragen?

Als **Zusammentragen** wird das Aufeinanderlegen der einzelnen Falzbogen bzw. Blätter zu einem Rohblock bezeichnet. Anhand der Flattermarke im Rücken kann die richtige Seitenreihenfolge kontrolliert werden.

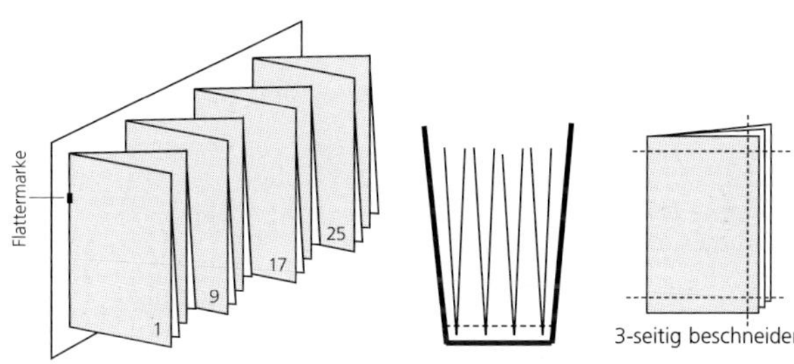

Was versteht man unter Sammeln?

Beim **Sammeln** oder **Ineinanderstecken** von Falzbogen muss beachtet werden, dass die inneren Bogenteile im beschnittenen Endprodukt kürzer als die äußeren Lagen sind.

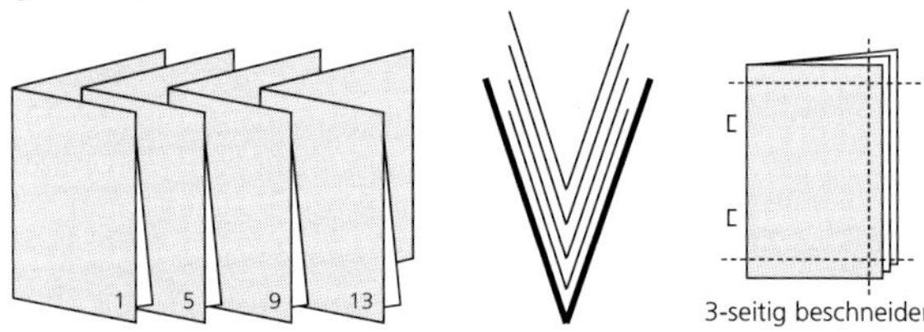

Welche Heft- und Bindemöglichkeiten gibt es?

Folgende **Heft-** bzw. **Bindemöglichkeiten** gibt es:

- Fadenheftung
- Fadensiegeln
- Rückenstichheftung (Faden, Drahtklammer)
- Blockbindung (Klebebinden, Drahtseitenstichheftung)
- Sonderbindungen

Was versteht man unter Fadenheften, was unter Fadensiegelung?

Fadenheftung: Verbinden der gefalzten Bogen im Bund in sich und untereinander mit Heftfäden. Zur Stabilisierung wird ein Gazestreifen an den Rücken geleimt, und was davon übersteht, wird beim Einhängen des Buchblocks in die Buchdecke innen auf die Deckel geklebt. Ähnlich gute Haltbarkeit erzielt man mit der preisgünstigeren **Fadensiegelung**, bei der thermoplastische Spezialfäden eingestochen, wie Drahtklammern umgelegt, geschmolzen und heiß verklebt (versiegelt) werden.

Was versteht man unter Rückenstichheftung?

Werden Druckerzeugnisse im Heftrücken mit Metallklammern geheftet, nennt man dies **Drahtrückenstichheftung**. Einsatz findet sie bei Zeitschriften, Prospekten, Heften usw. Die spezielle Rückenstichheftung mit Ringösen ist manchmal ohne Mehrkosten möglich.

Was ist Drahtseitenstichheftung?

Bei der **Drahtseitenstichheftung** werden Drahtklammern seitlich durch den Block geheftet und auf der anderen Seite zusammengebogen. Anwendungsgebiete sind u. a. Kalender und Notizblöcke.

Was versteht man unter Klebebindung?

Ein preiswertes Bindeverfahren ist die **Klebebindung**. Hierbei wird der Rücken des zusammengetragenen Buchblocks aufgeraut, gefräst, mit Klebstoff versehen und z. B. mit Gaze und Papier überklebt. Die Haltbarkeit ist vom jeweiligen Klebebindeverfahren abhängig.

Papier

Herstellung

Erläutern Sie den Ablauf der Papierherstellung!

Die **Papierherstellung** wird in folgende Produktionsstufen unterteilt:

- Aufbereitung von Holz zu Halbstoff:
  - Mechanische Aufbereitung zu Holzstoff: Das Holz wird ohne Rinde unter Hitzeeinwirkung zu Holzstoff (Holzschliff) zerrieben.
  - Chemische Aufbereitung (Zellstoff): Kochen von Holzhackschnitzeln in sauren oder alkalischen Lösungen
- Aufbereiten des Halbstoffes zum Ganzstoff: Mahlen der Faserrohstoffe und Zugabe von Hilfsstoffen (Füllstoffe, Leime, Farbstoffe usw.)
- Produktion in der Papiermaschine:
  - Verteilung der Wasser-Stoff-Suspension auf dem Sieb
  - Entwässerung nach oben und unten, um beidseitig gleiche Struktur zu erhalten
  - Pressung der Papierbahn durch beheizte Zylinder
- Veredelung des Papiers: Je nach Anforderung kann z. B. im Kalander satiniert (geglättet) werden.
- Ausrüsten: Fertigmachen zur Verwendung als Druckpapier:
  - Satinieren, Granulieren, Streichen
  - Schneiden
  - Sortieren, Zählen, Verpacken

Was bedeutet Laufrichtung?

Durch die Strömung des wässrigen Stoffs auf dem Sieb richten sich die Papierfasern in **Laufrichtung** des Siebes aus, was zu unterschiedlichen Festigkeits- und Dehnungseigenschaften in Lauf- und Querrichtung führt. Bei Formatangaben unterscheidet man Breitbahn und Schmalbahn. Bei Breitbahn (BB) liegt die kurze Formatseite in Laufrichtung, bei Schmalbahn (SB) die lange Formatseite. In Formatangaben unterstreicht man die Dehnrichtung: 43 x 61 cm ist daher Breitbahn, 43 x 61 cm ist Schmalbahn. Nach DIN EN 644 bei Formaten: Dehnrichtung x Laufrichtung. 43 x 61 cm ist also Schmalbahn.

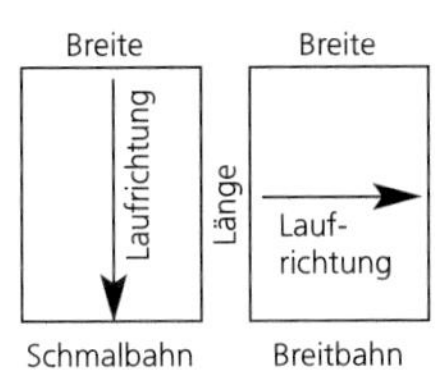

Unterscheiden Sie Breit- und Schmalbahn!	In **Breitbahn** liegen Papierformate, die quer aus der Papierbahn geschnitten wurden, sodass die kurze Seite des Formats in der Hauptfaserrichtung (also Laufrichtung) bei der Papierherstellung liegt. Bei **Schmalbahn**-Formaten liegt die lange Seite in der Hauptfaserrichtung (Laufrichtung).
Wie kann man die Laufrichtung feststellen?	Es gibt mehrere Möglichkeiten, die **Laufrichtung** festzustellen: • **Feuchtprobe** Das Papier wird von einer Seite befeuchtet und dehnt sich daher in Dehnrichtung, sodass eine Wölbung entsteht, deren Achse in Laufrichtung liegt. Regel: Die Laufrichtung verläuft parallel zur entstandenen Achse (Rille). • **Falzprobe** Das Papier wird kreuzweise zu den Kanten gefalzt. Dabei ist ein Falz ausgefranst und der andere ist gerade und glatt. Der ausgefranste Falz lässt sich schwerer durchführen als der gerade Falz. Regel: Laufrichtung ist parallel zum geraden Falz. • **Reißprobe** Das Papier wird einmal in der Längsrichtung und einmal in der Querrichtung eingerissen. Der eine Riss ist dabei glatt und der andere ist ausgefranst. Regel: Die Laufrichtung ist parallel zum glatten Riss. • **Streifenprobe** Man schneidet gleich große Streifen (ca. 15 mm mal 150 mm) einmal längs, einmal quer aus dem Papier. Der Streifen, der sich beim Hochhalten mit zwei Fingern am wenigsten durchbiegt, liegt in Laufrichtung. Regel: Der Streifen aus der Laufrichtung des Papiers hat sich am wenigsten gebogen.
Papier soll je nach Auftrag unterschiedliche Anforderungen erfüllen. Welche Kriterien müssen dafür beachtet werden?	Die **Anforderungsprofile** von Papier richten sich nach: • **Verdruckbarkeit** (runability) Zusammenspiel von Druckmaschine und Papier • **Bedruckbarkeit** (printability) Zusammenspiel von Druckfarbe und Papier • **Verwendungszweck**
Welche Bedeutung hat Luftfeuchtigkeit für das Bedrucken von Papier?	Bei zu hoher Luftfeuchtigkeit dehnt sich das Papier aus und wirft Wellen, bei zu niedriger zieht es sich zusammen und tellert. Deshalb muss bei der Lieferung darauf geachtet werden, dass der natürliche **Feuchtigkeitsge-**

	halt (Gleichgewichtsfeuchte) erhalten bleibt. Bevor das Papier im Lager ausgepackt wird, muss es an das Raumklima angepasst werden (Konditionierung).
Ein Papier ist holzhaltig. Was kann man aus dieser Eigenschaft schließen?	Die **Holzhaltigkeit** gibt Auskunft über den Holzschliffanteil der Fasern, genauer von dessen Begleitstoffen, insbesondere Lignin. Je mehr Begleitstoffe (Inkrusten) im Papier, desto höher sind Vergilbungsneigung und Saugfähigkeit. Auch die Festigkeit hängt davon ab: Je mehr Holzschliff, desto geringer die Festigkeit.
Worin besteht der Unterschied zwischen holzhaltigen und holzfreien Papieren?	**Holzhaltige** Papiere verfügen über einen hohen Anteil an Holzschliff. Durch den Ligningehalt vergilben holzhaltige Papiere schnell. Verwendet werden sie z. B. als Zeitungspapier oder Werkdruckpapier. **Holzfreie** Papiere (Feinpapiere) sind hochwertiger und teurer als holzhaltiges Papier, da für Erstere nur Zellulose (Zellstoff) als Faserstoff verwendet wird, wodurch das Papier fester ist und kaum vergilbt.
Was bedeutet chlorfreies Papier?	Papier muss für viele Verwendungszwecke gebleicht werden, früher mit Chlorverbindungen, heute werden dafür andere, verträglichere Stoffe eingesetzt.
Was versteht man unter Papierweiße?	Bei der Beurteilung der Oberfläche von Druckpapieren kann die **Papierweiße** eine große Rolle spielen. Durch den Weißgrad (Weißgehalt) wird ausgedrückt, in welchem Grade ein Papier dem „idealen" Weiß entspricht. Als Bezugsgröße dient Bariumsulfat, dessen Rückstrahlungsvermögen für Licht und alle Farben vollkommen gleichmäßig ist und gleich 100% gesetzt wird.
Was versteht man unter optischem Aufheller?	Für hochweiße Papiere werden, um sie **optisch aufzuhellen**, neben weißen Füllstoffen und Blaupigmenten, die den Gelbstich kompensieren, auch Aufheller zugesetzt, die unsichtbares UV-Licht in weißes Licht wandeln und das Papier so optisch weißer erscheinen lassen.
Was bedeutet Durchscheinen bei zweiseitig bedrucktem Papier?	Bei Papieren, die aufgrund ihrer geringen Masse weniger Opazität aufweisen, macht sich die bedruckte Rückseite als dunkler Schatten bemerkbar. Dieses **„Durchscheinen"** geschieht vor allem, wenn eine der beiden Seiten mit großen dunklen Flächen bedruckt ist, während die andere Seite über mehr Weißraum verfügt.

Nennen Sie die Einheiten von Masse, Dicke und Volumen des Papiers!

Masse, **Dicke** und **Volumen** werden mit folgenden **Einheiten** bezeichnet:
- Masse: g/m^2
  30 bis 135 g/m^2 = Papier
  150 bis 600 g/m^2 = Karton
- Dicke: mm (g/m^2 : 1000) bei einfachem Volumen
- Volumen: m^3/g, Volumen = (Dicke · 1000) : Masse
  Voluminöse Papiere werden z.B. aus Portogründen gewählt, da sie dicker sind, als ihrem Gewicht entspricht. Ein Beispiel anhand eines 100g/m^2-Papiers:
  - 1faches Volumen, 100g/m^2 nur 0,1 mm dick
  - 1,5faches Volumen, 100g/m^2 ist 0,15 mm dick

Papiersorten

Welche Arten von Papier werden nach ihrer Oberfläche unterschieden?

Je geschlossener und glatter die **Papieroberfläche** ist, desto mehr Details können im Druck einwandfrei wiedergegeben werden. Man unterscheidet:
- raue Oberflächen
  aus der Papierherstellung ohne jede Satinage
- maschinenglatte Oberflächen (ohne Zusatzglättung)
- satinierte Oberflächen
- gestrichene Oberflächen
  ein- oder zweiseitig gestrichen
- gussgestrichene Papiere (hochglänzend)
- gepresste Oberflächen, z.B. granuliert
  auf einer speziellen Presse geprägt

Welche Faktoren beeinflussen die Papierwahl?

Welches Papier für ein Druckprodukt verwendet wird, hängt von den folgenden **Faktoren** ab:
- Verdruckbarkeit und Bedruckbarkeit
- Verwendungszweck
- optische Wirkung
- haptische Wirkung (haptisch = Tastsinn betreffend)

Was sind Naturpapiere?

Alle Papiere, deren Oberfläche nicht gestrichen ist, egal, ob holzhaltig, holzfrei oder aus Altpapier, werden als **Naturpapiere** bezeichnet.
Maschinenglatte Naturpapiere sind so belassen worden, wie sie aus der Papiermaschine gekommen sind.

Welche Eigenschaft haben satinierte Papiere?

Satinierte Papiere erhielten im Kalander zusätzlich zur Glättung in der Papiermaschine noch eine Satinage auf dem Kalander. Dadurch ist ihre Oberfläche verdichteter und glatter als die maschinenglatter Papiere.

Was sind gestrichene Papiere?	**Gestrichene Papiere** erhielten nach Verlassen der Papiermaschine in einer Streichanlage noch einen Oberflächenstrich. Dieser Strich kann je nach Qualität einseitig oder beidseitig, einfach oder doppelt erfolgen. Halbmatt gestrichene und glänzende Papiere erhalten nach dem Streichen noch eine Satinage. Gestrichene Papiere sind meistens holzfrei. Bei gestrichenem Papier ist es ohne Probleme möglich, sehr feine Raster zu drucken, da die Druckfarbe auf der Papieroberfläche liegt, also nicht absorbiert wird und sich folglich auch nicht seitlich ausbreitet.
Was versteht man unter Büttenpapier?	**Büttenpapiere** wurden ursprünglich von Hand mit einem Sieb aus der „Bütte" geschöpft. Typisches Merkmal dieses handgeschöpften Büttenpapiers ist der faserig ausgedünnte Rand, der am Außenrand des Siebes entsteht. Das Handschöpfen wird allerdings kaum noch betrieben. Stattdessen wird Büttenpapier auf einer Rund- oder Langsiebmaschine hergestellt. Der natürliche dünnere Büttenrand wird durch Quetschen, Stanzen oder unregelmäßiges Beschneiden nachgeahmt.
Was bedeutet Feinstpapier?	**Feinstpapiere** sind sehr hochwertige Papiere (z.B. mit Hadern), die teurer sind als die Feinpapiere (nur Zellstoff).
Was sind Werkdruckpapiere?	**Werkdruckpapiere** werden überwiegend für den Offsetdruck von Büchern eingesetzt. Sie werden auch als voluminöse Papiere (Federleichtpapier) mit 1,75fachem, 2fachem und 2,2fachem Volumen angeboten.
Welche Rasterweite sollte man für Bilder in Zeitungen verwenden?	**Zeitungspapier** ist sehr saugfähig. Wenn man einen zu feinen Raster (z.B. 60er Raster) verwendet, schlägt die Druckfarbe in das Papier weg und die Rasterpunkte laufen zusammen. Ein gröberer Raster (z.B. 34er Raster) sorgt auf dem Zeitungspapier für genügend große Abstände zwischen den Rasterpunkten und bildet eine Punktzuwachs-Reserve, sodass die Rasterpunkte nicht zusammenlaufen. Der gröbere Raster macht es jedoch schwierig, gute Detailwiedergabe und genügend Farbdichte zu erreichen.
Was sind Wasserzeichen?	Als **Wasserzeichen** werden durchscheinende oder opake Zeichen im Papier bezeichnet. Echte Wasserzeichen entstehen auf der Siebpartie der Papiermaschine, künstliche werden nachträglich in das Papier geprägt.

Formate

Was versteht man bei Flächen unter Format?

Unter **Format** versteht man die Angabe von Breite und Höhe einer Fläche, z. B. von Papier oder einem Satzspiegel. Weiß man das Verhältnis von Breite zu Höhe, so lässt sich zur gegebenen die fehlende Seite errechnen.

Unterscheiden Sie Hoch- und Querformat!

In der Druckindustrie wird grundsätzlich die Breite zuerst angegeben, sodass sich aus der Formatangabe schließen lässt, ob es sich um **Hoch-** oder **Querformat** handelt. Z. B. bedeutet 21 cm x 29,7 cm Hochformat, während 17 cm x 12 cm Querformat ist. Für Formatangaben wird immer das x-Zeichen verwendet.

Was besagt das Formatverhältnis 1:1,7?

Breite und Höhe stehen in einem bestimmten Streckenverhältnis zueinander, das mit 1 : x angegeben wird. Z. B. bedeutet ein Formatverhältnis von 1 : 1,7, dass die Breite 1 Teil, die Höhe 1,7 Teile beträgt.

Was sind DIN-Formate?

Die **DIN-Formate** sind genormt und von großer Bedeutung in der Druckindustrie. Nicht nur die meisten Papiere werden in DIN-Formaten angeboten, auch Drucker, Druckmaschinen oder z. B. Scanner sind in der Größe auf die DIN-Formate abgestimmt.

Wie ist das Seitenverhältnis bei DIN-Formaten? Welchen Vorteil bietet dieses Seitenverhältnis?

Die **DIN-Formate** sind so aufgebaut, dass das nächst kleinere Format durch Halbieren der langen Seite des größeren Formates ohne Abfall erreicht wird. Dabei bleibt das Seitenverhältnis 1 : 1,4 (=$\sqrt{2}$) stets gleich.

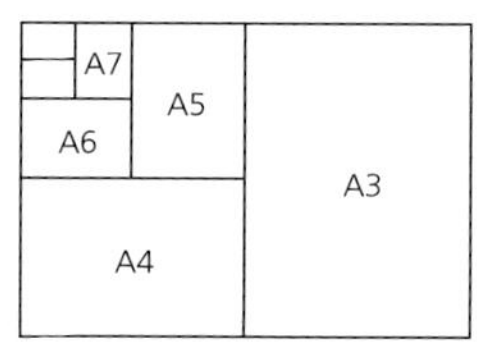

Fertigen Sie eine Tabelle der DIN-Formate von A0 bis A8 mit Formatangabe in mm, Flächeninhalt in cm^2 und Anwendung für Druckprodukte!

DIN	Format	Fläche	Anwendung
A0	841 mm x 1189 mm	10000 cm^2	Plakat
A1	594 mm x 841 mm	4996 cm^2	Plakat
A2	420 mm x 594 mm	2495 cm^2	Poster
A3	297 mm x 420 mm	1247 cm^2	Poster
A4	210 mm x 297 mm	624 cm^2	Briefbogen
A5	148 mm x 210 mm	311 cm^2	Block
A6	105 mm x 148 mm	155 cm^2	Postkarte
A7	74 mm x 105 mm	78 cm^2	Block
A8	52 mm x 74 mm	38 cm^2	Visitenkarte

Erläutern Sie anhand einer Tabelle die DIN-Formate von B0 bis B5! (Formatangabe in mm, Anwendungsbereiche)

DIN	Format	Anwendung
B0	1000 mm x 1414 mm	unbeschnittene Formate
B1	707 mm x 1000 mm	Ordner, Schnellhefter
B2	500 mm x 707 mm	Versandhüllen
B3	353 mm x 500 mm	
B4	250 mm x 353 mm	
B5	176 mm x 250 mm	

Erläutern Sie anhand einer Tabelle die DIN-Formate von C0 bis C8 einschließlich C5/6 und C6 lang! (Formatangabe in mm, Anwendungsbereiche)

DIN	Format	Anwendung
C0	917 mm x 1297 mm	Briefhüllen
C1	648 mm x 917 mm	Verpackungen
C2	458 mm x 648 mm	
C3	324 mm x 458 mm	
C4	229 mm x 324 mm	
C5	162 mm x 229 mm	
C5/6	229 mm x 114 mm	
C6	114 mm x 162 mm	
lang	220 mm x 110 mm	
C7	81 mm x 114 mm	
C8	57 mm x 81 mm	

Erläutern Sie die Bogen-Benennungen der DIN-A-Reihe vom Vierfachbogen bis zum Achtelblatt!

DIN	Benennung	DIN	Benennung
A0	Vierfachbogen	A5	Blatt (Achtelbogen)
A1	Doppelbogen	A6	Halbblatt
A2	Bogen (Einfachbogen)	A7	Viertelblatt
A3	Halbbogen	A8	Achtelblatt
A4	Viertelbogen		

Was versteht man unter Rohbogenformat?

Neben den DIN-Endformaten gibt es die **Rohbogenformate**, die im Flächeninhalt (cm^2) jeweils 5% größer sind. Sie ermöglichen, Schnittmarken und andere Hilfszeichen mitzudrucken. Zum Beispiel hat DIN A0 das Rohbogenformat 860 mm x 1220 mm = 10492 cm^2.

Erläutern Sie die Plakatformate, die sich vom A1-Format ableiten lassen!

Alle **Plakatformate** beziehen sich auf den 1/1-Bogen, der DIN A1 entspricht. Dabei werden die Bogen im Hoch- und Querformat gemessen und können geteilt oder vervielfacht werden.

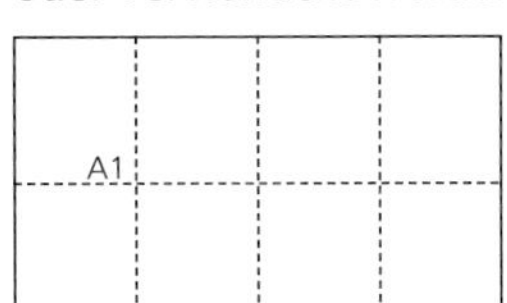

Z. B. 8/1-Bogen
168 cm x 238 cm

Erläutern Sie, wie Sie schrittweise den Papierpreis für den Druck eines Werkes (Buch, Broschüre, Katalog) ermitteln!

Die **Papierpreisberechnung** für Werke schematisch in vier Schritten:

- Nutzenberechnung
  A5 aus A2 = 3 (2 · 2 · 2) = 8 Nutzen
- Bogenanzahl
  1. Seitenanzahl : 2
     = Blattanzahl : Nutzen (8)
     = Bogenanzahl/Erzeugnis
  2. Bogenanzahl/Erzeugnis · Exemplare (+ Zuschuss)
     = gesamt Bogen
- Gewicht/Bogen
  $A2 = \frac{g/A0}{4}$ · Rohbogenzuschlag 5% = g/Bogen
- Preis
  kg/1000 Bogen · Euro/1000 Bogen = ges. Euro/1000 B.

Welche Formate außerhalb der DIN-Reihen sind im Medienbereich auch noch von Bedeutung?

Die folgenden **Formate** oder Formatverhältnisse werden auch noch verwendet:

- amerikanisches Format für DIN A4 ist
  8,5 x 11 inch (215,9 x 279,4 mm)
- Kleinbilddia (3 : 2)
- Monitor (1,33 : 1 bzw. 4 : 3)
- Fernsehen (4 : 3 oder 16 : 9)

Welche Formate haben die CD-Inlays?

Die **CD-Inlays** haben folgendes Format:

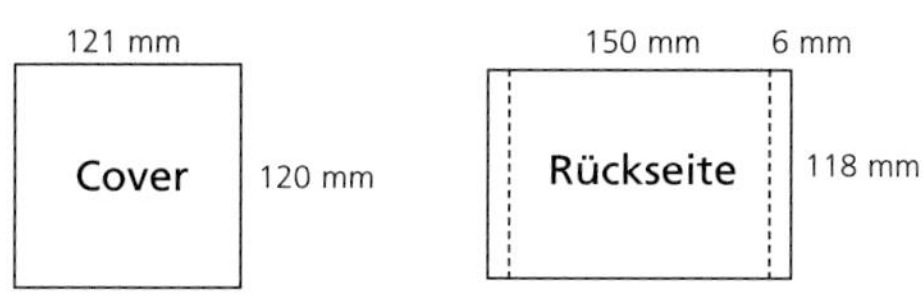

Welchen Durchmesser in mm haben CDs?
Nennen Sie noch weitere Abmessungen auf CDs!

CDs haben folgende Abmessungen:

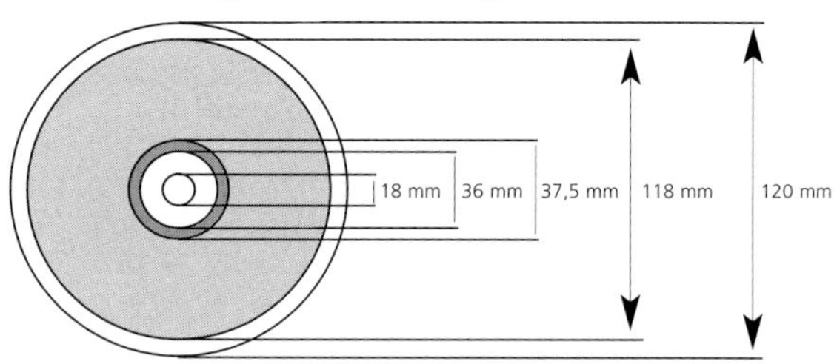

Werkumfangsberechnung

Dreisatz

Erläutern Sie, wie man mit dem Dreisatz rechnet!

Der **Dreisatz** wird anhand folgenden Beispiels erläutert: 50 Kartons enthalten 350 Bücher. Wie viele Bücher sind in 20 Kartons? (Unbekannte x)

50 Kartons = 350 Bücher
20 Kartons = x Bücher (x steht immer rechts unten)

Rechnungsschema:

50 Kartons = 350 Bücher (÷)
(x)
20 Kartons = *140* Bücher (–)

Einfache Werkumfangsberechnung

Wie wird die Buchstabenanzahl ermittelt?

Beim Ermitteln der **Buchstabenanzahl**, sei es von einem Manuskript (M) oder einem Druck (D), wird folgende Formel angewandt:
Buchstabenanzahl/Zeile · Zeilenanzahl/Seite · Seitenanzahl

Wie ermittelt man den Seitenumfang eines Werks?

Die **Druckseitenanzahl** wird bei Manuskriptangaben wie folgt ermittelt:

$$\frac{(\text{M}_{\text{Buchstaben}} \cdot \text{M}_{\text{Zeilen}} \cdot \text{M}_{\text{Seiten}})}{(\text{D}_{\text{Buchstaben}} \cdot \text{D}_{\text{Zeilen}})}$$

Wie ermittelt man die Druckzeilenanzahl?

Um die **Druckzeilenanzahl** zu ermitteln, gibt es je nach Angaben zwei Möglichkeiten:

- bei Angabe: MSeiten, MZeilen/Seite, MZeilen/DZeilen
  1. Schritt: **MSeiten · MZeilen/Seite = gesamte MZeilen**
  2. Schritt: Anwendung des Dreisatzes:
  ... MSeiten = ... MZeilen
  ... DSeiten = x DZeilen
- bei Angabe: gesamte DZeilen, DZeilen/DSeite

$$\frac{\text{... ges. DZeilen}}{\text{... DZeilen/DSeite}}$$

Hardware

Erläutern Sie den Aufbau einer EDV-Anlage!

EDV-Anlagen setzen sich aus folgenden Elementen zusammen:

- Eingabegeräte
  welche die Verarbeitungsdaten entweder den internen Speichern zuführen oder diese direkt zur Verarbeitung eingeben
- Zentraleinheit
- Ausgabegeräte
  Daten werden von der Zentraleinheit an Ausgabegeräte – wie z. B. Drucker – geleitet

Alle Geräte, die an die Zentraleinheit angeschlossen sind, bezeichnet man als **Peripherie** (Ein- und Ausgabegeräte).

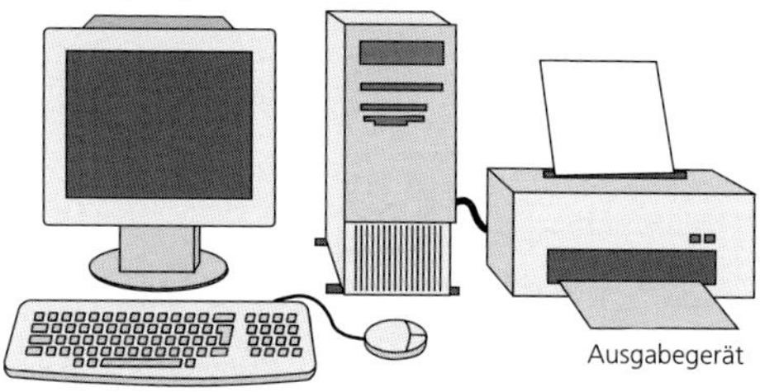

Welche Hauptkomponenten findet man nach Öffnen eines Computers vor?

Beim Öffnen eines Computers findet man in der Regel folgende unentbehrliche Komponenten vor:

- Motherboard (Mainboard, Hauptplatine)
- Festplatte
- Netzteil
- Laufwerke
- Grafikkarte

Motherboard

Was befindet sich auf dem Motherboard?

Auf dem **Motherboard (Mainboard, Hauptplatine)** sind alle Bauelemente angeordnet, die für die eigentliche Verarbeitung der Daten notwendig sind:

- Spannungsversorgung
- Batterie
- Chipsatz
- BIOS
- Prozessorsockel
- Taktgenerator
- Systembus
- Slots
- RAM-Arbeitsspeicher-Bänke
- Cache-Speicher
- Schnittstellen

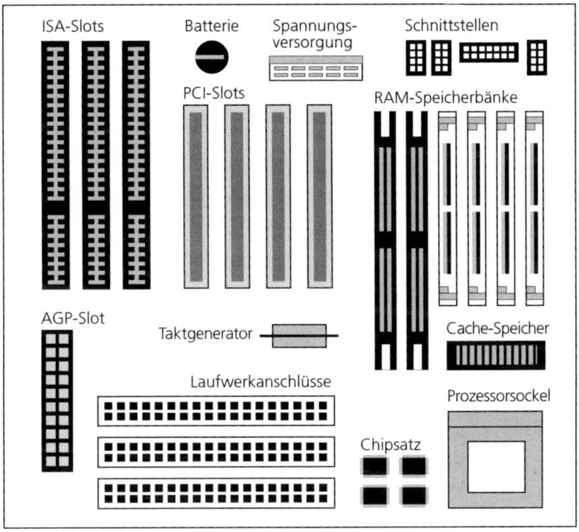

Schematische Darstellung eines Motherboards

Was ist das BIOS und welche Aufgaben hat es?

Das **BIOS** (Basic Input and Output System) ist auf dem Motherboard als ROM-Baustein untergebracht. Über das BIOS wird durch Routine-Programme die Verbindung zu den peripheren Geräten hergestellt, ohne dass die Hardware in ihrer jeweiligen Konfiguration direkt angesprochen werden muss.
Das BIOS ist das Grundprogramm, das auch bei fehlendem Betriebssystem verfügbar ist. Seine Aufgaben sind:
- Bewahren der Kompatibilität auch bei unterschiedlicher Hardware
- Test des Computers beim Einschalten auf Funktionstüchtigkeit
- Suchen und Laden des Betriebssystems in den Arbeitsspeicher

Ohne Prozessor gäbe es keine Computer.
Welche Aufgaben hat der Prozessor?
Warum nennt man ihn auch Mikroprozessor?
Aus welchen Grundbaugruppen besteht er?

Der **Prozessor** ist die eigentliche zentrale Verarbeitungseinheit (CPU = Central Processing Unit) eines Computers und für abgestimmte Zusammenarbeit aller Bauelemente des Motherboards zuständig. Aufgrund der immer kleiner werdenden Bauteile wird auch vom Mikroprozessor gesprochen.
Grundbaugruppen des Prozessors sind:
- Rechenwerk (ALU-Arithmethic Logical Unit = arithmetisch-logische Einheit)
- Steuerwerk (Leitwerk)
- Register

Wie funktionieren Prozessoren?

Die Abarbeitung eines Befehls erfolgt durch die Grundbaugruppen des **Prozessors** wie folgt:
- Holphase
  Anhand der Adresse im Adressspeicher wird der Befehl in das Befehlsregister geholt.
- Dekodierphase
  Das Bitmuster des Befehls wird in Schaltungen umgesetzt.
- Ausführungsphase
  Die Ausführung der Befehle erfolgt.

Wozu dient das Rechenwerk des Prozessors?

Das **Rechenwerk** ist die Komponente des Rechners, in der arithmetische (addieren, subtrahieren, multiplizieren usw.) und logische (Vergleichen von Daten wie z. B. =, > oder <) Operationen stattfinden. Es wird deshalb auch ALU (Arithmetic Logical Unit) genannt. Die für die Verknüpfung notwendigen Operanden gelangen vom Steuerwerk in das Rechenwerk.

Wozu dient das Steuerwerk des Prozessors?

Das **Steuerwerk** (Leitwerk) ist das Herzstück der DV-Anlage und steuert Eingabe, Verarbeitung und Ausgabe der Daten.
Die Befehle werden hierbei vom Steuerwerk aus dem Arbeitsspeicher abgerufen und decodiert (entschlüsselt) bzw. modifiziert. Außerdem wird durch Erzeugen von Impulsen die Ausführung der Befehle ausgelöst.

Was sind Register im Prozessor?

Das **Register** ist eine interne Speicherzelle im Prozessor. Der Prozessor verfügt je nach Typ über 8 bis hin zu 512 Register verschiedener Größe, die vom Prozessor als interne Rechenspeicher genutzt werden können.
Vorteil dieser Speicherzellen ist, dass sie mit dem gleichen Takt wie der Proessor selbst angesprochen werden können.

Erläutern Sie die Aufgabe des Taktgenerators!

Der Strom, mit dem die Daten über das Bussystem zu den einzelnen Baueinheiten gelangt, ist nicht gleichförmig. Er muss deshalb in eine gleichmäßige Folge von Impulsen aufgeteilt werden. Man spricht dann vom Takt. Verantwortlich dafür ist der **Taktgenerator** (Taktgeber), ein Quartz, der in Abhängigkeit vom Computertyp die **Taktfrequenz** und damit auch die Arbeitsgeschwindigkeit fest vorgibt. Diese Frequenz wird in (Giga-)Hertz gemessen.

Weil der Taktgenerator jeweils das Signal sendet, wann der nächste Schritt beginnen soll, bestimmt also die Taktgeschwindigkeit, wie schnell eine Befehlsfolge in ihren einzelnen Schritten abgearbeitet werden kann.

Was versteht man unter Bandbreite?

Mit der **Bandbreite** wird angegeben, welcher Frequenzbereich (Schwingung/Sekunde) für die Übertragung benötigt wird.

Was ist im Computer eigentlich ein Bus und was ist seine Aufgabe?

Der **Bus** ist eine Datenleitung, die zur Datenübertragung zwischen Mikroprozessor, Hauptspeicher und Schnittstellen zum Anschluss von Peripheriegeräten dient. Stecker zum Bus werden **Slots** genannt.

Was versteht man unter Systembus?

Systembusse sind die Verbindungsleitungen zwischen den einzelnen Komponenten auf der Hauptplatine.
Die Baustruktur weist drei Elemente auf:
- Datenbus zur Übertragung der eigentlichen Informationen zwischen Arbeitsspeicher und Prozessor
- Adressbus zur Zielortinformations-Übernahme aus Speicherzelle oder peripherem Gerät
- Steuerbus, der bestimmt, ob Informationen gelesen oder geschrieben werden sollen

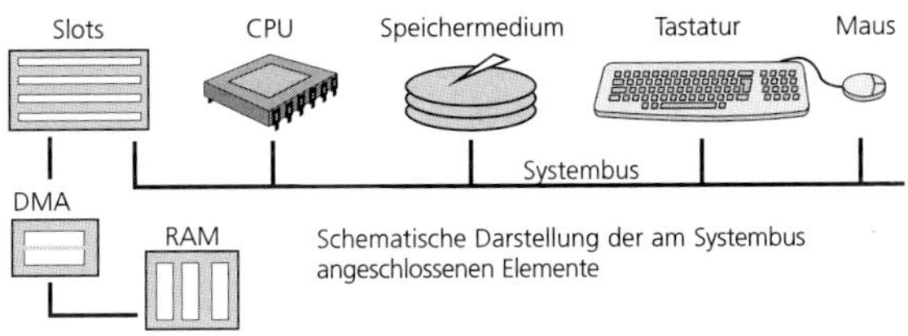

Schematische Darstellung der am Systembus angeschlossenen Elemente

Welche Bus-Arten gibt es?

Folgende **Systembus-Arten**, die als so genannte Slots für Steckkarten auf dem Motherboard untergebracht sind, werden unterschieden:
- ISA-Bus: (Industrial Standard Architecture)
- PCI-Bus (Periphal Component Interconnect)
- AGP-Bus (Accelerated Graphics Port)

Was ist mit ISA-Bus gemeint?

Der **ISA-Bus** ist das älteste Bus-System. Er arbeitet nach dem I/O-Bus-Prinzip.
Da es noch Geräte gibt, die nicht PCI-fähig sind, findet man auf dem Motherboard auch noch passende Slots.

Was ist ein PCI-Bus?	Der **PCI-Bus** ist ein relativ neuer Standard des Systembus. Er is ein so genannter Local-Bus. Damit sind alle modernen Computer ausgestattet.
Was verteht man unter AGP-Bus?	Da die 3D-Anwendungen immer höhere Ansprüche an die Grafikkarte stellen, wurde der **AGP-Bus** entwickelt. Durch eine höhere Taktung gewährleistet dieses Bus-Konzept schnelleren Datenaustausch zwischen Grafikkarte und Hauptspeicher (RAM).
Unterscheiden Sie I/O-Bus und Local-Bus!	Bei den verschiedenen Bustypen unterscheidet man zwischen **I/O-Bus** und **Local-Bus**. Der langsame I/O-Bus (8 MHz) verbindet die Karte mit dem Controller, während der Local-Bus direkten Kontakt der Karte zum schnellen Prozessorbus herstellt, der wiederum den Controller mit der CPU verbindet.
Was ist Aufgabe des Controllers?	Der **Controller** übernimmt Steueraufgaben für das Betreiben von externen Speichermedien. Diese Aufgaben werden ihm über das Betriebssystem übertragen. Der Controller wählt das Format, mit dem die Daten z. B. auf die Festplatte geschrieben werden, und legt auch die Datenübertragungsrate fest.
Was bedeutet Übertragungsrate?	Die **Übertragungsrate** gibt an, wie viele Bits pro Sekunde zwischen zwei Geräten übertragen werden können. Die Maßeinheit ist Bits per Second oder abgekürzt: bps.
Wozu dient der Arbeitsspeicher?	Im **Arbeitsspeicher (Hauptspeicher)** werden Daten und Programme abgelegt, die für Aufgabenstellungen erforderlich sind und für die der Prozessor schnellen Zugriff haben muss. Er ist deshalb als RAM- und ROM-Speicher Bestandteil des Motherboards.
Was sind die Merkmale von ROM-Speichern?	Der **ROM-Speicher** als Teil des Arbeitsspeichers hat folgende Merkmale: • Der Inhalt ist fest vorgegeben und nicht veränderbar. • Aus ihm kann nur gelesen werden (**R**ead **O**nly **M**emory = Nur Lese-Speicher). • Er enthält die Teile des Betriebssystems, die zum Start der Anlage erforderlich sind. • Sein Speicherinhalt bleibt beim Ausschalten der Zentraleinheit erhalten (dauerhafter, residenter Speicher).

Was sind die Merkmale des RAM-Speichers?

Der **RAM-Speicher** als Teil des Arbeitsspeichers hat folgende Merkmale:

- Er kann beschrieben und gelesen werden (Schreib-Lese-Speicher).
- Der Zugriff auf die gespeicherten Daten erfolgt direkt (**R**andom **A**ccess **M**emory).
- Er nimmt Programme, Daten und Teile des Betriebssystems auf.
- Der Speicherinhalt geht beim Ausschalten der Zentraleinheit verloren (flüchtiger Speicher).
- Nachrüstung (mehr Speicherkapazität) ist möglich.

Welche Arten und Varianten von RAM-Speichern werden in der Regel unterschieden?

Folgende **RAM-Speicherarten** werden unterschieden:

- DRAM (Dynamic-RAM)
  Mikrotransistortechnologie, Refresh alle paar Millisekunden notwendig, daher relativ lange Zugriffszeit, relativ günstig in der Herstellung.
- SRAM (Static-RAM)
  Strom liegt so lange an, wie ein Bit in seinem Zustand erhalten bleiben soll, Zugriffszeit ist schneller, er ist durch die größere Zahl an Transistoren teurer.
- FP-DRAM
  „Merkt" sich die aktive Speicherseite. Der Zugriff wird dadurch beschleunigt.
- EDO (Enhanced Data Output)
  Daten können bereits während des Auslesens wieder geschrieben werden. Variante des FP-DRAMS.
- SDRAM (Synchronic DRAM)
  Wird synchron mit internem Prozessortakt betrieben.
- DDR (Double Data Rate)
  Nutzt beide Flanken des Taktsignals.
- DIMM (Dual Inline Memory Module)
- SIMM (Single Inline Memory Module)

Was versteht man unter Cache-Speicher?
Wofür wird er genutzt?

Der **Cache-Speicher** dient als Zwischen- oder Pufferspeicher mit besonders raschem Zugriff.

- Durch die Einrichtung eines Cache-Speichers als Teil des Arbeitsspeichers lassen sich Programme beschleunigen, weil nicht so oft auf die Festplatte zugegriffen werden muss (First-Level-Cache).
- Er dient als Pufferspeicher zwischen Arbeitsspeicher und Prozessor. Er hat eine extrem kurze Zugriffszeit und ist daher 5- bis 10-mal so schnell wie der Arbeits-

speicher. Programmteile des Arbeitsspeichers, die momentan im Prozessor ablaufen, werden in diesen Pufferspeicher geladen (Second-Level-Cache).

Welche Laufwerke werden gegenwärtig genutzt?

Zu den bekanntesten **Laufwerken** gehören:
- Diskettenlaufwerk
- Zip-Laufwerk
- CD-ROM- und DVD-Laufwerk
- MO-Laufwerk
- Wechselplattenlaufwerk (Cartridge)
- Memory Stick (Speicherstab)

Was sind die Besonderheiten des MO-Laufwerks?

Da die Datendichte bei rein magnetischen Datenträgern durch die Ablesetechnik begrenzt bleiben muss, bieten **MOs = magnetisch-optische Laufwerke** bessere Leistungen.
In den MO-Laufwerken sind Schreib- und Lesekopf getrennt. Der Schreibkopf ist ein starker Laser, mit dem die MO-Disk-Oberfläche abschnittweise erhitzt wird. Dabei werden die magnetischen Bestandteile der lichtdurchlässigen Seltenen-Erde-Legierung instabil und können beim Auskühlen durch ein Magnetfeld ausgerichtet werden. Der Lesekopf, ein schwächerer Laser, nimmt Reflexionserscheinungen der Beschichtung als optische Signale auf und setzt sie in elektronische Impulse um. Dieses Laufwerk hat sich aufgrund seines Preises jedoch bislang nicht durchgesetzt.

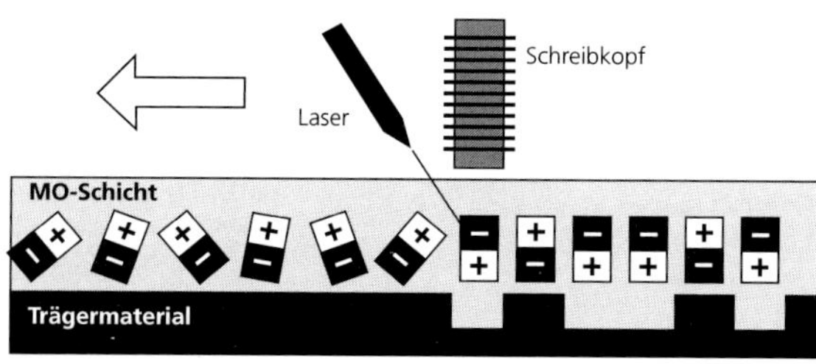

Was sind die Besonderheiten des Wechselplattenlaufwerks (Cartridge)?

Cartridge (Wechselplatte) ist ein Datenträger in Form einer Harddisk, die auswechselbar ist. Die ersten Wechselplatten waren 5 1/4 Zoll groß und fassten 44 MB. Handelsübliche Speichergrößen sind 88, 128, 230, 270, 540, 640, 650 MB, 1 GB, 1,2 GB, 1,3 GB, 2,3 GB, 2,6 GB. Es gibt unterschiedliche Formate.

Welche Kriterien bestimmen die Leistungsfähigkeit von DV-Anlagen?

Kriterien für die **Leistungsfähigkeit** von DV-Anlagen:
- Speicherkapazität
  (von Arbeitsspeichern und externen Speichern)
  Messung z. B. durch die Speicherplatzanzahl (Bytes)
- Zugriffsart
  Reihenfolgezugriff (serieller Zugriff) oder direkter Zugriff (wahlfreier Zugriff, Random-Zugriff)
- Zugriffszeit
  Die benötigte Zeitdauer zum Finden eines Speicherplatzes, um dort vorhandene Daten zu lesen oder zu schreiben (bei sequentiellen Speichern ist die Zugriffszeit um ein Vielfaches länger als bei Random-Speichern).
- Übertragungsrate
  Hierdurch wird die Geschwindigkeit des Computers bestimmt. Sie beschreibt die Anzahl der Bits, die in einer gewissen Zeiteinheit (Hz) übertragen werden.
- Verarbeitungsgeschwindigkeit
  Anzahl der Befehle, die pro Zeiteinheit in der Zentraleinheit ausgeführt werden
- Zykluszeit
  Zeitaufwand bei wiederholt ausgeführten Abläufen

Schnittstellen

Was sind Schnittstellen? Welche Aufgabe haben sie im Computer?

Schnittstellen (I/O-Schnittstellen) sind Anschlussmöglichkeiten externer Geräte auf der Hauptplatine.
Die Schnittstelle (Interface) hat die Aufgabe, die Datenübertragung zwischen den einzelnen peripheren Geräten und der Zentraleinheit zu ermöglichen. Die Schnittstelle prüft auch die übertragenen Daten auf ihre formale Richtigkeit.

Welche Arten von Schnittstellen gibt es?

Grundsätzlich gibt es zwei **Schnittstellen-Arten**:
- serielle Schnittstelle
- parallele Schnittstelle

Was ist der Unterschied zwischen parallelen und seriellen Schnittstellen?

Bei den **parallelen** Schnittstellen werden acht Datenbits (1 Byte) gleichzeitig mithilfe von acht parallelen Leitungen übertragen, z. B. beim Drucker.

Bei der **seriellen** Datenübertragung werden die Datenbits zeitlich nacheinander über eine einzige Leitung übertragen, z. B. Modem oder Maus.

Welche Schnittstellen gibt es zur Zeit?

Folgende **Schnittstellen** werden unterschieden:

- RS 232 C o. V.24 (seriell, ca. 115 KBits/s, für 1 Gerät)
- Centronics (parallel, bis 2 MB/s, für 1 Gerät
- USB 1.x (seriell, bis 12 MB/s, für 127 Geräte)
- USB 2.0 (seriell, bis 480 MB/s, für 127 Geräte)
- SCSI-1 (parallel, 5 MB/s, 8 Geräte)
- Fast-SCSI (parallel, 10 MB/s, 8 Geräte)
- Ultra SCSI (parallel, 20 MB/s, 8 Geräte)
- Firewire (seriell, 400 MB/s, 63 Geräte)

Was ist eine RS 232 C bzw. V.24 Schnittstelle?

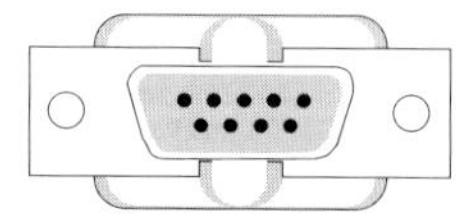

Die **RS 232 C (V.24)** Schnittstelle ist ein serieller Schnittstellenstandard mit 25- oder 9-poliger Verbindung zur seriellen Übertragung von Computer-Daten.
An diese Anschlüsse werden in der Regel die Maus, ein Nullmodem-Kabel oder das Modem angeschlossen.
Im Gegensatz zur Centronics-Schnittstelle können Computer über diese Schnittstelle sowohl Daten senden als auch Daten empfangen.

Was versteht man unter Centronics-Schnittstelle?

Die **Centronics-Schnittstelle** wurde vor vielen Jahren vom Druckerhersteller Centronics eingeführt und von anderen Herstellern übernommen. An diese Schnittstelle werden meistens Drucker angeschlossen. Es arbeiten auch z. B. externe Brenner oder Scanner und auch Programme höherer Preiskategorien (mit Dongle) an dieser Schnittstelle.

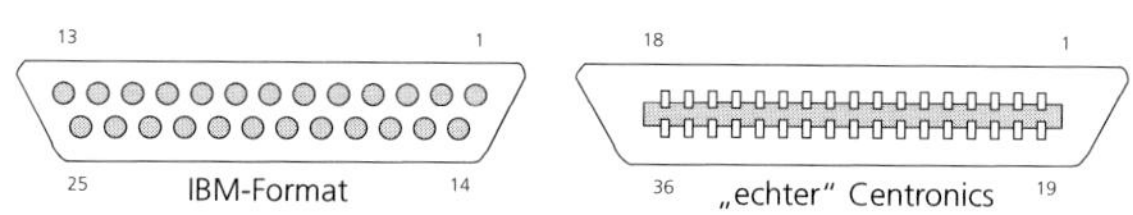

Welche Möglichkeit bieten SCSI- bzw. USB-Bus im Gegensatz zur Centronics-Schnittstelle?

Da Anschlussmöglichkeiten schnell ausgeschöpft sind, wurde die Möglichkeit geschaffen, durch Anschluss eines externen Busses weitere Peripheriegeräte an den Mikrocomputer anzuschließen. Es gibt 2 Technologien:

- **SCSI-Bus** (Small Computer System Interface, Datenfluss in beide Richtungen), veraltet
- **USB** (Universal Serial Bus) Version 2 (bis 480 Mbit/s)

Was ist eine USB-1.x-Schnittstelle?

USB 1.x (Universal Serial Bus) ist ein preiswerter, langsamer Bus mit bis zu 12 Mbit/s. Genau wie der FireWire-Bus hat er eine frei verfügbare Spezifikation. Man kann an den USB bis zu 127 Geräte anschließen.
Folgende Hardwaretools lassen sich an USB anschließen:

- Tastatur
- Maus
- Joystick
- Lautsprecher
- Drucker
- Modems und ISDN-Karte
- Scanner und Kamera
- externe Laufwerke

Diese und andere Geräte werden mittels eines einzigen Steckers mit dem PC verbunden. In der aktuellen Mac-Tastatur ist ein USB-Hub eingebaut, sodass man weitere Geräte über die Tastatur mit dem USB-Anschluss verbinden kann. Durch die mindestens zwei Stecker an jedem Rechner ist man beim Anschließen sehr flexibel.

Wozu benötigt man den USB-Hub?

An eine USB-Schnittstelle können bis zu 127 Geräte angeschlossen werden. Ein wichtiges Gerät ist der **USB-Hub**, eine Art Knotenpunkt, wie man ihn von Netzwerken her kennt. Der USB-Hub kann in Tastatur, Monitor, Scanner oder in anderen Geräten eingebaut sein oder man benutzt dafür Geräte mit 8 USB-Anschlüssen. Fünf dieser Hubs können, zusammengeschaltet, 36 USB-Geräte aufnehmen.

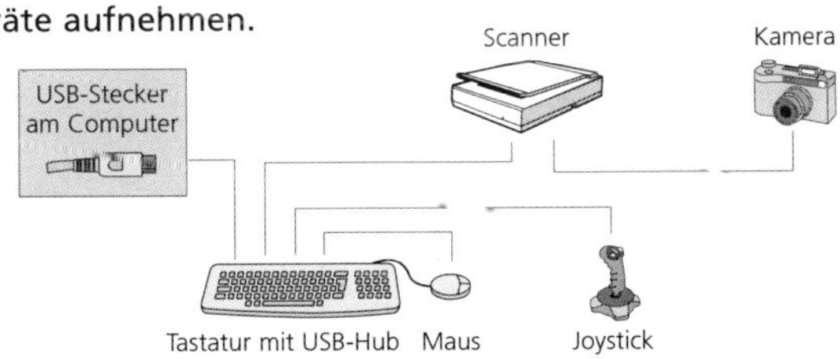

Welche Besonderheiten zeichnen die SCSI-Schnittstelle aus?

SCSI (Small Computer System Interface) ist eine leistungsfähige Schnittstelle bzw. ein Bussystem mit hoher Übertragungsrate. Sie ist besonders für die Arbeit mit mehreren Peripheriegeräten geeignet und ist plattformunabhängig. USB 2.0 und Firewire haben jedoch die teure SCSI-Schnittstelle entbehrlich gemacht.

Was ist Firewire?

Bei **Firewire** handelt es sich um einen schnellen seriellen Bus mit digitaler Schnittstelle, die für Peripheriegeräte und Datenträger genutzt werden kann. Vom Aufbau her ähnelt Firewire SCSI, jedoch darf das Kabel länger sein (bis 4,5 m von Gerät zu Gerät mit max. 72 m Gesamtlänge). Firewire ist geeignet für Hot-Plug & Play!

Was bedeutet Bluetooth?

Bluetooth ist ein Kurzstrecken-Funkstandard, d. h. die Kommunikation zwischen verschiedenen Peripheriegeräten (Tastatur, Maus, Drucker, Modem usw.) geht ohne Kabel vonstatten.

Was ist ein Dongle?

Der **Dongle** (Kopierschutzstecker) verhindert zum Beispiel, dass für den Einzelplatz lizenzierte Software auf mehreren Computern benutzt wird. Als neue Form des Dongles gelten Recovery-Verfahren, wie sie z.B. von Microsoft verwendet werden, so u.a. für Windows XP.

Erweiterungssteckkarten

Was sind E/A-Karten?

E/A-Karten sind Einsteckkarten, wie Grafik- oder Soundkarten, für die dazugehörige Slots auf dem Motherboard reserviert sind.

Nennen Sie die wichtigsten Steckkarten!

Zu den wichtigsten **Erweiterungssteckkarten** zählen:
- Grafikkarte
- Soundkarte
- Videokarte
- Netzwerkkarte
- ISDN-Karte

Grafikkarte

Wie funktionieren Grafikkarten?

Die **Grafikkarte** ist für Aufbereitung und Darstellung aller Daten zuständig, welche die Bildschirmausgabe betreffen, für die sie die Farbinformationen in analoge Signale umwandelt. Sie bestimmt Auflösung, Bildwiederholfrequenz, Farbanzahl und die Geschwindigkeit der Darstellung.

Welche Arten von Grafikkarten gibt es?

Es gibt zwei **Grafikkartenarten**:
- **PCI-Karten**
- **AGP** (Accelerated Graphics Port)
  Über eine Programmierschnittstelle auf der Grafikkarte wird eine direkte Verbindung zwischen dem Grafikkartenspeicher und dem Arbeitsspeicher aufgebaut. Dies beschleunigt die Datenübertragung und entlastet den Mikroprozessor.

Was bedeutet TrueColor?

Im RGB-Farbraum werden für jede der drei Primärfarben Rot, Grün und Blau 8 Bit benötigt. Dadurch lassen sich je Farbe $2^8 = 256$ Abstufungen erzielen. Da bei allen drei Farben 256 Abstufungen möglich sind, ergeben sich $256 \cdot 256 \cdot 256$ verschiedene Farbkombinationen. Das heißt, dass sich auf dem Bildschirm eine Fülle von

16777216 Farben pro Bildpunkt darstellen lassen. Sie werden als **TrueColor** (**Echtfarben**) bezeichnet. Das menschliche Auge kann allerdings so viele Farben nicht unterscheiden.

Wie errechnet sich der Speicherplatzbedarf je Pixel?

Um den **Speicherplatz pro Pixel** bei TrueColor zu ermitteln, müssen die drei Farben Rot, Grün und Blau (RGB) mit der für jeden Farbwert reservierten **Datentiefe** von 8 Bit multipliziert werden. Dies enspricht 24 Bit bzw. 3 Byte Speicherplatz pro Pixel.

Wozu dienen Grafikkarten?

Die **Grafikkarte** benötigt eigene Speicher, um Folgendes zu ermöglichen:

- schnellen Bildaufbau
- Echtfarbendarstellung (Videospeicher)
- Umsetzung der Binärzahlen in analoge Signale

Womit ermöglichen Grafikkarten schnelleren Bildaufbau?

Um das Bild schnell aufzubauen, hat jede **Grafikkarte** entweder DRAM-Module (auch im Arbeitsspeicher verwendet) oder Speichermodule, die speziell für Grafikdaten optimiert wurden (z. B. SGRAM).

Wie berechnet man die Kapazität der benötigten Grafikkarte?

Soll beispielsweise ein Bild in der Größe 600 · 800 Pixel in **Echtfarben** dargestellt werden, benötigt die Grafikkarte zum Abspeichern eines einzigen Bildes 600 · 800 · 3 = 1,44 MB Videospeicher.

Wie setzt die Grafikkarte Binärzahlen in analoge Spannungen um?

Die Farbinformationen, die in **Binärzahlen** vorliegen, werden im RAMDAC in analoge Spannungen (Signale) umgewandelt, womit die Elektronenstrahlen des Monitors gesteuert werden.

Soundkarte

Wozu dient die Soundkarte?

Schallwellen, die für Geräusche und Töne, Musik und Klang, d. h. den Sound sorgen, können nur analog von elektrischen Schwingungen aufgenommen werden.
Die Abgabe der Tonsignale über Lautsprecher muss auch wieder in analoger Form erfolgen.
Die **Soundkarte** regelt diesen Vorgang mit Hilfe der folgenden Bausteine, die mit der Soundkarte verbunden werden:

- Audio-Eingang (z.B für CD-Spieler, Kassettenrecorder)
- Audio-Ausgang (z. B. für Boxen, Kopfhörer, Stereoanlage)

• Mikrofoneingang
• MIDI-Anschluss (für Keyboard, Synthesizer, Joystick)
• Lautstärkeregler

Welche Verfahren gibt es, um Klang zu erzeugen?

Zum Generieren von **Klängen** und deren Wiedergabe werden derzeit drei Verfahren angewendet:
• FM-Synthese (FM = frequenzmoduliert)
• Sampling
• Wavetable-Verfahren

Erläutern Sie das Prinzip der FM-Synthese!

Bei der **FM-Synthese** werden entsprechend den Steuerbefehlen von so genannten Oszillatoren Töne erzeugt. Dem einen **Oszillator** wird dabei eine bestimmte Tonvorgabe zugewiesen, die durch den anderen Oszillator über eine Frequenzmodulation verändert wird.
Die Oszillatoren selbst arbeiten analog. Je mehr Modulatoren eingesetzt werden, desto wohlklingender ist das Ergebnis. Doch gerade in der Anzahl der Modulatoren hat dieses Verfahren seine Grenzen.

Was versteht man unter Sampling?

Die Stärke des analog empfangenen Schallsignals wird für den Computer im A/D-Wandler (A/D–analog/digital), auch Digitizer, in Zahlenwerte umgesetzt; sie werden digitalisiert. Dieser Vorgang vollzieht sich in der Sekunde mehrere tausend Mal.
Die Zahlenwerte werden später als Datei gespeichert, durch den D/A-Wandler (D/A–digital/analog) wieder in analoge elektrische Spannungen rückverwandelt und bilden die Grundlage für die Schallsignale, die über den angeschlossenen Lautsprecher als solche empfangen werden können.
Qualitätsmaßstab sind beim **Sampling** die Anzahl der gemessenen Signale je Sekunde (Sampling-Rate) in Hertz und die Genauigkeit, mit der analoge Signale in Zahlenwerte umgesetzt werden (Sampling-Tiefe).

Was geschieht beim Wavetable-Verfahren?

Mit dem **Wavetable-Verfahren** können die Nachteile der vorangegangenen Verfahren stark reduziert werden. In einem EPROM-Baustein wird für jeden möglichen Klang ein Sample (Muster) in einer Wellenform-Tabelle (Wavetable) gespeichert. Auf diese kann vom Soundprozessor zurückgegriffen werden, ohne dass das Musikstück in seiner vollen Länge dem Sampling unterzogen worden ist.

Videokarte

Wozu dient die Videokarte?

Wenn Bilder von der Videokamera direkt im Computer verarbeitet werden sollen, kann die Kamera über eine Erweiterungssteckkarte, nämlich die **Videokarte**, mit dem Computer verbunden werden. Die ankommenden Bilddaten werden von der Karte in computerlesbare Daten umgesetzt. Das heißt, es muss auch hier erst digitalisiert werden.
Die Karten unterscheiden sich derzeit in der Möglichkeit zur Echtzeitwiedergabe bewegter Bilder oder nur zur Darstellung von Standbildern. Des Weiteren unterscheiden sie sich in der Wiedergabe von Farbbildern oder reduzieren sie auf Schwarzweiß-Darstellung.

Netzwerkkarte

Wozu dient die Netzwerkkarte?

Die **Netzwerkkarte (Adapterkarte)** ist eine Platine oder eine andere Hardware-Komponente, die direkt mit dem Endgerät verbunden ist, beispielsweise in Form einer Einsteckkarte für das entsprechende Bussystem ISA oder PCI. Die Netzwerk-Adapterkarte bildet die physikalische Schnittstelle zum Kommunikationsnetzwerk. Sie ist mit den entsprechenden Buchsen für den Anschluss an das physische Medium versehen.
Der Netzwerkcontroller, der zur Einbindung ins Netzwerk notwendig ist, hat zwei wesentliche Funktionen:

- Netzzugang gemäß Bitübertragungsschicht (Schicht 1) des OSI-Referenzmodells
- Regelung des Netzzugriffsverfahrens gemäß Sicherungsschicht (Schicht 2) des OSI-Referenzmodells

ISDN-Karte

Was bedeutet ISDN?
Welche Dienste ermöglicht ISDN?
Wofür ist die ISDN-Karte erforderlich?

ISDN (Integrated Services Digital Network, Dienste integrierendes digitales Fernmeldenetz) ermöglicht alle gegenwärtigen und zukünftigen Dienste wie Fernsprechen, Telefax, Datenkommunikation und Bildtelefon. Diese werden über ein einheitliches Netz übertragen. Der ISDN-Teilnehmer kann an seine „Telekommunikations-Steckdose" jede Art von Endgeräten anschließen.

Die **ISDN-Karte** ist für die Verbindung zwischen Computer und Telefonleitung zuständig.

Periphere Geräte

Geben Sie einen Überblick der möglichen peripheren Geräte am Computer!

Zu den **peripheren Geräten** zählen:
- Eingabegeräte
  - Maus
  - Tastatur
  - Scanner
  - Digitalisierungstablett
  - Akustische Eingabegeräte (z. B. Modem)
- Ausgabegeräte
  - Drucker
  - Plotter
  - Belichter
  - Akustische Ausgabegeräte (z. B. Modem)
- Dialoggeräte
  Direkter Informationsaustausch zwischen Benutzer und Zentraleinheit ist möglich.
- Terminal (Bildschirm mit Tastatur)
- Externe Speicher
  Sie eignen sich zur kostengünstigen Speicherung von größeren Datenbeständen außerhalb der Zentraleinheit.
  - Externe Festplatte
  - Streamer
  - Diskettenlaufwerk
  - CD-Brenner

Was versteht man unter Peripherie, was unter peripheren Speichern?

Peripherie: Alle Geräte mit eigenem Gehäuse, die mit dem Computer über eine Verbindung kommunizieren.
Periphere Speicher sind Disketten, externe Festplatten, Magnetbänder, CD-ROMs, DVDs, Speicherkarten, Speichersticks, also alle Speichermedien, die (meist über ein Laufwerk) direkt oder indirekt (wireless, z.B. IR) außen an den Computer angeschlossen werden können.

Tastatur und Maus

Wie funktioniert die Tastatur?

Im Prinzip stellt jede Taste einer **Tastatur** einen Schalter dar, der beim Betätigen einen Stromkreis schließt bzw. wieder unterbricht. Diesen beiden Möglichkeiten werden zwei Codes zugeteilt, so genannte Scan-Codes, wobei „Make-Code" für das Drücken der Taste steht, „Break-Code" für das Loslassen.
Der Prozessor „fragt" mehrere hundert Mal in der Sekunde bei der Tastatur an, ob eine Spannungsänderung erfolgt ist oder nicht.

Wie funktionieren mechanische und optomechanische Computermäuse?	Hauptbestandteil der **Maus** ist eine Kugel, die an der Unterseite des Mausgehäuses über ein Mousepad geführt wird. Die bewegliche Kugel überträgt die Bewegung der Maus auf Andruckrollen im Gehäuse. Je nach Bewegungswinkel dreht sich nur eine Walze oder es drehen sich beide. Plastikrädchen, die am Ende der Walzen in speichenförmigen Draht eingebettet sind, rotieren mit der Walze um ihre Achse. Dabei wird die Drehbewegung in elektrische Impulse umgewandelt. Diese Umwandlung erfolgt entweder mechanisch über Kontaktstifte oder optoelektronisch über Lichtschranken. Im Computer werden die über das Mauskabel erhaltenen elektrischen Impulse dann in x- und y-Koordinaten am Monitor umgesetzt.
Was sind Makros?	**Makros** sind über Tastatur oder Maus abrufbare, bereits vordefinierte Befehlssequenzen, die mehrere Befehle automatisch ausführen, zum Beispiel Stilvorlagen und Druckformate.
Was sind die Unterschiede von Tastatur und Maus bei PC und Mac?	**Tastatur und Maus** unterscheiden sich für PC und Mac insofern, als bei der Mac-Maus die rechte Maustaste fehlt. Um diese Optionen zu simulieren, muss während des Mausklicks die CTRL-Taste gedrückt sein. Die Tastaturen von PC und Mac unterscheiden sich nur in der Sonderzeichenbelegung.
Wie ist die Funktionsweise von Grafiktabletts? Wofür verwendet man sie?	Bei Aufgabengebieten, die viel mit Zeichnen zu tun haben, ist das **Grafiktablett (Digitalisiertablett)** eine große Hilfe. Bei diesem spezialisierten Eingabegerät wird mit einem druckempfindlichen Stift gezeichnet, z.B. eine Vorlage abgetastet und gleichsam nachgezeichnet. Hierbei wird die Änderung eines elektromagnetischen Feldes, die durch die Bewegung des Stiftes entsteht, gemessen und in computergemäße Signale umgewandelt. Der Stift ist vielseitig einsetzbar, beispielsweise auch als Mausersatz zur Befehlseingabe.

Scanner

Was sind Scanner? Welche Arten gibt es?	Mit **Scannern** können Bilder digitalisiert werden, indem Sensoren die Vorlagen zeilenweise abtasten. Folgende Scannertypen werden unterschieden: • Flachbettscanner • Handscanner • Trommelscanner • Diascanner

Schildern Sie die Arbeitsweise von Flachbettscannern!

Beim **Flachbettscanner** tastet z. B. eine Halogenlampe die auf der Glasplatte befindliche Vorlage zeilenweise ab, indem sie sich samt dem nebenstehenden Spiegel auf einem Schlitten von links nach rechts bewegt.
Bei Durchsichtsvorlagen kommt eine weitere Lichtquelle im Deckengehäuse zum Einsatz. Das reflektierte Licht wird nun über drei zueinander ausgerichteten 45°-Spiegel auf den Fotoempfänger, einen lichtempfindlichen elektronischen CCD-Zeilensensor, gelenkt. Die Farbzerlegung erfolgt durch ein RGB-Filterrad bzw. über drei CCD-Sensorleisten, die mit Rot-, Grün- und Blaufilterschichten ausgestattet sind. Die analogen Informationen werden schließlich in einem A/D-Wandler in digitale Daten konvertiert.

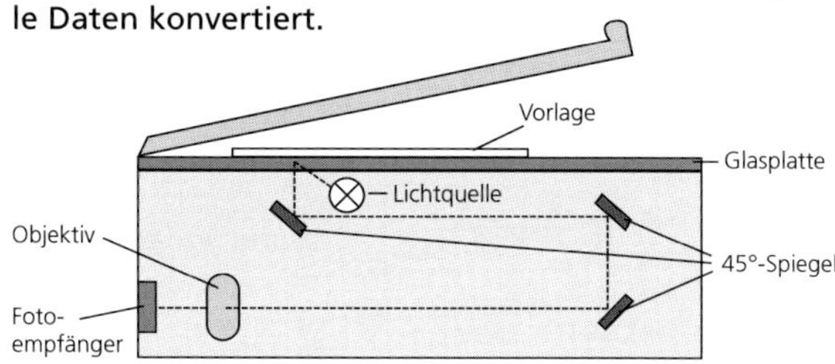

Welche Bauweisen gibt es bei Flachbettscannern?

Es gibt bei Flachbettscannern zwei **Bauweisen**:

- 3-Pass-Scanner: Zur Wiedergabe der Vorlage muss der Scanner die Vorlage dreimal erfassen: jeweils die Spektralanteile Rot, Grün und Blau. Das reflektierte oder transmittierte Licht gelangt nun zum Lichtwandler.
- 1-Pass-Scanner: Die Vorlage muss nur einmal erfasst werden, weil alle Farben gleichzeitig abgetastet, separiert, registriert und im Analog-Digital-Wandler in elektrische Signale konvertiert werden.

Wie ist die Bauweise von Trommelscannern?

Die Abtasteinheit eines **Trommelscanners** besteht aus der Trommel, einem Plexiglaszylinder, einer Lichtquelle für Auflicht- und Durchlichtvorlagen und dem Abtastkopf. Der Abtastkopf ist ein komplexes optisches System, das in der Regel aus einer Optik, zwei Blenden, einem Spiegel, zwei Interferenzfiltern, drei Farbfiltern (Rot, Grün und Blau) und einem Prisma besteht.

Wie ist die Arbeitsweise von Trommelscannern?

Die Vorlage wird in den **Trommelscanner** gespannt und mit Klebestreifen fixiert. Bei der schnellen Rotation des Zylinders wird die Vorlage von einer farbneutralen Lampe beleuchtet oder durchleuchtet.

Während der gleichmäßigen Rotation fährt der Abtastkopf an der Vorlage vorbei und erfasst Zeile für Zeile. Eine Abtasteinheit, welche sich außen parallel zur Rotationsachse bewegt, fängt das Licht auf und lenkt es über eine Optik um. Durch ein optisches System von Interferenzfiltern, Farbfiltern und Spiegeln wird das Licht schließlich in seine Bestandteile Rot, Grün und Blau zerlegt.
Der Anteil der Druckfarbe Schwarz wird nicht durch Abtasten der Vorlage gewonnen, sondern durch Hinzurechnen der anderen drei Farbanteile. Die Auflösung ergibt sich aus dem Verhältnis zwischen Rotationsgeschwindigkeit und maximaler Geschwindigkeit.

Unterscheiden Sie optische und interpolierte Auflösung!

Die **optische** (physikalische) Auflösung entspricht der tatsächlichen Anzahl von Fotozellen pro Längeneinheit. Die **interpolierte** (rechnerische oder maximale) Auflösung dagegen beruht auf einem Softwaretrick: Auf Basis der optischen Auflösung errechnet die Scanner-Software zusätzliche Bildpunkte durch Mittelwertbildung, die zwischen die tatsächlich erfassten eingefügt werden. In Maßen eingesetzt, kann so die nominelle Auflösung gesteigert werden. Zu berücksichtigen ist allerdings, dass durch die Interpolation keine wirklich neuen Bildinformationen (Details) hinzugefügt werden.

Was sind Balkencodes und wozu dienen sie?

Balkencodes (auch Strichcode, EAN-Code oder Barcode) dienen zur Warenkennzeichnung. Mit dem Lesegerät, das einen Rechner enthält, werden die Informationen des Balkencodes gelesen.

9 001494 207105

Was bedeutet OCR?

OCR steht als Abkürzung für Optical Character Recognition – optische Zeichenerkennung, ein Verfahren zum automatischen Erkennen gescannter Texte, die von einer Software in editierbaren Text verwandelt werden, z.B. zur weiteren Bearbeitung in einem Textprogramm.

Digitalkamera

Wie ist die Arbeitsweise von Digitalkameras?

In der **Digitalkamera** werden die aufgenommenen optischen Signale in digitalelektrische umgewandelt. Dies geschieht über Sensoren, die Bildpunkte (Pixel) generieren. Die Bilder werden auf einem Wechselmedium gespeichert. Anstelle eines lichtempfindlichen Films verfügen Digitalkameras über **CCD**- oder CMOS-Sensoren.

Bei der Aufnahme wird der Lichteinfall mit Blende und Verschluss (Belichtungsdauer) reguliert. Über eine Schnittstelle oder einen Kartenleser werden die Bilddaten zum Rechner übertragen.

Was bedeutet Blooming bei digitalen Aufnahmen?

Als **Blooming** (helle Streifen u. ä. im Bild) wird das Überlaufen der elektrischen Ladung zwischen CCD-Elementen bezeichnet, verursacht durch Überbelichtung.

Was besagen die Megapixel bei der Digitalkamera?

Wie errechnet man die Bildgröße anhand der Megapixel?

Die **Megapixel** geben Auskunft über die Bildgröße.
Der Bildschirm setzt sich aus 4 : 3 Teilen zusammen, d.h. er besteht aus insgesamt 12 Teilen.
Bei 5 Megapixel (5 Mio. Pixel) entfallen demnach auf 1 Teil 5000000 Pixel : 12 Teile = 416666 Pixel. Um nun die Breite oder Höhe des Bildes zu ermitteln, muss zunächst die Seitenlänge eines Quadrates errechnet werden: $\sqrt{416666} \approx$ 645 Pixel. Anhand der Seitenlänge eines Teils lassen sich auch Bildbreite und -höhe berechnen:

4 Teile mal 645 Pixel = 2580 Pixel. Für die Höhe des Bildes: 3 Teile · 645 Pixel = 1935 Pixel. D.h. ein Bild mit 5 Megapixel hat eine Größe von 2580 x 1935 Pixel. Bei 300 dpi entspricht dies dem Format 21,84 x 16,38 cm.

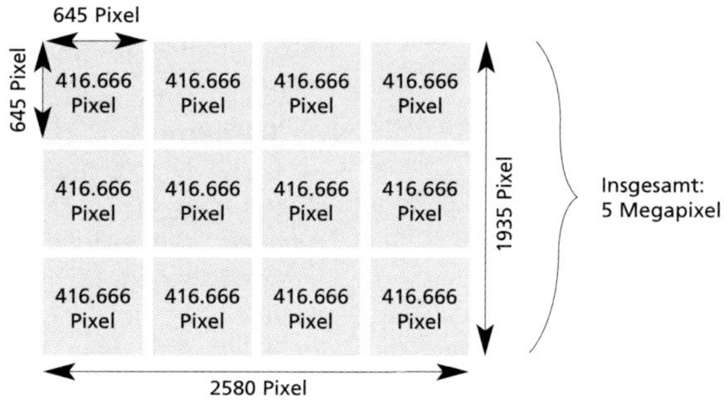

Auf welche Kriterien sollte beim Kauf einer Digitalkamera geachtet werden?

Wichtige **Qualitätskriterien** einer Digitalkamera sind u. a.:

- qualitativ hochwertiges Objektiv
  - optischer Zoom
- qualitativ hochwertiger Sensor
  - optische Auflösung
- Speicherkarte (z.B. schnelle Datenübertragung, Robustheit, Kompatibilität mit anderen Geräten)
- Akkuleistung
- keine oder geringe Auslöserverzögerung
- sonstige Features, wie z.B. Histogrammfunktion oder manueller Weißabgleich

Welche Typen von Digitalkameras werden unterschieden?

Folgende **Digitalkameratypen** sind auf dem Markt üblich:

- Ultrakompaktkamera
  Pocketkamera mit Qualitätsnachteilen aufgrund des kleinen Objektivs
- Kompaktkamera
  Bietet etwas mehr Qualität als Ultrakompaktkameras
- Kompakt-Reflex-Kamera
  Komfortable Kamera mit vielfältigen Einstellungen
- Spiegelreflexkamera

Scanner- und Digitalkamera

Was sind A/D-Wandler und wie funktionieren sie?

Beim **A/D-Wandler** werden analoge Werte/Signale in digitale Signale umgewandelt:

Analoges Signal

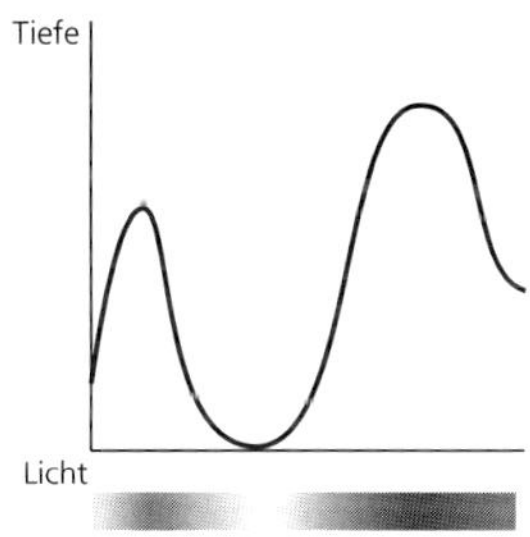

Quantifizierung
(Digitales Signal – Datentiefe)

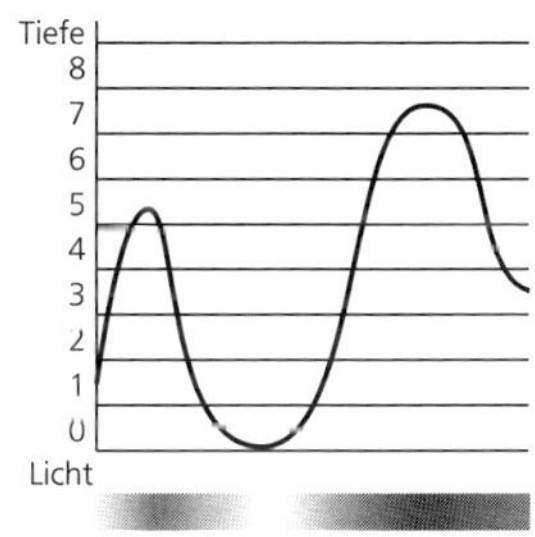

Taktung (Grautöne werden in Werte/Stufen umgewandelt)

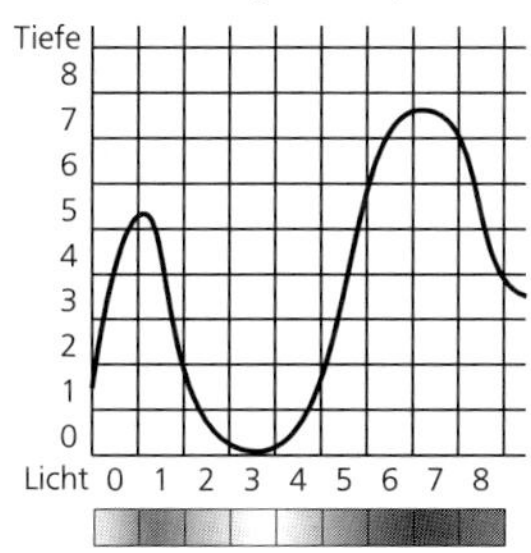

Mittelwertbildung

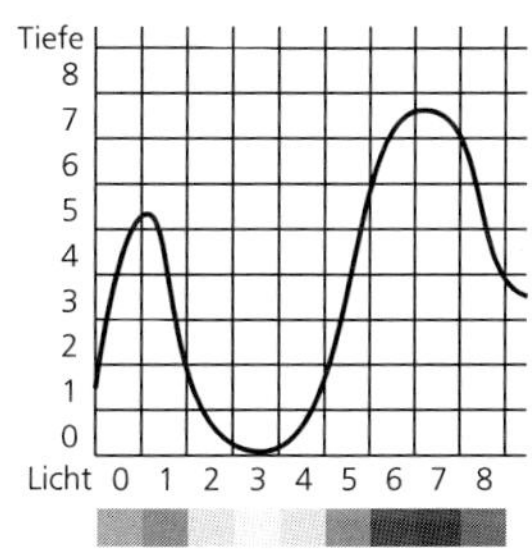

Welchen Vorteil haben PMTs (in Trommelscannern) im Vergleich zu CCD-Einheiten?

PMTs (Photomultiplier) können einen höheren Dichteumfang erfassen als CCD-Einheiten. In den Photomultipliern werden die eintreffenden analogen Lichtsignale durch Sekundäremission verstärkt und an den A/D-Wandler weitergegeben.

Nennen Sie die verschiedenen Farbtrennungstechniken in Scannern und Digitalkameras!

Scanner bzw. Digitalkameras arbeiten mit verschiedenen **Farbtrennungen**:

- **One-Shot-Technik**
  Je 3 CCD-Elemente verfügen über die Farbfilterschichten Rot, Grün und Blau. Teilsignale ergeben nach der Interpolation den Pixelfarbwert (schnelles Verfahren).
- **One-Shot-3CCD-Technik**
  Ein CCD-Element pro Farbkanal. (Hohe Auflösung, schnell.)
- **Three-Shot-Technik**
  Vor dem CCD-Flächenchip rotiert ein RGB-Filterrad, damit werden drei Teilscans durchgeführt (langsam).
- **Single-Pass-Technik**
  Das Motiv wird mit Hilfe eines RGB-empfindlichen CCD-Zeilenchips gescannt (schnell).
- **Photomultiplier-Technik** (nur für Trommelscanner)
  PMTs für RGB erfassen (seriell) die Bildpunkte. Vorteile: hoher Dynamikumfang durch Verstärkung, variablere Auflösung.

Monitor

Welche Arten von Monitoren gibt es?

Folgende **Monitorarten** werden unterschieden:

- Kathodenstrahl-Monitor
- LCD- bzw. TFT-Monitor

Schildern Sie die Arbeitsweise von Kathodenstrahl-Monitoren!

Wichtiger Bestandteil der **Kathodenstrahl-Bildschirme** ist die evakuierte Glasröhre.

Die negativ geladenen Teilchen (Elektronen), die aus der Glühkathode im hinteren Bereich des Monitors austreten, werden in Richtung der positiven Anoden geschleudert. Sie werden abgelenkt und von Elektromagneten fokussiert.

Nun wird der Elektronenstrahl durch eine Loch- bzw. Schlitzmaske auf die Leuchtschicht (fluoreszierende Phosphorschicht) geleitet. Diese beginnt durch Energieabgabe zu leuchten. Bei Farbmonitoren sind das drei Leuchtpunkte (RGB) je Pixel. Das Monitorbild baut sich zeilenweise von oben nach unten auf.

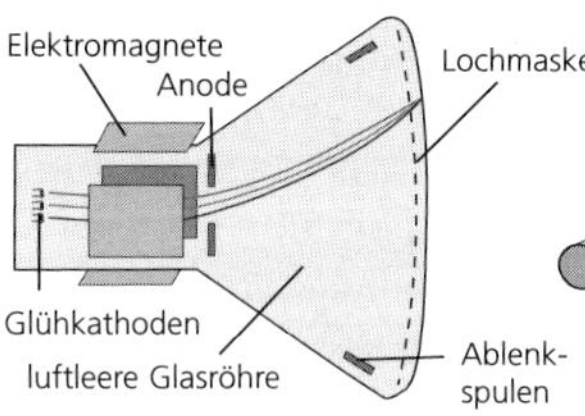

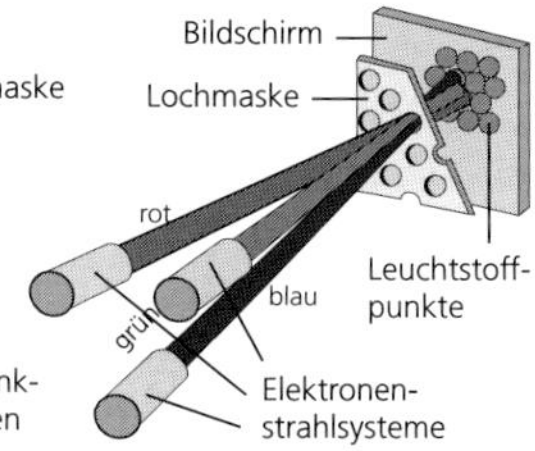

Was besagt der Tripelabstand bei Monitoren?

Der **Tripelabstand** gibt Auskunft über den Abstand der drei Lichtpunkte (RGB) zueinander, das heißt wie groß auf der Lochmaske die Lochabstände sind. Gemessen wird hierbei die Strecke von Mittelpunkt zu Mittelpunkt der Lichtpunkte. Je geringer der Lochmaskenabstand, desto hochauflösender der Monitor (zwischen 0,28 und 0,25 mm).

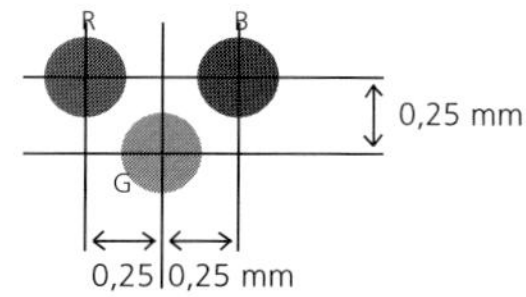

Wie funktionieren LCD-Monitore(n)?

LCD-Monitore(n) (Liquid Crystal Displays) sind flache Bildschirme, in denen sich Flüssigkristalle bei Anlegen eines elektrischen Feldes ausrichten. Die TFTs (Thin Film Transistoren) schalten jeden Bildpunkt einzeln ein und aus, d. h. für jeden Bildpunkt sind es drei TFTs (RGB).

Welche Vor- und Nachteile haben LCD-Monitore(n)?

Die **Vorteile** von LCD-Monitoren sind:
- geringer Energieaufwand
- geringe Abmessung
- ausgezeichnete Bildschärfe (Textdarstellung)

Nachteile:
- stark eingeschränkter Blickwinkel
- Schwächen in der Farbwiedergabe

Was besagt die Monitorauflösung?

Die **Bildschirmauflösung** nennt die Anzahl der dargestellten Pixel und das sich daraus ergebende Bildschirmformat. Folgende Standardformate (Pixel je Zeile horizontal mal Zeilen vertikal) sind am gebräuchlichsten:
- 640 x 480 Pixel (VGA = Video Graphics Array) i. d. R. beim 13-Zoll-Monitor
- 800 x 600 Pixel (SVGA = Super VGA)
- 1024 x 768 Pixel (XGA = Extended Graphics Adapter)
- 1280 x 1024 Pixel (SXGA = Super XGA)
- 1600 x 1200 Pixel (UXGA = Ultra XGA)

Welche Kriterien müssen Profi-Bildschirme erfüllen?

Der Bildschirm zählt zu den wichtigsten Peripheriegeräten. Nachfolgende **Kriterien** sollten erfüllt sein:
- Auflösung weniger als 0,28 mm Tripelabstand
- 24 Bit Farbtiefe
- 75–80 Hz Bildwiederholfrequenz (flimmerfrei)
- optimale Pixelrandschärfe sowohl in der Mitte als auch am Rand des Monitors

- gerade Linien (Konvergenzeinstellung)
- tiefschwarzes Schwarz (Kontrast)
- reines Weiß
- geringe Nachleuchtdauer
- Bildschirm muss GS-Zeichen des TÜV tragen
- Bildschirm soll strahlungsarm nach schwedischen MPR-Richtlinien oder TCO sein
- separater Stand zur Systemeinheit
- entspiegelte Bildoberfläche
- dreh- und neigbar
- keine störende Umgebungsbeleuchtung auf Monitor

Welche Gründe können für Farbabweichungen vorliegen?

Folgende Faktoren bewirken **Farbabweichungen**:
- unterschiedliche Monitorkalibrierung
- unterschiedliche Lichtverhältnisse
- unterschiedliche Bilderfassungsgeräte liefern unterschiedliche Farbdarstellungen

Was ist über die Monitorgröße zu sagen?

Die **Monitorgrößen** werden anhand der Bilddiagonale festgestellt. Die Maßangabe sind hier in Zoll"/cm. Folgende Bildschirmgrößen sind gängig: 15/39, 17/44, 19/48, 20/53, 21/55 Zoll/cm. Die Preise steigen mit jedem weiteren Zoll.

Was besagt die Vertikalfrequenz?

Ist die **Vertikalfrequenz** zu gering, d. h. die Bildwiederholfrequenz pro Sekunde zu klein, flimmert das Bild. Um das Monitorbild flimmerfrei wahrzunehmen, sind Frequenzen von mindestens 70 Hz notwendig.

Was besagt die Horizontalfrequenz?

Die Anzahl der Zeilen, die pro Sekunde auf dem Bildschirm geschrieben werden, bezeichnet man als **Horizontalfrequenz**.

Wie errechnet sich die Horizontalfrequenz?

Folgende Formel wird zur Berechnung der Horizontalfrequenz verwendet:
Horizontalfrequenz = Vertikalfrequenz · Zeilenanzahl
Bei dem Bildformat 800 x 600 Pixel besteht ein komplettes Bild aus 800 Spalten und 600 Zeilen. Hat der Monitor z. B. eine Vertikalfrequenz von 160 Hz, ergibt sich:
160 Hz · 600 Zeilen = 96000 Zeilen/Sekunde
= 96 kHz Horizontalfreqenz

Drucker

Wie werden die Drucker nach der Verfahrensweise unterschieden?

Drucker als periphere Geräte werden unterteilt in:
- Nadeldrucker
- Tintenstrahldrucker
- Laserdrucker
- Thermodrucker

Welche Besonderheiten haben Nadeldrucker? Wofür werden sie eingesetzt?

Nadeldrucker (Matrixdrucker) finden trotz des Lärms, den sie beim Drucken verursachen, immer noch vor allem in Büros als Endloslistendrucker Einsatz, da es hiermit möglich ist, Original-Durchschläge mitzudrucken. Zwischen Papier und Druckkopf befindet sich das Farbband. Die Anzahl der Druckkopfnadeln bestimmt die Qualität. Von kleinen Elektromagneten gesteuert, werden die Nadeln einzeln gegen Farbband und Papier geschlagen, wodurch einzelne Punkte gedruckt werden, die dann zusammen das jeweilige Zeichen ergeben.

Welche Besonderheiten sind für Tintenstrahldrucker charakteristisch?

Tintenstrahldrucker sind qualitativ hochwertige, preiswerte Drucker, die deshalb im Privatbereich verbreitet sind. Großformatdrucker dagegen sind Profis vorbehalten. Die Farbpatronen, die in der Anschaffung ziemlich teuer sind, gibt es meist in den drei Primärfarben Cyan, Magenta, Gelb sowie Schwarz für Tiefenzeichnung und Textdruck. Zum Proofen werden auch großformatige PostScript-Drucker mit größerer Farbpalette angeboten.

Welche Arten Tintenstrahldrucker gibt es?

Bei den **Tintenstrahldruckern** gibt es zwei Verfahren:
- **Bubble-Jet-Verfahren**
  Durch die Wärmeentwicklung bildet sich in der Düse eine Gasblase, welche die Farbe tröpfchenförmig auf das Papier schleudert.

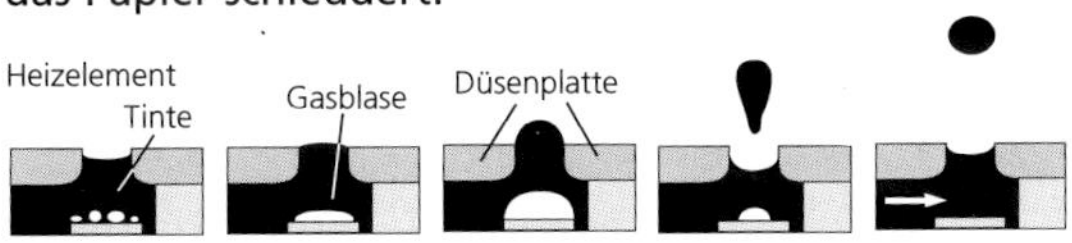

- **Piezo-Verfahren**
  Mittels elektrischer Spannung presst eine Piezokeramik die Düse zusammen und die Farbe wird herausgedrückt.

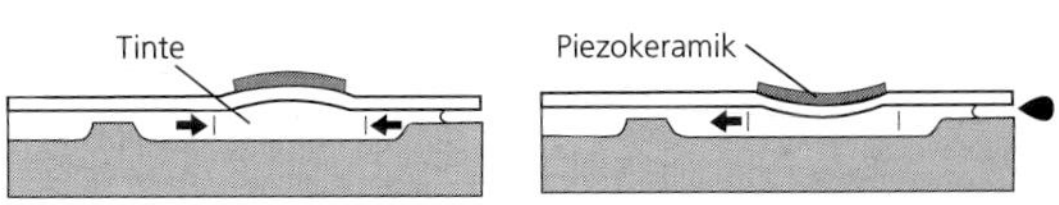

Welche Vorteile bieten Laserdrucker?

Laserdrucker, die überwiegend im Schwarzweißdruck Einsatz finden, bieten folgende Vorteile:
• hohe Qualität
• hohe Geschwindigkeit
• geringe Verbrauchskosten

Wie funktionieren Laserdrucker?

Laserdrucker arbeiten nach dem elektrofotografischen (xerografischen) Druckprinzip. Hierbei geht von einer Diode ein Laserstrahl aus, der über ein Linsen- und Spiegelsystem auf den vom Referenzstrahl gesteuerten rotierenden Polygonspiegel gelangt und von dort aus die Fotoleitertrommel belichtet.
Die Fotoleitertrommel ist negativ aufgeladen, die von den Laserstrahlen belichteten, später druckenden Stellen dagegen positiv elektrostatisch geladen.
Der negative Toner wird nun von den positiv geladenen Stellen angezogen, von der rotierenden Fotoleitertrommel auf das von einem Magnetfeld positiv geladene Papier übertragen und wärmefixiert (festgeschmolzen).
Nach jedem Druck wird die Trommeloberfläche gereinigt und für die nächste Zeile wieder positiv geladen.

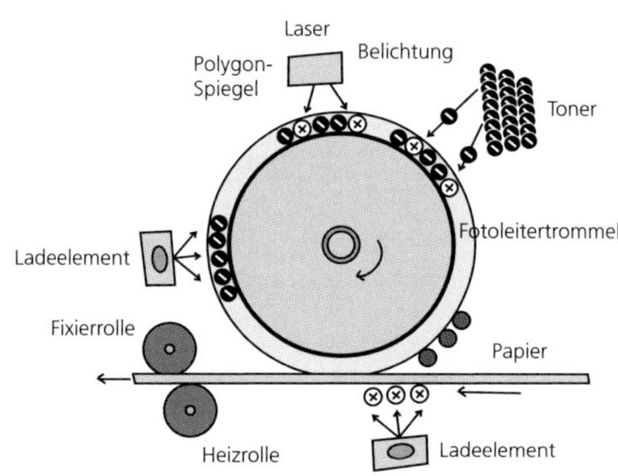

Welche Thermodruckverfahren gibt es? Wie unterscheiden sie sich in der Arbeitsweise?

Bei den **Thermodruckern** wird zwischen zwei Arten unterschieden:
• Thermotransferdrucker
  Durch punktuelle Erhitzung einer wachsähnlichen Farbfolie wird der Farbstoff auf das Papier übertragen und dort eingeschmolzen.
• Thermosublimationsdrucker
  Die Arbeitsweise ist identisch mit der des Thermotransferdruckers, jedoch wird der Farbstoff aufgrund höherer Erhitzung gasförmig (er sublimiert) und

dringt dabei in das Papier ein. Der Druck echter Halbtöne ist möglich. Für diesen Drucker ist allerdings ein spezielles Papier erforderlich, das in der Anschaffung relativ teuer ist

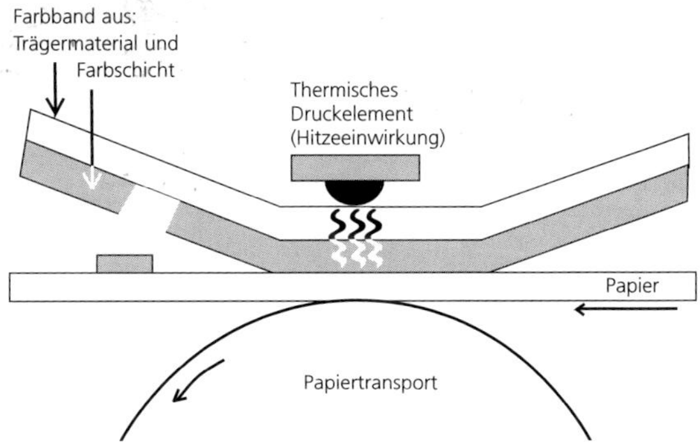

Nennen Sie Kennwerte von Druckern!

Folgende **Kennwerte** werden mit Druckern in Verbindung gebracht:

- Erreichbare Auflösung (Druckpunkteanzahl/Inch)
  Viele Druckermodelle arbeiten mit unterschiedlicher Auflösung in horizontaler und vertikaler Richtung (z. B. 1440 x 720 dpi)
- Druckgeschwindigkeit (Seiten/Minute = ppm)
- Schnittstellen
  Standard: parallele Schnittstelle (PC), serielle RS-423-Schnittstelle (Mac) oder USB. Bei Netzwerkbetrieb muss eine Ethernet-Schnittstelle vorhanden sein.
- Bedruckstoffe
  Preisunterschiede je nach Qualität und Dicke. Spezialbedruckstoffe sind teuer (z. B. Overhead-Folien).

Weshalb benötigen Drucker Treiber?

Für korrektes Zusammenarbeiten von Drucker und Software muss ein **Druckertreiber** installiert werden. Diese Treibersoftware setzt programminterne Codes in eine für den Drucker verständliche „Sprache" um. Zwar gibt es für jeden Drucker einen eigenen Druckertreiber, jedoch können meist auch andere Drucker den angemeldeten Drucker (Standarddrucker) emulieren, also nachahmen, und mit dessen Treiber arbeiten.

Was sind Plotter? Wofür verwendet man sie?

Plotter sind Zeichengeräte, die überwiegend zur Anfertigung technischer Zeichnungen genutzt werden.
Man unterscheidet zwei Plotterarten:

- Flachbettplotter
- Trommelplotter

Unterscheiden Sie Flachbett- und Trommelplotter!

Beim **Flachbettplotter** (Tischplotter) liegt das Papier flach und fest auf dem Zeichentisch. Ein Stift wird mit einem horizontal und vertikal steuerbaren Schlitten über das Papier geführt.
Beim **Trommelplotter** bewegt sich der steuerbare Zeichenstift lediglich in die X-Richtung, während die Y-Richtung durch Hin- und Herbewegungen der Trommel zustande kommt. Auch mehrfarbige Zeichnungen können damit angefertigt werden, und zwar durch automatischen Stiftwechsel. Vakuumkontakt fixiert das Zeichenpapier fest auf der Trommel.

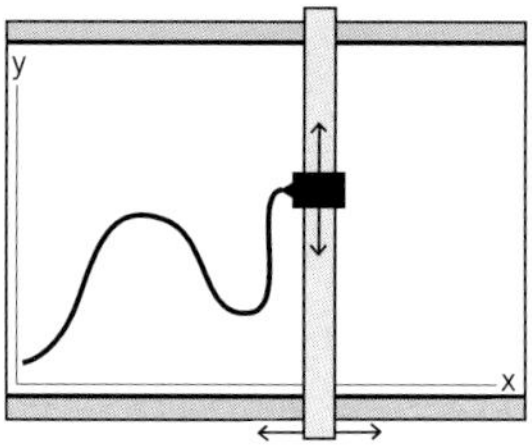

Flachbettplotter

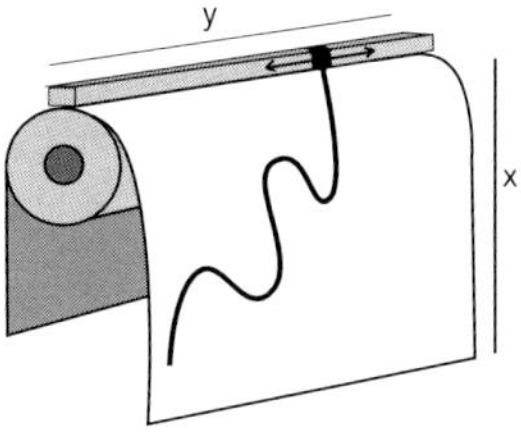

Trommelplotter

Belichter

Nach welchem Prinzip arbeiten Filmbelichter?

Filmbelichter (Recorder, Imagesetter), die Texte und Bilder in hoher Auflösung ausgeben, arbeiten mit Laserlichtquellen. Schaltsignale, die vom RIP kommen, belichten aus vielen tausend einzelnen Pixeln eine Scanlinie. Optische Ablenksysteme positionieren die Pixelsequenzen und geben sie auf das lichtempfindliche Material aus. Die Belichtung in x- und y-Richtung hängt dabei vom Konstruktionsprinzip des Belichters ab.

Welche Belichterprinzipe werden unterschieden?

Folgende **Belichterprinzipe** werden unterschieden:
- Capstan-Prinzip
- Außentrommel-Prinzip (Outdrum)
- Innentrommel-Prinzip (Indrum)

Was versteht man unter dem Capstan-Prinzip?

Beim **Capstan-Prinzip** wird der Film aus einer Vorratskassette über stabilisierende Walzensysteme kontinuierlich um jeweils eine Scanlinie zum Laserstrahl bewegt und dann weiter in die Aufnahmekassette. Trotz zusätzlicher Seitenführung sind dabei Toleranzen möglich.

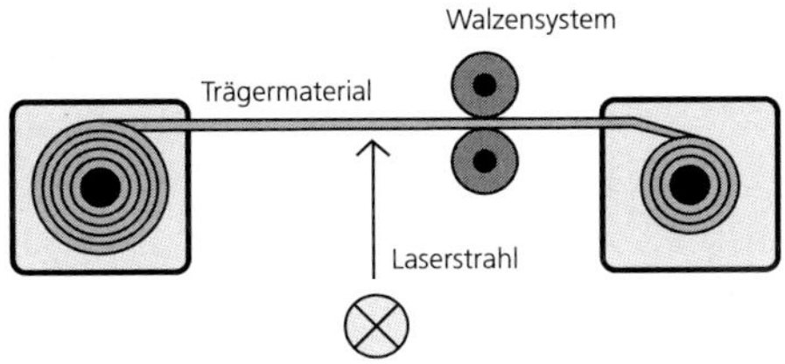

Beschreiben Sie das Außentrommel-Prinzip!

Beim **Außentrommel-Prinzip** wird das Aufnahmematerial auf der Außenseite einer Trommel fixiert und von einer beweglichen Optik belichtet. Für dieses Bauprinzip haben sich nur wenige Anbieter entschieden.

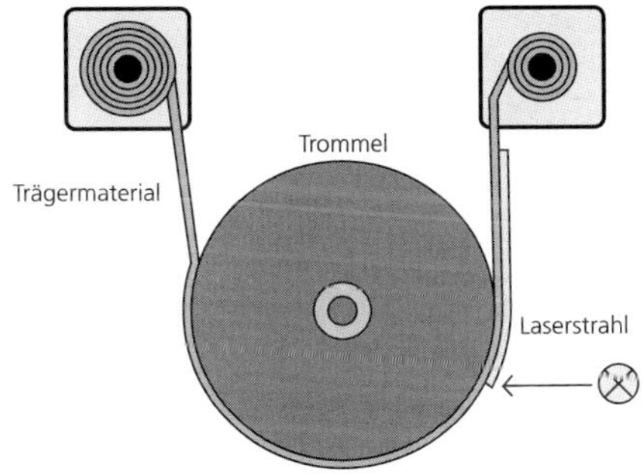

Wie funktioniert das Innentrommel-Prinzip?

Beim **Innentrommel-Prinzip** wird das Aufnahmematerial auf der Innenseite einer schalenartigen Trommel fixiert und dort von einer beweglichen Optik belichtet. Dieses Bauprinzip wird von vielen Anbietern genutzt. Es wird auch zur Plattenbelichtung eingesetzt.
Beide Trommelprinzipien garantieren bei der Materialführung hohe Präzision, und sie sind deshalb für Farbarbeiten besser geeignet.

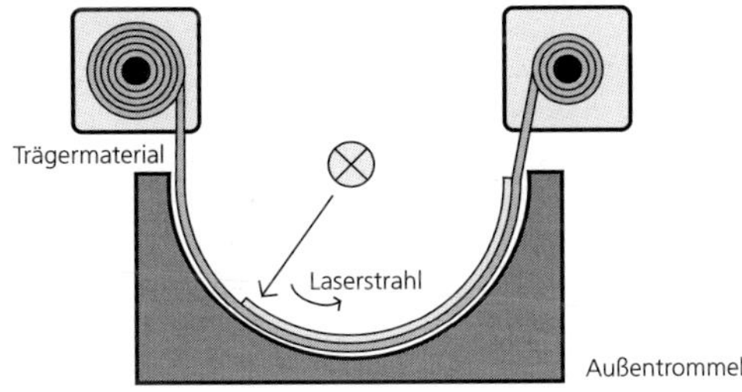

Externe Speicher

Was sind externe Speicher?	**Externe Speicher** sind Geräte, die über Schnittstellen mit dem Computer verbunden werden und externen Speicherplatz bieten oder Speichermedien wie Disketten oder CD-Rs, die ebenfalls Daten aufnehmen können.
Was sind externe Festplatten?	**Externe Festplatten** sind identisch mit internen Festplatten, jedoch werden sie über eine externe Schnittstelle an den Computer angeschlossen. Die Festplatte besteht in der Regel aus mehreren übereinander liegenden Magnetplatten. Zwischen diesen Platten sind bewegliche Arme, auf denen sich Schreib- und Leseköpfe befinden. Folgende Faktoren bestimmen die Leistung von Festplatten: • Umdrehungsgeschwindigkeit der Platten • Suchzeit, Kopfwechselzeit, Zylinderwechselzeit • Rotations-Latenzzeit • Zugriffszeit • Cache-Speicher auf der Festplatte • Art und Weise der Datenspeicherung • Schnittstelle
Was sind Streamer?	**Streamer** sind Bandlaufwerke, auf denen große Datenmengen gespeichert werden können. Die Daten werden am Stück gespeichert. Sie können also nicht von jeder beliebigen Stelle des Bandes aus gelesen werden. Streamer werden überwiegend zur preisgünstigen Datensicherung genutzt, da sie über sehr hohe Speicherkapazität verfügen.
Wie funktionieren Diskettenlaufwerke?	**Diskettenlaufwerke** funktionieren ähnlich wie Festplatten. Beim Lesen oder Beschreiben der Diskette rotiert die flexible, runde Kunststoffplatte, die auf beiden Seiten eine magnetisierbare Schicht aufweist, in einem Luftpolster, während die Lese- und Schreibköpfe die Schicht abtasten.
Wozu dienen CD-Brenner?	Mit dem **CD-Brenner** kann man CD-Rs bzw. CD-RWs mit Daten, Musik oder Videos bespielen. Die Aufzeichnung erfolgt mit Laserstrahl.
Was sind Bildplatten?	**Bildplatten** (Laserdiscs) dienen zur Speicherung und Wiedergabe analoger Bild- und digitaler Tonfolgen. Aufgrund der Tatsache, dass jedes einzelne Bild innerhalb von 1,5 bis 3 Sekunden positioniert werden kann und ca. 54000 Einzelbilder oder ca. 36 Minuten Film darauf Platz finden, eignen sie sich für multimediale Kiosksysteme.

Netzwerke

Was versteht man unter Netzwerk?

Als **Netzwerk** wird die Zusammenschaltung mehrerer Rechner bezeichnet. Netzwerke ermöglichen z. B., dass in Unternehmen alle Filialen mit der Zentrale verbunden sind und Daten direkt austauschen können.
Wenn mehrere Computer miteinander verbunden sind, um bestimmte Peripheriegeräte gemeinsam zu nutzen, so handelt es sich um ein Multiuser-System.

Welche Netzwerke gibt es entsprechend ihrer Größe?

Folgende Netzwerk-Arten gibt es:
- LAN
- WAN
- GAN
- VPN
- MAN (Stadtnetz, findet in Deutschland keine Verwendung)

Was ist ein LAN?

LAN (Lokal Area Network) ist ein Rechnernetz, das sich über begrenzte räumliche Gebiete erstreckt, z. B. ein Gebäude oder ein Werksgelände. Die Netz-User können Mitteilungen austauschen und Programme, Datenbestände sowie Funktionen der anderen angeschlossenen Rechner oder auch die Geräte im Netz (z.B. Drucker) nutzen.

Was ist ein WAN?

WAN (Wide Area Network) ist ein firmenübergreifendes Netz, das von Betreibern wie der Telekom gebührenpflichtig angeboten wird. Dabei können neben einzelnen Filialen innerhalb der gleichen Stadt auch internationale Niederlassungen von Großkonzernen miteinander verbunden werden.

Was ist ein GAN?

Das **GAN (Global Area Network)** ist ein weltumspannendes Netz, z. B. das Internet.

Was ist VPN?

Mit dem **VPN (Virtuelles Privates Netzwerk)** ist die Verbindung virtueller eigener Netze im Internet gemeint. Leistungsstarke Zugriffsbeschränkungen stellen sicher, dass nur befugte Firmenangehörige darauf zugreifen können.

Was ist der Unterschied zwischen Intranet und Internet?

Als **Intranet** bezeichnet man unternehmensinterne Datenkommunikation. Als **Internet** bezeichnet man weltweite Datenkommunikation.
Die Technik ist für beide Bereiche identisch, wie z. B.:
- verwendete Protokolle
- Benutzeroberfläche
- Downloadmöglichkeiten
- E-Mail-Versand und -empfang

Zugriffsverfahren (Datenaustauschverfahren)

Was versteht man unter Zugriffsverfahren?

Da die Netzwerkzugriffe aller an ein gemeinsames Netz angeschlossenen Stationen letztendlich über ein gemeinsames Medium erfolgen, bedarf es einer entsprechenden Koordinierung, die unter anderem verhindern soll, dass sich die Stationen bei der Übertragung von Daten gegenseitig behindern.
Die dafür benötigten und als **Zugriffsverfahren** bezeichneten Algorithmen entscheiden also, welche Station wann sendet und wann empfängt.
Abhängig von den jeweilig verwendeten Netzwerksystemen und deren Topologie, werden hauptsächlich zwei Verfahren eingesetzt:

- CSMA/CD (Ethernet)
- Token (Ring) Passing

Was ist Ethernet?

Ethernet ist ein von DEC, Intel und Xerox entwickeltes Netzwerkprotokoll, dessen Festlegungen man in der Norm IEEE 802.3 nachlesen kann.

Worum handelt es sich bei CSMA/CD?

Um das Ethernet-Zugriffsverfahren **CSMA/CD** (Carrier Sense Multiple Acces with Collision Detection).
Damit wird von den sendewilligen Stationen vor dem Senden geprüft (Carrier Sense), ob die Leitung frei ist. Falls ja, werden die Datenpakete versandt.
Da alle Stationen faktisch ihre Daten gleichzeitig abschicken könnten (Multiple Access), kommt es bei tatsächlich gleichzeitigem Versenden von Datenpaketen zur zwangsläufigen Kollision dieser Datenpakete (Collision Detection). Dabei wird von der Station, die aufgrund des dadurch bedingten erhöhten Signalpegels die Kollision als Erste bemerkt hat, der Sendevorgang unterbrochen.
Gleichzeitig wird von ihr eine entsprechende Information an alle anderen Stationen geschickt, sodass diese ebenfalls über die Kollision informiert sind.
Nach einer für jede Station zufällig gewählten, unterschiedlich langen Wartezeit wird erneut gesendet.

Was ist ein Token-Ring-Netz?

Token-Ring-Netzwerk ist ein lokales Netzwerk, bei dem Botschaften so lange im Kreis zirkulieren, bis sie schließlich den Empfänger erreicht haben. Mit einem Token-Ring-System ist auch die Verbindung zu anderen Großrechnern möglich.

Was ist Token-Ring-Passing? Was ist die Aufgabe des Token-Ring-Netzwerks?	Beim **Token-Ring-Passing** kreist ein Token (Nachrichtenrahmen) ständig in einem logischen Ringnetzwerk. Darin wird durch eine spezielle Bitfolge angezeigt, ob der Datenrahmen frei oder besetzt ist. Datenkollisionen sind hierbei unmöglich, da der Token im Ring von Station zu Station geschickt wird und es nur einen Token gibt, der belegt werden kann. Wenn der freie Token eine sendewillige Station erreicht, ändert dieser sich in „belegt" und füllt den Datenrahmen mit der Ziel- und eventuell der Quelladresse, den eigentlichen Daten und der Prüfsumme und sendet ihn zur Empfangsstation, welche die Daten in ihren Puffer kopiert und den immer noch belegten Datenrahmen an die Sendestation weiterschickt. Ist die Sendestation wieder erreicht, werden die Daten von ihr aus dem Netz genommen und auf „frei" gesetzt. In neueren Token-Ring-Systemen, den so genannten Early-Token-Release, wird der Frei-Token an das Ende des abgehenden Pakets gehängt.
Wofür wird FDDI eingesetzt?	Um mehrere Teilnetze oder Standorte miteinander zu verbinden, wird die **FDDI**-Technologie (Fibre Distributed Data Interface) als Backbone eingesetzt.
Was versteht man unter Backbone?	Als **Backbone** werden WANs bezeichnet, die an Hochgeschwindigkeitsverbindungen gekoppelt sind. Dies sind meistens Glasfaserleitungen, die von einem Knotenpunkt zum nächsten führen. Backbones sind untereinander wiederum international über eine oder mehrere Leitungen oder Satelliten verbunden.

Nutzungsmöglichkeiten

Welche Nutzungsmöglichkeiten stehen im Netzwerk zur Verfügung?	Folgende **Nutzungsmöglichkeiten** bieten Netzwerke: • Electronic Mailing (E-Mail) • File-Sharing • Ressource-Sharing • Remote Login
Was versteht man unter Electronic Mailing?	Anhand einer eindeutigen Nummer ist jeder Netzteilnehmer per E-Mail erreichbar. Über so genannte Verteiler ist es möglich, **E-Mails** gleichzeitig an beliebig viele Teilnehmer zu senden. Außerdem lassen sich Dateien durch so genannte Attachments an die E-Mails hängen.

Was versteht man unter File-Sharing?

Aus Sicherheitsgründen wird der Datenbestand eines Netzwerkes auf einem Server zentral gespeichert und ist nur dort abrufbar. Beim **File-Sharing** kann durch Passwörter über einen Domaincontroller auf die Daten bzw. Anwenderprogramme zugegriffen werden.

Was ist Ressource-Sharing?
Hinweis: resource (franz, engl.), aber *Ressource* (eingedeutscht)

Das **Ressource-Sharing** ermöglicht, Peripherie-Geräte zu nutzen oder auch den Internetzugang von verschiedenen Computern aus.

Was versteht man unter Remote Login?

Beim **Remote Login** wird es z. B. dem Systembetreuer, der sich hunderte von Kilometern entfernt befindet, ermöglicht, sich in das Netzwerk einzuklinken, um z. B. Treiber zu installieren oder seine Aufgaben als Netzwerk-Administrator zu erfüllen.

Vernetzungskonzepte

Was versteht man unter Zentralrechnerkonzept?

Bei dem **Zentralrechnerkonzept** arbeitet ein großer Rechner als „Zentrale" die Aufgaben der einzelnen Terminals (Bildschirm und Tastatur) ab. Die Abarbeitung der Befehle der Terminals erfolgt im Time-Sharing-Verfahren, das heißt, den eingehenden Aufgaben wird eine bestimmte Zeit zur Bearbeitung zugewiesen. Aufgrund der sehr hohen Leistung, die heutige Rechner erbringen können, finden Zentralrechner-Konzepte kaum noch Verwendung.

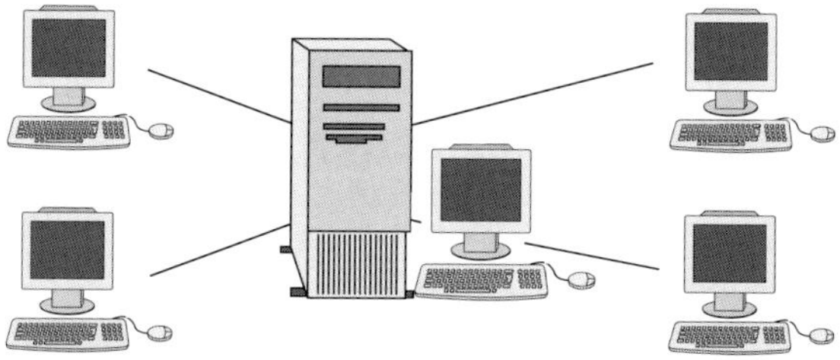

Was versteht man unter Peer-to-Peer-Konzept?

Im **Peer-to-Peer-Netzwerk** sind alle gleichberechtigten Rechner ohne Server direkt miteinander verbunden. Das bedeutet, sie eignen sich u. a. zum Datenaustausch untereinander oder zum gemeinsamen Nutzen eines Druckers. Da mit jedem Arbeitsplatz der Verwaltungs- und Wartungsaufwand steigt, sind maximal 40 Rechner sinnvoll.

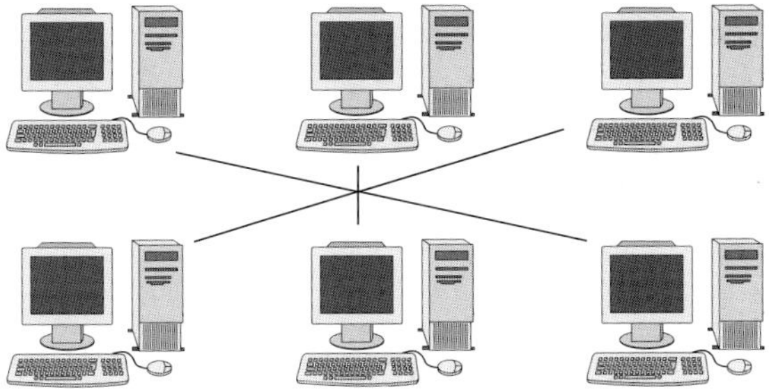

Welche Vor- und Nachteile ergeben sich bei Peer-to-Peer-Konzepten?

Vorteile der Peer-to-Peer-Konzepte sind:
- einfache Konfiguration
- einfache Verwaltung des Netzwerkes
- kein Systemadministrator nötig

Der **Nachteil** ist:
- kein File-Sharing möglich

Was versteht man unter Client-Server-Konzept?

Beim **Client-Server-Konzept** sind mehrere Computer (Clients) in einem hierarchisch strukturierten Netzwerk einschließlich einem Server miteinander verbunden. Der Server stellt bestimmte Dienstleistungen oder Ressourcen zur Verfügung, die von den Clients angefordert werden.

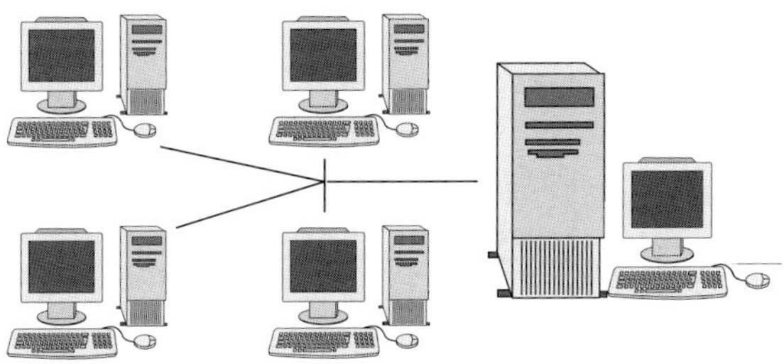

Nennen Sie die Vor- und Nachteile des Client-Server-Konzepts!

Das Client-Server-Konzept hat folgende **Vorteile**:
- Client kann bei Netzwerkausfall weiterarbeiten.
- Clients werden durch den Server entlastet.
- Hohe Sicherheit durch einen Domain-Controller.

Nachteil ist:
- Ein leistungsfähiger Server ist Voraussetzung für dieses Netzwerk.

Servertechnologie

Was versteht man unter Server?	**Server** (engl. Bezeichnung für Diener) sind leistungsstarke Rechner mit dazugehöriger Software. Sie stellen für andere Rechner (Clients) im lokalen und weltweiten Netz Dienste zur Verfügung und haben deshalb große Festplattenkapazitäten und eine schnelle CPU. Server können auch Bandlaufwerke oder Wechselplatten nutzen, um eine ihrer wichtigsten Funktionen zu erfüllen, automatische Backups vorzunehmen. Der Zugriff auf Server ist durch ein Kennwort geschützt, das der **Domain-Controller** (sozusagen der Pförtner des Servers) verwaltet.
Wie wird aus einem Rechner ein Server?	In der Regel stellen Rechner, die als Server verwendet werden, hohe Ansprüche an Arbeitsspeicher und Festplattenspeicher. Zwar ist es auch möglich, „normale" Rechner als Server zu nutzen, jedoch ist dies nicht Sinn und Zweck von Servern. Um aus einem Rechner einen brauchbaren Server zu machen, ist ein serverfähiges Betriebssystem Voraussetzung. Beispiele: • Windows 2000 • Windows NT4 und XP Professional • Mac OS 9 • Mac OS X • Unix
Was ist ein dedizierter Server?	Ein **dedizierter Server** ist ein Computer im Netzwerk, der ausschließlich den Clients dient, indem er seine Ressourcen (z. B. seine Laufwerke) zur Verfügung stellt. An ihm wird nicht gearbeitet. Er fungiert ausschließlich als Server. Beim Peer-to-Peer sind Data(File)- und Software-Sharing nicht benutzbar, da der dedizierte Server fehlt. Ein „nicht dedizierter" Server kann als Server, aber auch als Arbeitsstation genutzt werden.
Welche Arten von Servern gibt es?	**Server** stellen u. a. folgende Dienste zur Verfügung: • Speichern und Freigeben von Daten (File-Server) • Ausführen von Druckaufträgen (Print-Server) • Bereitstellen von Programmen (Applications-Server) • Bereitstellen von Datenbanken (Database(sql)-Server) • Weiterleiten von E-Mails (Mail-Server) • Verteilen von Dateien (FTP-Server) • Hosten von Webseiten (Web-Server) • Zwischenspeichern von Dateien (Proxy-Server)

Was versteht man unter RAID-System?

Durch **Backups** auf Festplatten oder anderen Medien wird auch die Datensicherheit gewährleistet. Die Sicherung auf jeweils voneinander getrennten Festplatten nennt man **RAID-System** (Redundant Array of Independent Disks). Dadurch können auch defekte Festplatten während des Betriebes des Systems ausgetauscht werden und doch gehen keine Daten verloren. Es gibt verschiedene Levels der RAID-Systeme, die auf unterschiedlichen Speicherverfahren basieren. Für größere Unternehmen werden oft maßgeschneiderte Einzellösungen erstellt, die auf einem oder mehreren RAID-Levels basieren.

Netzwerktopologien

Was versteht man unter Topologie?

Unter **Netzwerktopologie** versteht man den physikalischen und logischen Aufbau von Netzwerken.

Was sind physikalische und logische Topologien?

Während die **physikalische Topologie** über die Anordnung der einzelnen Netzwerkkomponenten Auskunft gibt, legt die **logische Topologie** den Datenfluss im Netz fest.
Es besteht somit auch die Möglichkeit, Netzwerke physikalisch wie ein Sternnetz aufzubauen, und dennoch logisch wie ein Ringnetz betreiben zu lassen. Deshalb kann das Zugriffsverfahren Token Passing „logisch" auch für Stern- und Bus-Netze zum Einsatz kommen.

Welche Netzwerktopologien gibt es?

Folgende **Netzwerktopologien** gibt es:

- Bus-Topologie
- Stern-Topologie
- Maschen-Topologie
- Ring-Topologie
- physikalische und logische Topologie

Was versteht man unter Bus-Topologie?

Bei der **Bus-Topologie** sind alle Netzwerkkomponenten an einen zentralen Bus angeschlossen. Bei diesen so genannten Mehrpunktverbindungen werden die Daten über ein lineares Datenkabel übertragen, mit dem alle Teilnehmer verbunden sind. Um Reflexionen an den Enden des Busses zu verhindern, werden Abschlusswiderstände (Terminatoren) angebracht.

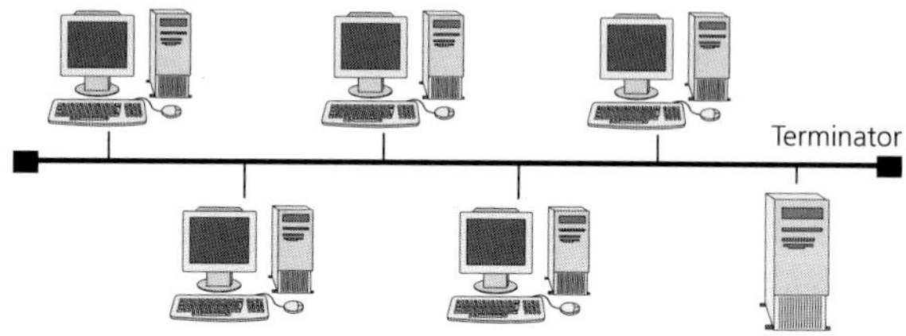

Nennen Sie Vor- und Nachteile der Bus-Topologie!

Vorteile:
- einfache Installation
- geringer Verkabelungsaufwand
- geringe Kosten

Nachteile:
- begrenzte Leitungslänge
- schwierige Fehlersuche bei Netzausfall

Was versteht man unter Stern-Topologie?

Bei der **Stern-Topologie** sind, wie der Name schon sagt, alle Teilnehmer um eine zentrale Vermittlungsstelle angeordnet. Jede Station ist über Punkt-zu-Punkt-Verbindung mit der Zentrale, Hub oder Switch, verbunden. Da in einem sternförmigen Netz alle Daten über die Zentrale gehen, sind Zuverlässigkeit sowie Geschwindigkeit von deren Leistungfähigkeit abhängig.

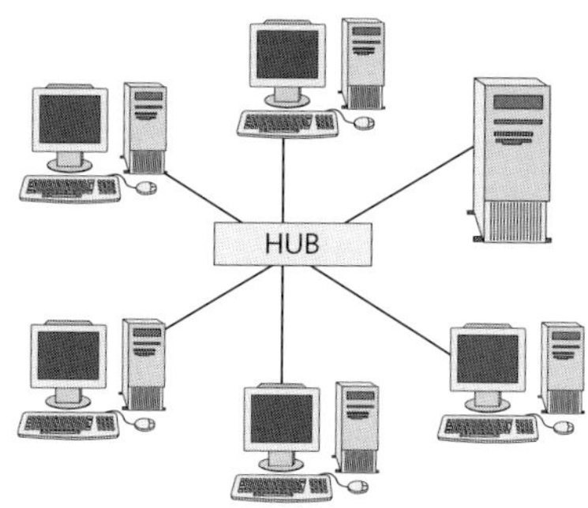

Nennen Sie Vor- und Nachteile eines Sternnetzes!

Vorteile:
- hohe Zugriffsicherheit
- einfache Netzwerkerweiterung
- Datenkollisionen vermeidbar mit Switches

Nachteile:
- aufwändige Verkabelung (Doppelleitung von Rechner zu Rechner notwendig)
- begrenzte Länge der Leitungen zwischen Rechner und Hub bzw. Switch

Was versteht man unter Maschen-Topologie?

Die **Maschen-Topologie** ist die ideale Form eines Netzwerkes, da alle Rechner so verbunden sind, dass direkter Datenaustausch zwischen den einzelnen Rechnern ohne Störung der anderen Rechner möglich ist. Beim voll vermaschten Netz ist jeder Rechner mit jedem anderen Rechner verbunden und die Verbindung erfolgt immer auf dem kürzesten Weg. Wird diese Verbindung gestört, bleibt die Verbindung über einen kleinen Umweg trotzdem erhalten.

Was sind die Vor- und Nachteile der Maschennetze?

Vorteile:
- hohe Ausfallsicherheit
- keine gegenseitige Beeinflussung der Rechner

Nachteile:
- hoher Kabelaufwand
- hoher Erweiterungsaufwand

Erläutern Sie, was man unter Ring-Topologie versteht!

Die **Ring-Topologie** hat eine in sich geschlossene, ringförmige Struktur. Die Übertragung der Daten erfolgt nur in eine Richtung, von Teilnehmer zu Teilnehmer. Anhand der Zieladresse werden die Daten schließlich vom Zielrechner erkannt.

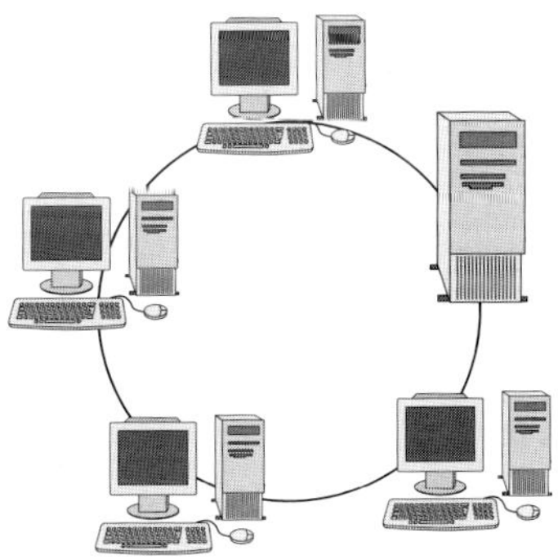

Was sind die Vor- und Nachteile eines Ring-Netzes?

Vorteile:
- hohe Ausfallsicherheit
- keine Gesamtlängenbeschränkung des Netzes (die einzelnen Rechner dienen als Zwischenverstärker)

Nachteile:
- hoher Verkabelungsaufwand (Doppelleitung zu jedem Rechner notwendig)
- der Ring muss bei Erweiterung unterbrochen werden

Netzwerkverkabelung

Nach welchen Kriterien richtet sich die Kabelwahl?

Die Wahl der richtigen **Netzwerkverkabelung** wird von folgenden Kriterien bestimmt:
- gewünschte Übertragungsrate
- vorgesehene Netztopologie
- Kosten des Kabels

Welche Arten von Kabeln gibt es?

Folgende **Arten** werden unterschieden:
1. drahtgebundene Verbindungen, z. B.
   - Twisted Pair
   - Koaxialkabel
   - Lichtwellenleiter
2. drahtlose Verbindungen durch
   - Infrarot-Schnittstellen

Wann spricht man von Twisted-Pair-Verkabelung?

Bei **Twisted Pair** (TP-Verkabelung) handelt es sich um paarweise miteinander verdrillte Kupferleiter. Die Anzahl der Paare sowie die Abschirmung der Adern voneinander ist abhängig von der Twisted-Pair-Kategorie. Die Twisted-Pair-Verkablung bedingt die Sterntopologie. Sie ist heute sehr weit verbreitet.

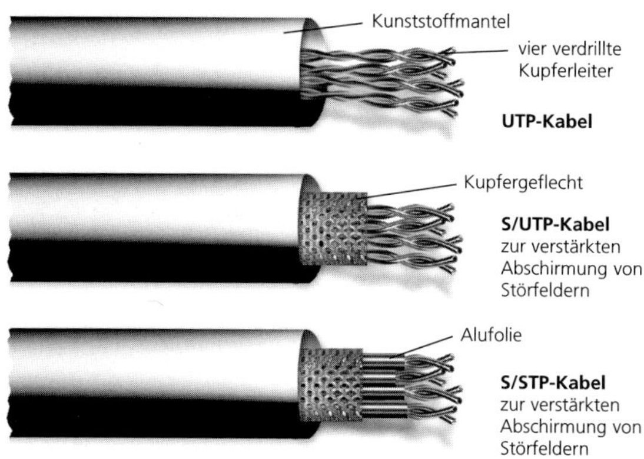

Wo finden Twisted-Pair-Kabel Verwendung?

Das **Twisted-Pair-Kabel** findet überwiegend bei sternförmig vernetztem Ethernet Verwendung.
Der 8-polige RJ-45-Stecker bzw. die -Buchse stellt die Verbindung zwischen Twisted-Pair-Kabel und Hub bzw. Switch und Netzwerkkarte her.

Welchen Vorteil haben Twisted-Pair-Kabel?

Die großen **Vorteile** der Twisted-Pair-Verkabelung sind:
- niedrige Kosten
- einfache Installation

Woran erkennt man Koaxialkabel?

Koaxialkabel, die auch als Antennenkabel verwendet werden, bestehen aus 4 Schichten:
- einem inneren Kupferdraht (inneren Leiter)
- einem ihn umgebenden Kunststoffmantel
- einem diesen Mantel umgebenden Drahtgeflecht (dem äußeren Leiter)
- Kunststoffaußenhülle (Kabelmantel)

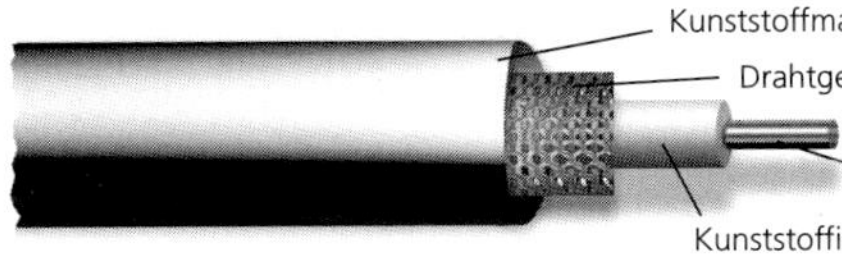

Wo finden Koaxialkabel Verwendung?

Koaxialkabel finden überwiegend in Bus-Netzen Anwendung. Jedoch sind Koaxialkabel-Vernetzungen aufgrund fehlerhafter Verbindungen schwächer als Vernetzungen mit Twisted Pair oder Glasfaserkabel.

Welche Besonderheiten haben Glasfaserkabel?

Das **Glasfaserkabel** (**Lichtwellenleiter** oder **Lichtleiterkabel**) ist 3-schichtig aufgebaut und besteht aus einem inneren dünnen Glasstrang, dem Kern, einer diesen Kern umhüllenden zweiten, dickeren Glasschicht, dem Glasmantel, und einer schützenden Kunststoffaußenhülle. Der Kern der Glasfaser hat gegenüber der Hülle ein höheres Lichtbrechungsverhältnis und der Lichtstrahl wird dadurch ständig reflektiert und fortbewegt.

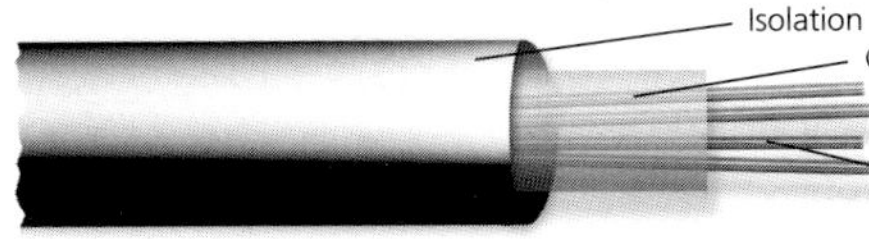

Nennen Sie die Vor- und Nachteile von Lichtwellenleitern!

Folgende **Vorteile** bieten Lichtwellenleiter:
- enorm hohe Übertragungsrate
- unempfindlich gegenüber elektrischen oder elektromagnetischen Störeinflüssen
- abhörsicher: Anzapfen ist nicht möglich

Nachteile:
- hohe Kosten für Installation und Material
- beschränkt auf Backbones (Leitungssysteme)

Welche „Base"-Verkabelungen gibt es?

Bei den **„Base"-Verkabelungen** gibt die vorne stehende Zahl die Übertragungskapazität in Mbit an. Die letzte Zahl steht für die Kabellänge.
Folgende „Base"-Verkabelungen gibt es:
- 10Base2 (Ethernet, dünnes Koaxialkabel von max. 200 m, Abschlusswiderstand von 50 Ohm nötig)
- 10Base5 (Ethernet, dickes Koaxialkabel von max. 500 m, Abschlusswiderstand von 95 Ohm nötig)
- 10BaseT (Sternnetz, Twisted-Pair-Kabel und Hub/Switch mit max. 100 m Kabellänge dazwischen)
- 100BaseFX (Sternnetz, Ethernet, Glasfaserkabel von max. 2000 m)
- 100BaseTX (Ethernet, Sternnetz, Twisted-Pair-Kabel von max. 100 m)
- 1000Base LX (Ethernet, Glasfaser mit Wellenlänge 1270 nm und max. Kabellänge 550 – 5000 m)
- 1000BaseSX (GB-Ethernet, Glasfaser (Wellenlänge 850 nm) von 220 – 550 m)
- FDDI (100 MB, Token-Ring, Glasfaserkabel)

OSI-Referenzmodell

Was versteht man in Netzwerken unter Protokoll?

Mittels geeigneter Regeln wird in Netzwerken die Art und Weise der Datenübertragung zwischen den angeschlossenen Rechnern und dem Netzwerk festgelegt. Die allgemein als **Protokoll** bezeichneten Regeln legen im speziellen Fall des Netzwerkprotokolls die Form, das Format und die Übernahmeart der Daten fest.

Was versteht man unter OSI-Referenzmodell? Wer hat dieses Protokoll entwickelt?

Das **OSI-Referenzmodell** (OSI-Schichtmodell) wurde von der ISO (International Standard Organisation) entwickelt. Damit werden mittels sieben verschiedener und hierarchisch aufgebauter Schichten die während einer Datenübertragung benötigten Funktionen erklärt, normiert und klassifiziert.

Welche Schichten gibt es?

Folgende **Schichten** werden unterschieden:
- Schicht 1: Bitübertragungsschicht
- Schicht 2: Sicherungsschicht
- Schicht 3: Vermittlungsschicht
- Schicht 4: Transportschicht
- Schicht 5: Sitzungsschicht
- Schicht 6: Darstellungsschicht
- Schicht 7: Anwendungsschicht

Welche Aufgaben hat die Schicht 1, die Bitübertragungsschicht?

Die **Bitübertragungsschicht** legt fest, wie die binäre Übertragung (0,1) zu erfolgen hat. Entschieden wird hierbei:

- welches Kabel
- welche Stecker
- Aufbau, Übermittlung, Abbau des Bitstroms

Folgende Übertragungsmedien werden eingesetzt:

- lokale Netze
- Telefonleitungen: analog via Modem
- integrierte Digitalleitungen (ISDN)
- Datenleitungen der Post wie Datex-P oder Datex-L

Welche Aufgaben hat die Schicht 2, die Sicherungsschicht?

Die **Sicherungsschicht** dient zur

- Sicherung des Datenstroms
- Fehlererkennung und Korrektur
- Flussregelung
- Festlegung des Zugriffsverfahrens, z.B. Token Passing

Welche Aufgaben hat die Schicht 3, die Vermittlungsschicht?

In der **Vermittlungsschicht** werden die Paketleitwege bestimmt:

- Festlegung des Weges (Routing) vom Ursprung zum Zielrechner
- Auswahl einer geeigneten Route
- Adressierung der Datenpakete

Protokoll der Vermittlungsschicht: Internet Protocol (IP)

Welche Aufgaben hat die Schicht 4, die Transportschicht?

Die **Transportschicht** bildet die letzte der vier transportierenden Schichten. Ihre Aufgaben:

- Verknüpfung beider Kommunikationspartner durch Auf- und Abbau der Verbindung
- kurzzeitige Zerlegung der Daten auf Senderseite, um diese auf Vollständigkeit zu überprüfen

Protokoll der Transportschicht: TCP (Transmission Controll Protocol)

Welche Aufgaben hat die Schicht 5, die Sitzungsschicht?

Aufgabe der **Sitzungsschicht**:

- Dialogsteuerung: Festlegung der Sender und Empfänger aller Beteiligten
- Sessions (Synchronisation der temporären Teilnehmerverbindungen: Zuordnung logischer Namen zu den physikalischen Adressen

Welche Aufgaben hat die Schicht 6, die Darstellungsschicht?

Die **Darstellungsschicht** ist zuständig für:

- Syntax und Semantik der übertragenen Infos: einheitliche Codierung zur Standardisierung

Internationaler Code hierfür: ASCII
• Verschlüsselung von Daten

Welche Aufgaben hat die Schicht 7, die Anwendungsschicht?

Die **Anwendungsschicht** dient als:
• Schnittstelle zum Anwender

Protokolle von Anwendungsschicht: E-Mail, File Transfer Protocol (FTP) und Telnet

Netzwerkkomponenten

Wofür benötigt man Ethernet-Karte und Treiber im Netzwerk?

Voraussetzung, damit das Netz „arbeitet". Die **Treibersoftware** ist der Karte beigefügt oder Bestandteil des Betriebssystems. Zur Identifikation hat jede **Ethernet-Karte** eine eindeutige Netzwerkadresse (eine Mac-Adresse oder Burnt-in-Adresse, weil sie in einen eigenen ROM-Speicher des Netzwerkcontrollers „eingebrannt" ist).

Was sind Router?

Router sind Mikrocomputer, die auf Ebene der Vermittlungsschicht arbeiten. Sie dienen dazu, den optimalen Pfad zwischen zwei Rechnern zu ermitteln, über die Daten transferiert werden sollen. Sie sind sowohl in lokalen als auch in weltweiten Netzen zu finden. Router arbeiten nach so genannten Routingtabellen und leiten Pakete anhand von Informationen aus der Netzwerkschicht von einem Netzwerk zum nächsten weiter. Sie werden gelegentlich auch als Gateway bezeichnet.

Während einfache Router protokollabhängig sind, also z. B. nur TCP/IP-Netze verbinden können, lassen Multiprotokoll-Router unterschiedliche Protokolle der Teilnetze zu.

Welche Routerarten gibt es?

Es wird folgendermaßen unterschieden:
- **statische Router** (alle im Netz vorkommenden Adressen müssen eingegeben werden)
- **dynamische Router** (für größere Netze; er kümmert sich automatisch um die Verwaltung und Zuteilung der Netzadressen)

Unterscheiden Sie Hub und Switch!

Der **Hub** oder auch **Sternverteiler** ist nichts anderes als eine zentrale Verteilstelle im Netzwerk mit je einem Anschluss (RJ-45-Buchsen) für die Endgeräte und einem für den Anschluss ans Netz. Man unterscheidet zwischen dem aktiven Hub (mit Repeater), der neben der Verteilung der Signale diese auch verstärkt, und dem passiven Hub, der reine Verteileraufgaben übernimmt.

Der **Switch** (Schalter) ist die „intelligente" Form eines Hubs, der ein Netzwerksegment dynamisch verwaltet. D. h. der Switch erkennt anhand der Zieladresse des ankommenden Datenpaketes den empfangenden Rechner, stellt zwischen sendendem und empfangendem Rechner eine Punkt-zu-Punkt-Verbindung her und ermöglicht damit die kollisionsfreie Datenübertragung.

Was sind Repeater?

Repeater gehören zu den einfachsten Kopplungselementen im Netzwerk und dienen in erster Linie der Netzausdehnung. Sie sind grundsätzlich in der Lage, jede Art von Übertragungsprotokoll zu verarbeiten. Repeater arbeiten auf Schicht 1 des OSI-Referenzmodells und werden separat oder auch als zentrales Bauteil in aktiven Hubs eingesetzt.

Was versteht man unter Bridge?

Eine **Bridge** ist ähnlich dem Repeater ein „nichtintelligentes" Kopplungselement zur Verbindung zweier Netzwerkteile oder zweier Netzwerke der gleichen Topologie, aber mit unterschiedlichem Zugriffsverfahren. Durch Bridges können Netze auf bis zu zwanzig Kilometer Länge erweitert werden. Die Verstärkungsfunktion des Repeaters ist in der Bridge enthalten.

Was ist ein Netzwerkcontroller?

Damit man Rechner an ein Netzwerk anschließen kann, benötigen diese eine Adapterkarte mit einem **Netzwerkcontroller**, der den physikalischen Netzzugang und die Regelung des Zugriffverfahrens übernimmt (Schicht 1 und 2 des OSI-Referenzmodells). Zur Identifikation hat jede Karte eine bestimmte Netzwerkadresse, die IP-Adresse oder Burnt-in-Adresse. Sie befindet sich im ROM der jeweiligen Karte.

Was bezeichnet man in Netzwerken als Gateway?

Ein **Gateway** ist eine Schnittstelle (in Art eines Computers) zwischen Netzen unterschiedlicher Art mit unterschiedlichen Übertragungsprotokollen.
Das Gateway übernimmt die Funktionen von Router, Bridge und Repeater.

Nennen Sie eine typische Anwendung von Gateways!

Eine typische **Anwendung** von Gateways ist die Anbindung eines beliebigen lokalen Netzwerkes an das Internet, zum Beispiel mit ISDN-Karte. Der Gateway-Rechner ermöglicht sämtlichen Arbeitsstationen, auf das Internet zuzugreifen, ohne dass diese eine eigene ISDN-Karte benötigen.

Internet

Versuchen Sie eine Definition für das größte Netzwerk, das Internet!

Das **Internet** ist die weltweite Zusammenführung von Netzwerken und Übergängen (Gateways), die zur Kommunikation das TCP/IP-Protokoll verwenden. Das Internet stützt sich auf verschiedene internationale Backbones mit Hochgeschwindigkeitsleitungen für die Datenkommunikation zwischen Hauptknoten oder Hostcomputern. Die Daten und Nachrichten werden im Internet über eine Vielzahl von Computersystemen weitergeleitet. Wenn bei Internetknoten die Verbindung abgebrochen ist, bedeutet das nicht den Zusammenbruch des weltweiten Netzes, weil es nicht von unzähligen Computern und Netzwerken gesteuert wird.

Internetdienste

Welche Dienste bietet das Internet?

Das Internet bietet seinen Benutzern zahlreiche **Dienste**:

- WWW
- E-Mail
- FTP
- Usenet News (Foren)
- IRC
- E-Commerce
- Telnet

Was bedeutet WWW im Internet?
Welche Möglichkeiten bietes das WWW?

WWW (World Wide Web) ist ein Dienst des Internets. Es ist eine komplette Sammlung von Hypertextdokumenten, die auf HTTP-Servern in der ganzen Welt abgelegt sind. Dokumente im WWW, die so genannten Websites, sind in HTML geschrieben. Sie werden durch URL-Adressen identifiziert, die einen bestimmten Server angeben sowie den Pfadnamen, unter dem auf eine Datei dort zugegriffen werden kann. Die Dateien werden von Knoten zu Knoten bis zum Benutzer mittels des Protokolls HTTP (HyperText Transfer Protocol) übertragen. Spezielle Tags, die in das HTML-Dokument eingebunden sind, verknüpfen bestimmte Wörter und Bilder in einem Dokument mit URL-Adressen (Hyperlinks), über die der Benutzer auf weitere Dateien zugreifen kann. Die Dateien können Text enthalten (meist nur gängige, auf vielen Rechnern vorhandene Schriften), Grafiken, Videodateien, Klänge sowie Java Applets, ActiveX-Steuerelemente oder andere kleine eingebundene Programme, die ausgeführt werden, wenn der Benutzer sie durch Anklicken eines Links aktiviert. Die Nutzung von Verknüpfungen auf den Webseiten ermöglicht es Besuchern darüber hinaus, Dateien von FTP-Sites zu kopieren und über E-Mail Nachrichten an andere Benutzer zu übermitteln.

Was bedeuted FTP?	**FTP** (File Transfer Protocol) bezeichnet Übertragungsprotokoll zum Up- und Downloaden von Daten.
Was versteht man unter Download?	Als **Download** wird das Herunterladen von Informationen in Form von Text, Bildern, Schriften, Programmen usw. vom Internet bezeichnet.
Was bedeutet IRC?	**IRC** (Internet Relay Chat) sind virtuelle „Kneipen" im Internet, in denen man mit anderen Chattern per Tastatur kommunizieren kann, nachdem man sich einen Benutzernamen gegeben hat.
Was bietet Telnet?	Über **Telnet** können Nutzer mit Zugriffsrecht auf entfernte Rechner (Hosts) zugreifen. Dabei besteht neben dem Datentransfer auch die Möglichkeit, Programme zu nutzen und dabei Befehle auszuführen.
Welche Möglichkeiten bietet E-Mail?	Das **E-Mail** (Electronic Mailing) ist eine schriftliche Kommunikationsmöglichkeit über das Internet, sozusagen eine Online-Brief-Sende- und Empfangs-Funktion. Anhand einer E-Mail-Adresse (z. B. info@vbus.de) können Absender und Empfänger identifiziert werden. Mit Attachments können Dateien angehängt und mitgeschickt werden.
Welche Möglichkeiten bietet E-Commerce?	**E-Commerce** ist die Bezeichnung für Online-Shopping, d. h., über das Internet können Käufer in elektronischen Produktkatalogen stöbern, sich das Produkt ihrer Wahl aussuchen, die Bestellungen aufgeben und auch gleich online über das Netz bezahlen.
Welche Vorteile hat E-Commerce für Käufer und Anbieter?	Die **Vorteile** für den **Käufer** sind: • schneller, bequemer Einkauf • gute Markttransparenz durch Vergleichsmöglichkeit Die **Vorteile** für **Anbieter** sind: • komfortable und preisgünstige Updatemöglichkeit • Aktualisierung durch Content-Managementsysteme jederzeit möglich

Internetzugang

Was wird zum Surfen im Internet benötigt?	Um im **Internet surfen** zu können, benötigt man folgende Essentials: • Computer • Modem/ISDN-Anschluss • Provider (z. B. T-Online) • Browser

Wofür benötigt man ein Modem?

Das **Modem** dient dazu, binär dargestellte Informationen von einer DV-Anlage (z.B. Computer) über das Telefonnetz an eine andere DV-Anlage zu übertragen. Jeweils beim Sender und Empfänger ist ein Modem zum **MO**dulieren und **DEM**odulieren) notwendig.

Weshalb braucht man auch noch einen Provider?

Beim **Provider** (provide = anbieten) handelt es sich um einen Anbieter, der Internetzugänge und -dienstleistungen kostenpflichtig zur Verfügung stellt. Bekannte Internet-Provider sind: T-Online, AOL und Compuserve.

Was versteht man unter Browser?

Der **Browser** ist ein Programm, das Webseiten auf dem Bildschirm anzeigt, indem es den HTML-Code und andere Dateien interpretiert. Zu den bekanntesten Browsern zählen Internet Explorer und Netscape Communicator. Neben der Darstellung von Webseiten bietet er noch weitere Dienste wie:

- E-Mail-Versand
- Bookmark-Möglichkeit
- Ausdrucken oder Speichern der Webseiten

Unterscheiden Sie Online und Offline!

Während bei **Online** eine Verbindung zum Netz besteht, gibt es bei **Offline** keine Verbindung. Jedoch können Webseiten, die auf dem Computer bereits aufgerufen worden sind und daher im Zwischenspeicher liegen, jederzeit angezeigt werden.

Internetnutzung

Was besagt URL?
Was kann man aus der URL entnehmen?

Hinweis: resource (franz, engl.), aber *Ressource* (eingedeutscht)

Die **URL** (Uniform Resource Locator) ist eine Art Hausnummer im WWW. Sie ist die Adresse der gesamten Webseite, z. B. http://www.abc.de/kontakt.html.
Die Gliederung steht für Folgendes:

- **http://** (Hypertext Transfer Protocol) besagt, dass sich das gesuchte Dokument im WWW befindet.
- **www.abc.de** ist der Name des Rechners, auf dem die Daten gespeichert sind.
- **/kontakt.htm** bezeichnet Pfad und Dateinamen, sagt uns also, wo der Browser auf dem oben genannten Rechner die Webseite (Einzelseite) vorfindet.

Was ist die Bedeutung von Domain?

Eine **Domain** ist die Adresse einer Webseite, zum Beispiel www.abc.de. Als Domain wird aber auch die gesamte Website mit allen ihren Webseiten bezeichnet.

Was ist eine Top-Level-Domain?

Die Endungen einer URL, z. B. net, com, info nennt man **Top-Level-Domain**. de, at, ch stehen für Länder (hier Deutschland, Österreich, Schweiz).

Wie kommt man in der Regel zu einer eigenen Webseite im Internet?	Folgendes **Vorgehen** ist üblich, um zur eigenen **Webseite** (Domain) im Internet zu kommen: • Auftragserteilung (bei Webdesigner, Provider o.ä.) • Beantragen des Domain-Namens • Eintrag in das Verzeichnis DNS durch den Provider • Abschluss eines Vertrages über ein Web-Paket bzw. Web-Space • Erstellen und Testen der Webseite offline • Upload der Webseite (Datei) auf den Server des Providers mit FTP • Test der Webseite online • Eintragung bei Suchmaschinen mit bestimmten Suchbegriffen • Endabnahme des Kunden
Was bedeutet DNS? Welche Aufgabe hat dieser Internetdienst?	**DNS**: Domain Name System oder Domain Name Server. Internetdienst, der die alphanumerischen Domainnamen (Host-Adressen wie z.B. limerick-queen.de) in die entsprechende numerische IP-Adresse umwandelt, die aus vier durch Punkte getrennte Zahlen besteht, z.B. 345.88.321.58. Diese IP-Adresse ist eindeutig, sodass Verwechslungen ausgeschlossen sind. Wenn man also die URL www.vbus.de über den Browser eingibt, wandelt der DNS-Server sie sogleich in die IP-Adresse um.
Was bedeutet die Abkürzung IP? Wozu dienen IP-Adressen?	**IP** bedeutet **Internet Protocol**, also das Protokoll, das netzübergreifende Kommunikation ermöglicht. Die eindeutige numerische IP-Adresse, die anstelle des Hostnamens (z.B. www.pruefungshelfer.de) im Internet verwendet wird, bleibt Surfern verborgen. Das IP sorgt für die Paketbildung, Datenadressierung und legt die Datenpaket-Leitwege fest, die für jedes Paket unterschiedlich sein können (Routing).
Was ist die Aufgabe von TCP? Hinweis: protocol (engl.), aber *Protokoll* (deutscht)	Das **TCP** (Transmission Control Protocol) übernimmt die eigentliche Datenübertragung, d.h. sobald eine Verbindung zwischen Sender und Empfänger hergestellt ist, schickt das TCP die Datenpakete in der richtigen Reihenfolge an den Zielort. Sind die Daten beim Zielrechner eingetroffen, wird die Verbindung getrennt.
Was bedeutet DFÜ?	**DFÜ** (Datenfernübertragung) ist die Sammelbezeichnung für alle Arten des Datenaustausches zwischen Computern über weite Strecken, die dafür ein Telekommunikationsnetz zur Übertragung nutzen.

Was versteht man unter Firewall?	Als **Firewall** wird Hardware oder Software bezeichnet, die als Sicherheitsmauer zwischen dem Internet und dem lokalen Netzwerk oder Rechner dient. Angreifer aus dem Netz (Hacker) werden damit abgewehrt.
Was bedeutet http? Hinweis: protocol (engl.), aber *Protokoll* (deutsch)	**http** (Hypertext Transfer Protocol) definiert den Zugriff von Clients, z. B. Webbrowsern, auf serverseitig gespeicherte Informationen im WWW. Wenn man eine URL (Adresse) in den Browser eingibt, wird ein HTTP-Befehl vom Browser an den entsprechenden Server geschickt, der daraufhin die angeforderte Information zur Verfügung stellt oder gegebenenfalls eine Fehlermeldung erzeugt.
Was nennt man „Hit" beim Surfen?	Die Anfrage eines Browsers und der darauf folgende Datentransfer für den Aufbau der Webseite wird als **Hit** (Zugriff, Treffer) bezeichnet. Die Bilddateien, die auf Webseiten neben der eigentlichen HTML-Datei geladen werden, bezeichnet man ebenfalls als Hit. Die Hit-Rate ist ein Maß für die Beliebtheit einer Webseite.
Warum sind Hyperlinks fürs Surfen unentbehrlich?	Durch Klicken auf einen **Hyperlink**, der als Button oder als unterstrichener Text dargeboten wird, gelangt man von der aktuellen Seite zur nächsten. Der Pfad verbirgt sich sozusagen hinter diesem visualisierten Link. Hyperlinks erschließen die Angebote des Internets.
Was sind Suchmaschinen?	Über **Suchmaschinen** (z.B. yahoo.de oder google.de) können Webseiten mit den gewünschten Inhalten nach Eingabe eines oder mehrerer Suchwörter (Keywords) aufgerufen werden. Sekunden später liegt eine Liste der Seiten vor. Neben den üblichen Suchmaschinen werden noch weitere Arten von Such-Diensten unterschieden: • Meta-Suchmaschinen durchsuchen die Datenbankbestände anderer Suchmaschinen und entfernen Dubletten. • Suchverzeichnisse (Suchkataloge) Einträge werden in Kategorien unterteilt.
Was sind Bookmarks?	Um sich Webseiten im Netz zu merken, kann man sie als **Bookmarks** bzw. Lesezeichen, Favoriten in eine Liste aufnehmen, die jederzeit aktualisiert werden kann.

Software

Unterscheiden Sie Hard- und Software!

Als **Hardware** werden alle materiellen Komponenten des Computers bezeichnet, also alles, was man anfassen kann. Dazu gehören sämtliche Peripherie-Geräte und auch Zubehör, wie z.B. Kabel und Datenträger.
Damit Computer arbeiten können, wird **Software** benötigt. Dabei handelt es sich um Programme, die dem Computer Befehle geben und ihn steuern. Neben Systemsoftware und Treibern sind es Anwendungs- und Hilfsprogramme.
Die Gerätezusammenstellung in Verbindung mit der Systemsoftware wird auch als **Konfiguration** des Systems bezeichnet.

Was versteht man unter Kompatibilität?

Kompatibilität ist zum einen die Eigenschaft, wie Hardware-Komponenten untereinander und mit Softwareprogrammen zusammenarbeiten. Zum anderen ist es die Verträglichkeit von Programmen untereinander, z.B. von Versionen (abwärts- und aufwärtskompatibel).

Welche Aufgaben haben Betriebssysteme?

Betriebssysteme (Systemsoftware) sind Programme, die grundlegende Aufgaben beim Start des Computers übernehmen. Das Betriebssystem ist eine Software, die für den Start, den Betrieb und die Bedienung unerlässlich ist. Zudem bestimmt es auch noch die Leistungsfähigkeit des Computers.
Beispiele für Betriebssysteme sind die Windows-Versionen, Linux, Mac OS 9.x, Mac OS X, MS-DOS und UNIX.

Welche Aufgaben sind das im Einzelnen, beginnend mit dem Booten?

Das Betriebssystem hat die **Aufgabe,**
- den Computer in betriebsbereiten Zustand zu bringen:
  - den Systemstart durchzuführen
  - Treiber für die verschiedenen Hardwarekomponenten zu laden und in den RAM zu kopieren
  - Dateiverwaltungssystem zu laden (FAT, NTFS usw.)
  - den Speicher verwaltbar zu machen (Memory Management)
  - Benutzeroberfläche zur Verfügung zu stellen (Grafik- oder Textoberfläche)
- den Betrieb des Computers zu ermöglichen:
  - Zugangsberechtigung und Zugriffsberechtigung bereitzustellen
  - Programme in Speicher zu laden und auszuführen

- Dateiverarbeitung durchzuführen
- Dateien aus dem RAM auf einen Datenträger zu kopieren oder umgekehrt
- Eingabegeräte zu überwachen

Nach welchen Merkmalen wird die Leistungsfähigkeit von Betriebssystemen beurteilt?

Betriebssysteme werden nach folgenden **Leistungsmerkmalen** unterschieden:

- Bitbreite (16 bit, 32 bit oder 64 bit)
- maximale Größe des verwalteten Arbeitsspeichers
- Art der Speicherverwaltung
- maximale Größe der verwalteten Festplatte
- Dateiverwaltungssystem (FAT, FAT32, NTFS, HPFS)
- Plug & Play-Fähigkeit
- Netzwerkunterstützung
- Internetzugang
- Taskverwaltung (Single- oder Multitask)
- Userverwaltung (Single- oder Multiuser)
- Threadverwaltung (Single- oder Multithread)
- Art der Oberfläche

Was bedeutet Multitasking?

Multitasking bezeichnet die Fähigkeit des Computers, mit dem entsprechenden Betriebssystem mehrere Programme gleichzeitig nutzen zu können. Dazu wird den Programmen in bestimmter Reihenfolge Rechenzeit zugeteilt (Zeitscheibe).

Welche Arten von Multitasking gibt es?

Es gibt zwei Arten von **Multitasking**:

- Das kooperative Multitasking
  Bei diesem Verfahren ist das Betriebssystem auf die Kooperation der einzelnen Programme angewiesen, da diese Programme kurzzeitig beendet werden müssen, um das nächste zu starten. Da die Programme aber nicht alle unbedingt kooperationsbereit sind, kann es zu Abstürzen kommen.
- Das preemptive Multitasking
  Bei diesem Verfahren, das eigentliche Multitasking, ist man nicht auf die Kooperation der einzelnen Programme angewiesen. Hier kann das Betriebssystem die Programme steuern. Sie werden auch nicht kurzzeitig beendet, sondern laufen im Hintergrund komplett weiter.

Was ist Multithreading?

Multithreading ist Multitasking in *einem* Programm. So kann es sein, dass Text primär erfasst wird, aber sekundär die Rechtschreibkorrektur läuft. Dadurch steigt der

Komfort des Programmes und es wird leistungsfähiger, da die Prozesse nicht sequentiell, sondern parallel laufen können.

Was ist mit FAT gemeint?

FAT ist ein Dateiverwaltungssystem. Die Spur 0 und der Sektor 1 sind der Bootsektor. Danach folgen Sektoren mit dem FAT und dem DIR (directory). Dabei sind Cluster, eine Zusammenfassung von Sektoren, die kleinste nutzbare Speichereinheit.

Was bedeutet ASCII?

ASCII steht als Abkürzung für American Standard Code for Information Interchange. Das ist ein genormter Zeichensatz mit 7 Bits zur Kodierung von 128 Buchstaben, Ziffern, Satz-, Steuer- und Grafikzeichen. Jedes Zeichen entspricht einer binären Ziffernfolge. Der Drucker z. B. kann die Signale eines PCs nur „verstehen", wenn sie den gleichen Code verwenden.

Was bedeutet ANSI?

ANSI (American National Standards Institute) bezeichnet den erweiterten ASCII-Zeichensatz (8 Bits = 256 Zeichen), der z. B. von Microsoft Windows verwendet wird.

Welcher Unterschied besteht zwischen Individual- und Standardsoftware?

Anwendersoftware besteht aus Programmen, die der Benutzer entweder selbst erstellt hat (Individualsoftware) oder fertig gekauft hat (Standardsoftware).

Fürs DTP gibt es viele Programme. Unterteilen Sie nach Gruppen entsprechend den Funktionen!

Folgende **DTP-Programme** kann man unterscheiden:

- Layoutprogramm (Quark XPress, InDesign)
- Bildbearbeitungsprogramm (Photoshop, Photopaint)
- Illustrations- od. Grafikprogramm (Illustrator, Freehand)
- Internet Editoren (GoLive, Dreamweaver)
- Autorensysteme (Flash, Macromedia Director)
- Text(bearbeitungs)programme (MS Word, Star Writer)
- Videoschnitt (Adobe Premiere, Apple Final Cut)
- Soundbearbeitung (SoundEdit)
- Präsentation (Powerpoint, Lotus Freelance Graphics)
- 3D-Animation (3D Studio)

Wann spricht man von einem Layoutprogramm?

Ein **Layoutprogramm** bietet die Möglichkeit, Bilder und Texte auf ein gewünschtes Seitenformat zu setzen. Musterseiten, Satzspiegeleinstellungen, Stilvorlagen sind z. B. Einstellungsmöglichkeiten.

Optische Speichermedien

Was ist kennzeichnend für optische Speichermedien?

Optische Speichermedien sind feste runde Scheiben, meistens mit einem Ø von 12 cm, auf deren beschichteter Oberfläche die Informationen mittels Laser aufgezeichnet und gelesen werden.

Wie sind CDs aufgebaut?

Der **Schichtaufbau** eines beschreibbaren CD-R-Rohlings ist wie folgt (von der oberen zur unteren Schicht):
- Trägerschicht aus Kunststoff
- Aufzeichnungsschicht, bestehend aus einem Farbstoff
- Reflexionsschicht
- Schutzschicht
- Label und Titelfeld

Welche Arten optischer Speichermedien gibt es?

Es gibt folgende **Arten** von optischen Speichermedien:
- Audio-CD
  - Mixed-Mode-CD
- CD-ROM (Compact Disc Read only Memory)
- Kodak Photo CD
- Daten-CD
  - CD-R (Compact Disc Recordable = beschreibbare CD)
  - CD-RW (CD ReWritable = mehrfach beschreibbare CD)
- Video-CD
  - DVD-ROM (Digital Versatile Disk ROM = CD mit zwei beschreibbaren Schichten auf jeder Seite)
  - DVD-RAM (DVD Random Access Memory = beschreibbare DVD-ROM)

Was ist eine Audio-CD?

Die **Audio-CD** ist die älteste CD-Art. Sie enthält Musik in Form digitaler Daten. Zwar hat sie nichts mit dem Computer zu tun, jedoch ist es aufgrund der digitalen Musikdateien möglich, die Titel im CD-ROM-Laufwerk abzuspielen bzw. die Musikdaten zu kopieren. Im Unterschied zur Daten-CD werden Lead-In- und Lead-Out-Bereich vor dem Datenbereich geschrieben.

Was trifft auf die CD-ROM zu?

Eine **CD-ROM** ist ein preiswertes Speichermedium für überwiegend Daten und Programme, aber auch für Spiele, Lernsoftware, Multimedia-Anwendungen usw. Die Kapazität der CD-ROMs beträgt bis zu 700 MB.

Was sind Pits und Lands auf CDs?

Während der Aufzeichnung werden die Farbstoffe von einem starken Laserstrahl „aufgelöst", wodurch sich der Berechnungsindex der Speicherschicht ändert.

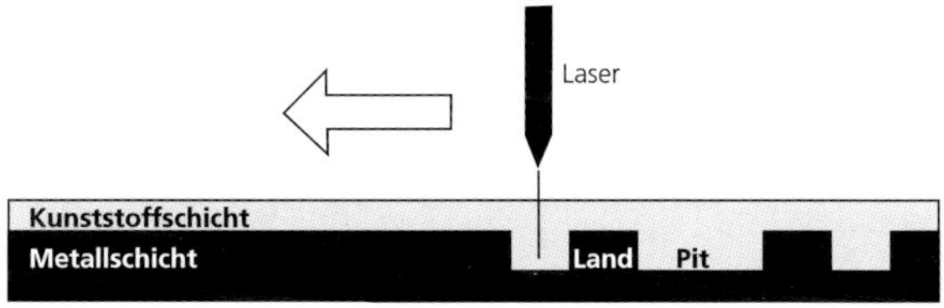

Diese Aufzeichnungsebene unterteilt sich dadurch in **Pits** (Tiefen) und **Lands** (Höhen). Die tiefer liegenden Pits stehen für die Binärzahl 1, da der reflektierte Laserstrahl über eine Fotodiode weitergeleitet wird. Gelangt der Laserstrahl auf die Lands, wird dieser abgelenkt. Lands stehen deshalb für die Binärzahl 0.

Erläutern Sie die Bereiche einer CD-R und deren Speicherreihenfolge!

Beim Schreiben von CDs werden drei Bereiche angelegt:

- **Lead-In-Bereich** bzw. TOC (Inhaltsverzeichnis)
- **Daten- bzw. Programmbereich**
- **Lead-Out-Bereich** (Endmarkierung)

Anhand der Grafik lässt sich die Anordnung dieser drei Bereiche erkennen.

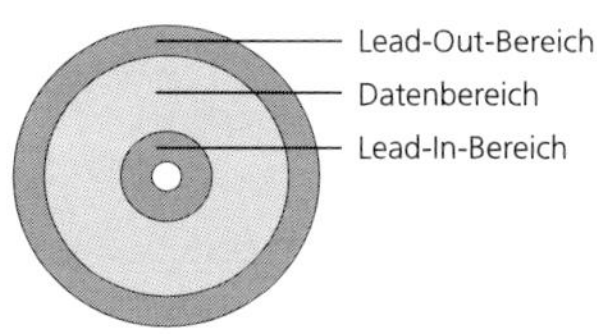

Jedoch findet die Speicherung tatsächlich in folgender Reihenfolge statt: Zuerst wird der Daten- bzw. Programmbereich geschrieben. Hierbei wird jedoch ein Leerraum für den Lead-In-Bereich gelassen. Anschließend folgt der Lead-Out-Bereich und zuletzt der Lead-In-Bereich, da man nun das Inhaltsverzeichnis schreiben kann.

Was versteht man unter CLV-Verfahren?

Das **CLV-Verfahren** (Constant Linear Velocity) ist ähnlich wie bei der Schallplatte. Die Daten werden von innen nach außen auf die CD gebrannt. Dies hat den Vorteil, dass mehr Informationen auf den äußeren Tracks gespeichert werden können.

Was bedeutet Single Speed?

Single Speed bedeutet, dass die CD in einfacher Geschwindigkeit gelesen oder geschrieben wird. Hierbei werden 150 KB Daten pro Sekunde geliefert. Dies entspricht 75 Sektoren pro Sekunde.

Um die Übertragungsrate zu erhöhen, wurden folgende Laufwerke mit höheren Geschwindigkeiten entwickelt:
• Double-Speed • Vierfach-Speed... • 52fach-Speed

Wie wird die Übertragungsrate berechnet?

Die Datenübertragungsrate pro Sekunde wird wie folgt berechnet:
Übertragungsrate = Geschwindigkeit · 150 KB

Wie funktioniert der Lesevorgang bei einer CD-ROM?

Im Gegensatz zum magnetischen Speichermedium wird die Spur einer **CD-ROM** in physikalisch gleich große Sektoren aufgeteilt (wie ein Kuchen), die von einem Lesekopf abgetastet werden. Die Daten selbst werden in einer reflektierenden Schicht innerhalb eines Kunststoffträgers gespeichert. Diese Schicht weist Einkerbungen auf, an denen der Laserstrahl nicht gebündelt reflektiert werden kann. An den erhöhten Stellen dagegen wird der Laser zurückgeworfen und über ein Prisma auf einen Sensor geleitet. Der Rechner wandelt den Kein-Laser/Laser-Code aus dem Sensor in einen Dualcode um.

Wie erklären sich die unterschiedlichen Lesegeschwindigkeiten bei ein und derselben CD?

Die äußere Spur ist größer als die innere und bietet somit mehr Platz für Sektoren. Da immer die gleiche Datenmenge pro Sekunde gelesen wird, dreht sich die CD bei Zugriffen auf die äußeren Tracks schneller als auf die inneren.

Was versteht man unter Latenzzeit?

Latenzzeit bedeutet die Zeitspanne zwischen dem Befehl und der schließlichen Reaktion. Beim Lesen einer CD ist das die Zugriffszeit, die der Lesekopf benötigt, bis er an der gewünschten Stelle angekommen ist.

Was sind die Besonderheiten der CD-R?

Im Gegensatz zu CD-ROMs können **CD-R**s nicht nur gelesen, sondern auch beschrieben werden. Diese Technologie wird als **WORM-Technologie** (Write Once Read Many) bezeichnet. Eine CD-RW hingegen ermöglicht mehrmaliges Beschreiben. Neben den üblichen 12-cm-Recordables gibt es noch die 8-cm-CDs mit einer Speicherkapazität bis zu 200 MB. Diese CDs haben sich jedoch nicht durchgesetzt.
Die Arten der Daten-CD beschränken sich auf:
• Single-Session-CD
  - Hybrid-CD
  - DVD-CD
• Multi-Session-CD

Wie funktionieren Lesen und Brennen bei CD-Rs?

Die **CD-R** hat eine Atip (absolute Timing Vorgabe) genannte Spur, die mit einem Wellenmuster versehen ist. Die Frequenz dieser Wellen wird nach innen immer höher und vom Laser abgetastet. Aus der abgelesenen Wellenfrequenz kann der Computer die genaue Position des Schreib-/Lesekopfes und damit die nötige Drehgeschwindigkeit für den Rohling berechnen. Beim Brennen absorbiert die Farbschicht Licht, was je nach Art der Farbschicht unterschiedliche Auswirkungen auf diese hat. Entweder wird die Farbe an den entsprechenden Stellen ausgebleicht (sie wirft Blasen) oder die Polykarbonatschicht wird zerstört. Als Ergebnis wird in jedem der genannten Fälle der Laser beim Lesen nicht mehr reflektiert.

Unterscheiden Sie Single- und Multi-Session!

Single-Session bezeichnet das einmalige Beschreiben einer CD-R. Es besteht jedoch die Möglichkeit, eine CD-R mehrmals in Teilen voll zu schreiben. Dies wird durch mehrere Sessions ermöglicht. Man spricht deshalb von einer **Multi-Session**.
Session-CDs sind jedoch plattformabhängig.
Der wichtigste Unterschied besteht darin, dass sich auf einer Single-Session-CD ein Lead-In-, ein Daten- und ein Lead-Out-Bereich befinden. Auf der Multi-Session-CD hingegen sind diese Bereiche, je nachdem, wie oft eine solche Session stattgefunden hat, mehrmals hintereinander. Zwischen diesen drei jeweiligen Bereichen befindet sich immer ein Leerraum von je 14 MB.

Was versteht man unter einer Spur bei CDs?

Die **Spur** ist eine spiralförmige von innen nach außen laufende Bahn, an der der Laser entlang fährt. Sie verhindert, dass der Laser bei einer Umdrehung der CD dieselben Sektoren abtastet wie bei der vorigen Umdrehung. Je weiter der Leser nach außen gelangt, umso schneller dreht sich die CD. Wichtige Daten sollten immer auf den inneren Bereich gespeichert werden.

Was sind Sektoren auf CDs?

Sektoren sind Unterteilungen der Spur in Längsrichtung. Ein Sektor kann eine vorgegebene Datenmenge erfassen. Wird diese Menge nicht ausgeschöpft, bleibt der Rest des Sektors leer und neue Daten können erst am Beginn des nächsten Sektors geschrieben werden. Beim Suchen nach Daten springt der Laser von Sektor zu Sektor und liest nur den Anfang, wodurch der Suchvorgang verkürzt wird.

Ein Sektor ist die kleinste unabhängig adressierbare Einheit auf einer CD. Die Adressierung erfolgt durch Angabe in Minuten, in Sekunden und in hundertstel Sekunden.
Jeder Sektor besteht aus zwei KB Daten. Die CD-ROMs können 330000 Sektoren enthalten.
330000 Sektoren · 2 KB = 660 MB.

Wie funktioniert Brenn-Software?

Die **Brenn-Software** (z. B. Adaptec Toast) erstellt eine so genannte Image-Datei; das sind die Daten, die auf CD gebrannt werden sollen, in einem bestimmten Dateiformat (z. B. ISO 9660 für Win/DOS-Rechner). Spezielle Datenformate für CD-ROMs ermöglichen Komprimierung und Prüfung der Daten.

Was bedeutet ISO 9660?

ISO 9660 ist ein hierarchisches Format, das dem MS-DOS-System sehr ähnlich ist. Es erlaubt, Dateinamen bis zu einer Länge von acht Zeichen und ein Dateiattribut (Suffix) von drei Zeichen.
Der Vorteil von ISO 9660 ist die sehr hohe Kompatibilität. Es wird von jedem Betriebssystem unterstützt und kann auch von älteren CD-ROM-Laufwerken gelesen werden.

Was bedeutet HFS?

Auf dem Macintosh ist das **HFS** (Hierarchical File System) das gängige Dateisystem für CD-ROMs.
Im Gegensatz zum ISO-9660-Format können hier Unterverzeichnisse ohne Begrenzung der Ebenenzahl erstellt werden. HFS unterstützt darüber hinaus Dateinamen mit einer Länge von bis zu 31 Zeichen. Ein weiterer Vorteil des HFS liegt darin, dass für die Namensgebung alle Zeichen bis auf den Doppelpunkt (er dient als Trennzeichen zwischen Verzeichnis und dem Dateinamen) zur Verfügung stehen.

Warum kann eine DVD wesentlich mehr Daten aufnehmen als eine CD-ROM?

Im Prinzip funktioniert die **DVD** genauso wie eine CD-ROM, nur hat die DVD auf beiden Seiten zwei beschreibbare Schichten, auf die der Laser fokussiert werden muss. Dadurch und durch die höhere Datendichte jeder einzelnen Schicht wird eine wesentlich größere Kapazität erreicht.

Was versteht man unter den„farbigen Büchern"?

Um sicheren Datenaustausch zwischen verschiedenen Systemen zu gewährleisten, wurden Normen bzw. Standards festgelegt, die in den so genannten **„farbi-**

gen Büchern" („Bunte Bücher" oder „RainbowBooks") festgehalten werden.
Das erste Buch dieser Reihe wurde 1980 erstellt und mit einem roten Einband versehen.

Welche „farbigen Bücher" zur Darstellung und Standardisierung der Eigenschaften gibt es für CD-ROMs?

Folgende **farbige Bücher**, die für CD-ROM und DVD-Herstellung von Bedeutung sind, gibt es:

- Red Book (1980)
  Normungen für Audio-CDs
- Yellow Book (1982)
  Erweiterte Festlegungen für Audio-CDs und PC-genutzte CD-ROMs
- Green Book (1986)
  Produktionsgrundlagen für interaktive CD-ROMs (CD-I) mit Zugriff auf Audio-, Daten- und Videoinformationen
- Orange Book (1990)
  1. Teil: Normung für Magneto Optical Disc (MOD oder CD-MO)
  2. Teil: Normung für Single-Session- und Multi-Session-CD-ROM
- White Book (1991)
  Festlegungen für digitale Videos für Video-Player und PC
- Blue Book (1995)
  Normung für Mixed-Mode-CDs (geeignet für PC-CD-Player und Audio-CD-Laufwerke)
- Digital Versatile Disk (1995/1996)
  Für die DVD-Technik existiert noch kein Rainbow-Book

Welche Speicherkapazitäten sind derzeit üblich?

Folgende **Speicherkapazitäten** sind derzeit bei den Speichermedien üblich:

• L1-Cache	8–128 KB	• CD	640–870 MB
• L2-Cache	ab 128 KB	• DVD	4,7 GB
• Arbeitsspeicher	ab 512 MB	• Festplatte	40–400 GB
• Diskette	1,4 MB	• Streamer	70–320 GB

Magnetische Speichermedien

Was sind magnetische Speichermedien?

Mit **magnetischen Speichermedien** sind Magnetbänder, Streamertapes, Disketten/ZIP-Laufwerke und Festplatten gemeint, bei denen der Speicherbedarf jeweils mit Hilfe von Magnetschichten gedeckt wird.

Wie sind magnetische Speichermedien aufgebaut?

Die **magnetischen Speichermedien** bestehen aus einer Platte oder einem Band mit einer magnetischen Schicht. In dieser Schicht befinden sich ungeordnete und ungeladene Eisenteilchen. Über den Platten bzw. dem Band schwebt ein Hufeisenmagnet, der als Schreib-Lese-Kopf bezeichnet wird, da er zum Lesen und Festhalten der Daten dient. Seine Pole (+ positiv und - negativ) zeigen nach unten, also in Richtung Platte/Band. Um das Mittelstück des Magnets wird eine Spule gewickelt, die die Binärdaten an den Magnet sendet.

Erläutern Sie den Speicherungsablauf bei magnetischen Medien!

Das Magnetfeld des Schreib-Lese-Kopfes bringt die Eisenteilchen in der Platte bzw. auf dem Band in Bewegung und magnetisiert sie, sodass jedes Teilchen auch einen Plus- und einen Minuspol hat. Diese richten ihre Pole nun nach dem Schreib-Lese-Kopf aus (Pluspol eines Eisenteilchens zeigt zum Minuspol des Schreib-Lese-Kopfes) und dadurch bildet sich eine Kette von Eisenteilchen. Die nächste Kette hängt sich daran. Zwei Ketten bilden ein Bit. Zeigt Plus auf Plus und Minus auf Minus, zeigt dieses Bit die 1, bei entgegengesetzten Richtungen der Pole die 0. Der Schreib-Lese-Kopf wandert nun über das Band. Der Stromfluss in den Bits überträgt sich auf die Spule. Je nach Stromrichtung erkennt diese die 1 oder 0, fasst die Binärcodes zusammen und teilt sie dem Schreib-Lese-Kopf mit.

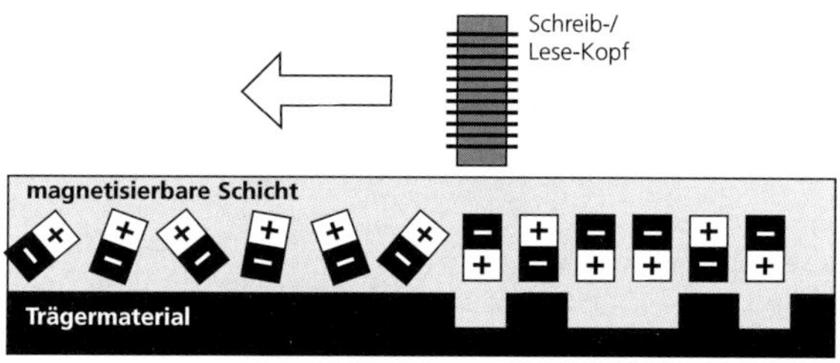

Welche Besonderheiten treffen auf Disketten zu?

Disketten (Floppy-Disk) sind eine Variante der Magnetplatte. Sie bestehen aus einer flexiblen, von einer Hülle geschützten Kunststoffplatte. Der Datenzugriff erfolgt über die Schreib-Lese-Köpfe im Laufwerk. Ihre Kapazität beschränkt sich auf 1,4 MB; das Format ist 3,5 Zoll. Veraltet, meist ersetzt durch Speichersticks.

Was geschieht beim Formatieren der Festplatte?

Beim **Formatieren** der Festplatte erzeugt das Betriebssystem auf der Magnetschicht neue Sektoren (Abschnitte), welche die alten Sektoren ersetzen.

Multimedia

Was ist Multimedia?

Der Begriff **Multimedia** (MM) steht in unmittelbarem Zusammenhang mit Computern und bezeichnet das Zusammenspiel von statischen Medien wie Text, Bild, Grafik und dynamischen Medientypen wie Audio, Animation und Video unter Nutzung eines einzigen Ausgabemediums. Interaktivität ist zwar streng genommen kein Kriterium (Kennzeichen) von Multimedia, wird aber in vielen Definitionen mit aufgeführt.

Was bedeutet „interaktive Nutzung"?

Bei **interaktiver Nutzung** ist der Anwender nicht ausschließlich Empfänger der verschiedenen Informationen, sondern kann selbst über entsprechende Rückkanäle (2-Wege-Technik) Informationen abrufen, verändern und Aktionen auslösen.

Planung und Realisierung

Welche Schritte durchläuft die Entwicklung einer Multimedia-Anwendung?

Folgende **Phasen** durchläuft die Entwicklung einer multimedialen Anwendung:
- Briefing
- Konzeption
  - Storyboard
  - Projektierung
- Produktion
- Testphase
- Generierung (Rendern in gewünschte Auflösung, Geschwindigkeit etc.)

Was sollte jedes Briefing zur Erstellung einer Multimedia-Anwendung enthalten?

Bevor eine Multimedia-Anwendung konzipiert wird, sollten folgende Punkte im **Briefing** abgeklärt werden:
- Ziele (Verkaufen, Informieren, Aufmerksamkeit erregen, Anfragen bekommen, Besucherzahlen maximieren)
- Primäre und sekundäre Zielgruppen (Interessen, Bedürfnisse, Fertigkeiten)
- Fähigkeiten des Zielpublikums (Wissen, Computerleistung, Programme)
- Hauptaussage, die jeder Anwender begreifen soll
- Vorhandene Inhalte verwenden oder neue schaffen?
- Welche Bilder, Videos usw. sind verfügbar?
- Müssen Anwenderdaten aufgenommen werden?
- Welche neuen Technologien werden eingesetzt?

- Welche Informationen werden sich verändern? (wie, wie oft, in welchem Umfang)
- Position des Produkts gegenüber Konkurrenz überprüfen
- Stärken und Schwächen im Vergleich zur Konkurrenz
- Welcher zeitliche Rahmen ist einzuhalten?
- Wie hoch ist das Budget?

Welche Gesichtspunkte sollten bei der Konzeption beachtet werden?

Bevor ein MM-Produkt (Multimedia-Produkt) gestaltet wird, sollte eine **Konzeption** vorliegen. Bei dieser sollten folgende Punkte in Betracht gezogen werden:

- Inhalte
- Navigation
- Interaktivitäten
- Ziele
- Zielgruppendefinition
- Design (Gestaltungsraster)
- technische Anforderungen
- Tonalität

Was ist ein Storyboard bei Multimedia-Produktionen, z. B. für eine Webseite?

Ein **Storyboard** ist ein Ablaufplan, in dem die wesentlichen Szenen und Bildschirminhalte exemplarisch dargestellt werden. Es gibt Auskunft über folgende Punkte:

- Aufbau und Gestaltung der einzelnen Seiten
- Quellen und Qualitätsstufen des Bild- und Tonmaterials
- Synchronisation der verschiedenen Medien
- Übergänge zwischen verschiedenen Sequenzen
- Strukturierung des groben Ablaufes

Auch die Navigation z. B. einer Webseite kann als Storyboard zeichnerisch dargestellt werden. Dabei wird verdeutlicht, wie sich die einzelnen Seiten gliedern, was sich darauf befindet, wie sie benannt werden und vor allem, von wo man wohin kommt.

Was geschieht bei der Projektierung und anschließenden Produktion?

Bei der **Projektierung** werden eine Detailkalkulation durchgeführt, ein genauer Produktionsplan sowie ein Projektteam aufgestellt. Danach erfolgt die eigentliche **Produktion** der Video- und Tonaufnahmen.
Schließlich werden Texte, Bilder, Grafiken, Animationen, Videos, Sound- und Sprachelemente zusammengefügt. Das geschieht mithilfe einer Programmiersprache oder eines Autorensystems.

Navigation

Was versteht man im Nonprint-Bereich unter Navigation?

Auf MM-Anwendungen findet man sich durch **Navigation** (z. B. durch Buttons) zurecht. Die soll benutzerfreundlich angelegt sein. Das geschieht durch geschicktes Verknüpfen der zugehörigen Seiten, durch darauf abgestimmte Gestaltung und über ein Inhaltsverzeichnis (Sitemap).

Was sollte bei einer Navigation bedacht werden?

Um einfache und **übersichtliche Navigationssysteme** zu entwickeln, sollten folgende Gesichtspunkte berücksichtigt werden:

- Was findet man auf der Seite?
- Wo befindet man sich im Moment?
- Wohin kommt man von hier aus?
- Wo war man bereits?
- Wie kommt man zur Gesamtübersicht (Sitemap)?
- Wie kommt man zur Startseite?

Was ist eine Sitemap?

In einer **Sitemap** werden alle Seiten z. B. eines Internetauftritts hierarchisch aufgelistet und mit den entsprechenden Seiten der Webseite verlinkt. Bei Webauftritten größeren Umfangs dient sie als sehr hilfreiches Inhaltsverzeichnis.

Welche Navigationsstrukturen gibt es für Webseiten?

Folgende **Navigationsstrukturen**, abhängig vom Thema und von der Zielgruppe, sind möglich:

- lineare Struktur
- jumplineare Struktur
- Baumstruktur (hierarchisch) wird meistens für Webseiten verwendet
- Netzstruktur
- Singleframe-Struktur
- See-and-Point-Struktur

Welche Besonderheiten weist eine MM-Produktion mit linearer Struktur auf?

Die **lineare Struktur** ist die einfachste Struktur. Hier kann man sich nur vorwärts bewegen, d.h. die Seiten bauen aufeinander auf. Jede Seite setzt das Wissen oder die Information der vorhergehenden voraus. Sie ist vor allem für kleinere MM-Produktionen geeignet.

Anwendung findet sie bei

- Lernsystemen
- Prüfungen
- Intelligenztests
- Präsentationen

Was versteht man unter jumplinearer Struktur?

Die **jumplineare Navigation** stellt eine Variation der linearen Struktur dar. Bei der linearen Anordnung der Screens besteht die Möglichkeit, von der Titelseite oder einer Auswahlseite auf jede Seite direkt zu springen (jumpen).
Diese Struktur ist für komplexe Themen nicht geeignet.

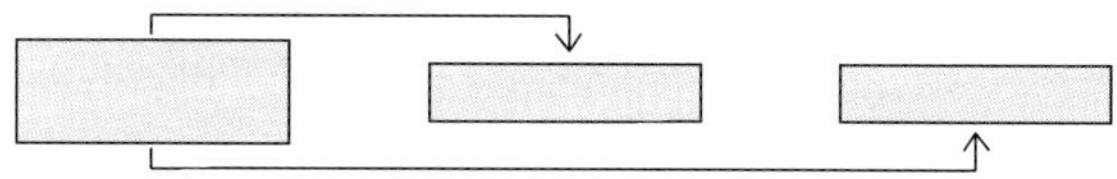

Was ist eine Baumstruktur, wie sie z. B. bei vielen Webseiten üblich ist?

Wie der Name schon sagt, besteht bei der **Baumstruktur** die Möglichkeit, sich wie auf einem Baum auf dessen Ästen und Zweigen fortzubewegen. Der Aufbau ist vergleichbar mit einer Mindmap.
Jedoch kann meist nicht von dem einen kleinen Ast auf einen anderen kleinen Ast gesprungen werden, sondern man muss zurückgehen zum Ausgangspunkt und kann dann erst den anderen Weg einschlagen.

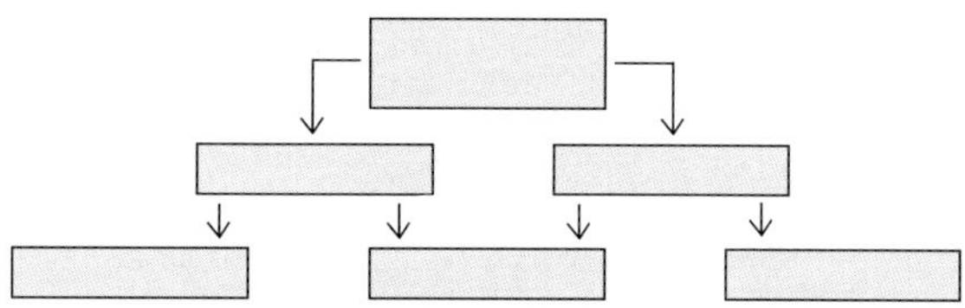

Was versteht man unter der Netzstruktur, die ebenfalls häufig zur Webseiten-Navigation genutzt wird?

Bei der **netzartigen Struktur** existiert keine eindeutige Hierarchie. Die miteinander vernetzten Untersysteme bilden so genannte Knoten. Von diesen Knoten gelangt man zu den angrenzenden Seiten. Aufgrund der Unübersichtlichkeit werden hohe Ansprüche an die Navigationselemente gestellt.

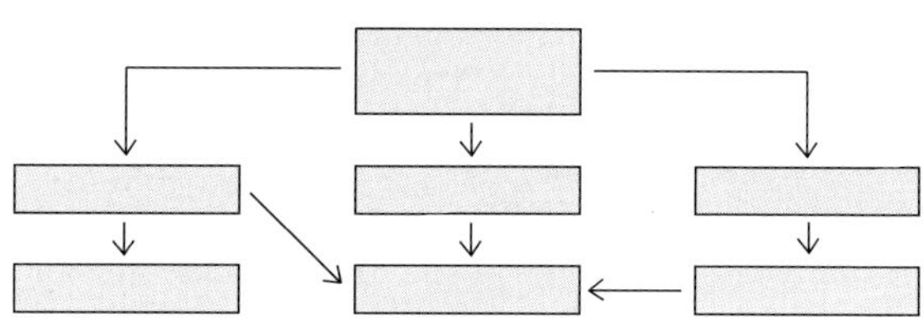

Was versteht man im Multimedia-Bereich unter Singleframe-Struktur?

Bei der **Singleframe-Struktur** sind die Seiten alle nach demselben Schema aufgebaut und vermitteln so den Eindruck, als befände man sich stets auf derselben Seite, nur dass der Inhalt variiert.

Was versteht man im Multimedia-Bereich unter Singleframe-Struktur?

Bei dieser Struktur gibt es weder eine Hierarchie noch ein Haupt- oder Untermenü.

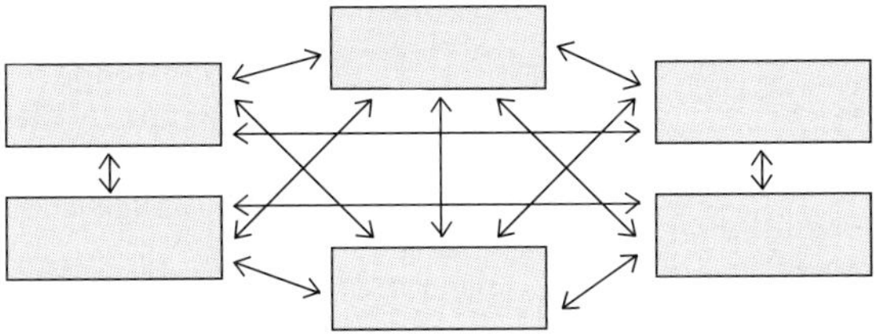

Was versteht man unter See-and-Point-Struktur?

Bei der **See-and-Point-Struktur** befindet man sich immer auf derselben Seite. Bei Anklicken eines Links öffnet sich immer ein Zusatz-Fenster, das neben textlichen Inhalten oft auch noch dynamische Informationselemente wie Sound, Video und Animationen präsentiert.

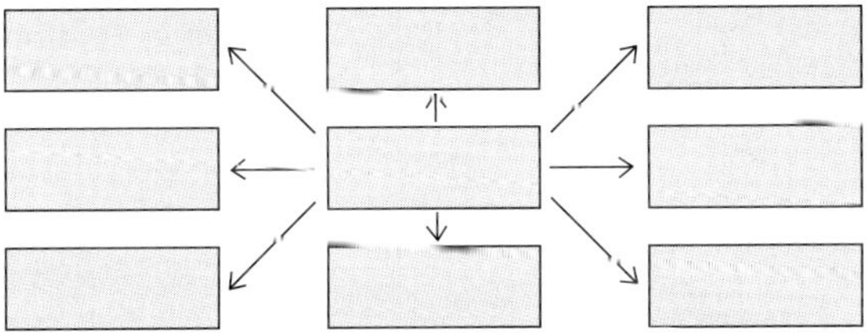

Welche Aspekte sind bei Funktion und Anordnung der Navigationsleiste auf Webseiten zu beachten?

Um Surfern die Orientierung auf Webseiten zu erleichtern, sollte für **Funktion** und **Anordnung** der Navigation das Folgende beachtet werden:

- einheitliche Anordnung auf allen Seiten (z.B. am linken Rand)
- Link zur Startseite (Homebutton)
- Link zum Seitenanfang bei längeren Scrollseiten
- Anzeige des Pfades (Breadcrump-Navigation)
- die wichtigsten Links (z.B. Kontakt, Hilfe, Impressum) auf jeder Seite anbieten = Meta-Navigation

Navigationselemente kann man auch nach Form und Zweck unterscheiden. Nennen Sie bitte einige!

Folgende **Navigationsformen** stellen die Auswahl nach verschiedenen Gesichtspunkten dar:

- Buttons
  - Zurück-Button
  - Mehr-Button
  - Weiter-Button
- Pull-down-Menü
- ComboBox
- Hypertext-Link

Welche Vorteile bieten Pull-down-Menüs?

Die Vorteile eines **Pull-down-Menüs** sind:
- platzsparend und übersichtlich
- Begriffe lassen auf den Menü-Inhalt schließen
- Einträge können durch Untermenüs weiter verzweigen
- Inhalte sachlogisch oder hierarchisch gliederbar
- Auswahl durch Tastaturkürzel möglich

Was ist eine ComboBox, auch Dialogbox oder Dialogfeld genannt?

Eine **ComboBox** ist ein Navigationselement, das nur wenig Platz benötigt. Ähnlich einem Pull-down-Menü, öffnet sich bei Mausklick eine Liste mit verlinkten Begriffen.

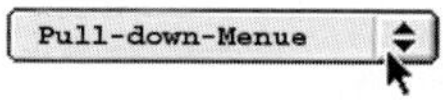

Bild

Welche Anforderungen werden an Bilder in MM-Produktionen gestellt?

Für MM-Produktionen sollten **Bilder** zwei Hauptanforderungen genügen:
- optimale Farb- und Detaildarstellung auf allen gewünschten Plattformen
- optimale Dateigröße zur Verringerung der Ladezeiten

Da beides gleichzeitig nicht möglich ist, muss je nach Anwendung eine individuelle Lösung gefunden werden.

Worauf sollte man wegen unterschiedlicher Zielrechner Rücksicht nehmen?

Die **Bilddarstellung** ist von einigen Variablen des Zielrechners abhängig:
- Betriebssystem, Plattform
- Grafikkarte
- Monitor (-einstellungen, -größe, -auflösung)
- Browser (-typ, -version)
- Fenstergröße

Was ist über die Bildgröße in MM-Medien zu sagen?

Da sich der Bildschirm je nach Auflösung aus einer bestimmten Anzahl von Pixeln zusammensetzt, wird die **Bildgröße** nicht in cm, sondern durch die Pixelmaße (Anzahl der Pixel in Höhe und Breite) bestimmt.
Je nach eingestellter Bildschirmauflösung verändert sich die Bildgröße dementsprechend.

Welche Bild-Dateiformate können fürs Internet verwendet werden?

Mehr Informationen finden Sie auf Seite 239!

Als **Bildformate** eignen sich dank mehr oder weniger hoher Komprimierung:
- JPEG-Dateien
  geeignet für Fotografien (Echtfarben: 24-bit-Modus)
- Gif-Dateien
  platzsparend (indizierte Farben: 8-bit-Modus)
  Folgende Gif-Varianten werden unterschieden:
  - interlaced Gif

- transparentes Gif
- animated Gif

• PNG-Dateien
Echtfarben, Transparenz, Kompressionsverfahren, jedoch erst ab der Browserversion 4.x, nicht animationsfähig

Was bedeutet Transparenz in MM-Bildern?

Transparenz ist eine Möglichkeit, in einer Grafik (GIF, PNG) oder einem Video eine bestimmte Farbe ganz oder auch teilweise durch den jeweiligen Hintergrund ersetzen zu lassen.

Was heißt „interlaced"?

Ein Bild mit der Option **Interlaced** speichert Pixel in nichtlinearer Folge. Das Bild wird in mehreren Durchgängen aufgebaut. Anfangs erblickt man nur die Rohansicht.

Was bedeutet IBR?

Durch das Verfahren **IBR** (Image Based Rendering) lassen sich digitale Objekte im Winkel von 360° betrachten (Panoramabilder). Hierbei wird eine Anzahl Fotos aus verschiedenen Blickrichtungen mithilfe spezieller Datenstrukturen und Interpolationsverfahren berechnet.

Sound/Audio

Akustische Wahrnehmung

Erläutern Sie die Funktionsweise des Gehörs!

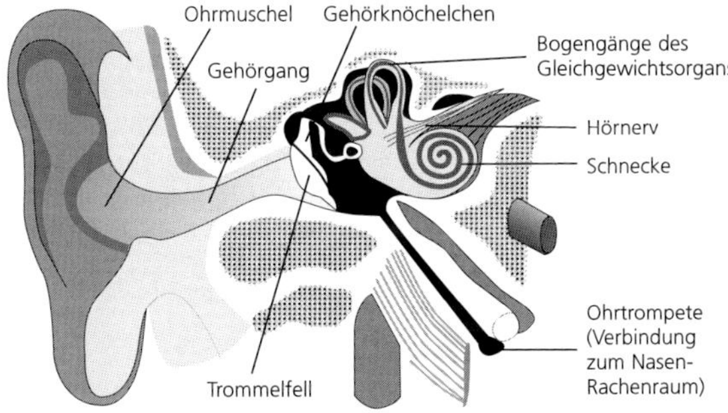

Akustische Signale werden von der Luft in Form von Schwingungen (Schallwellen) transportiert. Die Ohrmuschel fängt diese Wellen auf und leitet sie über den Gehörgang in das Mittelohr weiter. Dort treffen sie auf das Trommelfell, welches dadurch zu vibrieren beginnt. Die Schwingungen, die beim Aufprall auf das Trommelfell entstehen, werden über die Gehörknöchelchen Amboß, Hammer und Steigbügel an die Schnecke weiter-

gegeben, in der sich hochempfindliche Sinneszellen (Haarzellen) befinden, die die mechanische Energie der ursprünglichen Luftzellen in elektrische Energie umwandeln. Diese Energie wird über den Hörnerv an das Gehirn als Nervenimpuls weitergeleitet.
Das Gehirn verarbeitet schließlich die ankommenden Signale beider Ohren und interpretiert sie entsprechend.

Welche Fähigkeiten hat das Gehör?

Das Gehör verfügt u. a. über folgende **Fähigkeiten**:

- Auditive Aufmerksamkeit
  sich auf akustische Reize konzentrieren
- Auditive Figur-Grund-Wahrnehmung
  ein akustisches Signal aus mehreren erkennen
- Auditive Lokalisation
  Orten eines akustischen Signals (helle Töne lassen sich einfacher orten als tiefe Töne)
- Auditive Diskrimination
  Laute und leise Töne unterscheiden können
- Auditive Merkfähigkeit
  Gehörtes speichern und wiedererkennen
- Auditive Gliederung
  Verstehen und inhaltliches Zuordnen des Gehörten
- Auditive Serialität
  unterschiedliche auditive Reize in ihrer Reihenfolge wahrnehmen und erkennen

Erläutern Sie den Begriff Schwingung anhand der mathematischen Kurve!

Die von der Luft transportierte **Schwingung** (Schallwelle = räumliche Ausbreitung einer Schwingung) stellt eine sich regelmäßig wiederkehrende Bewegung um einen Ruhepunkt dar. Sie wird als mathematische Kurve dargestellt. Diese Kurvenformen werden auch als **Sinusschwingung** bezeichnet:

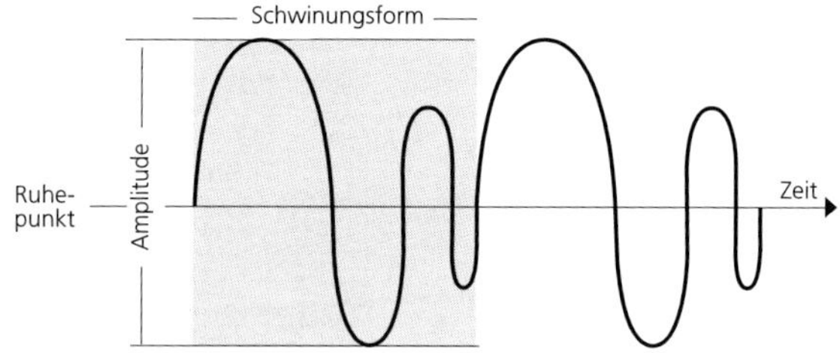

Folgende Merkmale erläutern die Kurvenform:

- Amplitude
  maximale Auslenkung einer wiederkehrenden Bewegung. Sie gibt Auskunft über die Lautstärke.

- Schwingungsformen
  werden von den aneinandergereihten unterschiedlichen Schwingungen gebildet. Sie bestimmt den Klang.
- Frequenz
  gibt an, wie oft sich eine Schwingungsform in einer Sekunde wiederholt. Sie wird in Hertz (Hz) gemessen und steht für die Tonhöhe.

Unterscheiden Sie Ton, Klang, Geräusch und Knall!

Die einfachste Art einer Schallwelle ist ein **Ton**. Er hat nur eine einzige Frequenz und ist nur elektronisch herstellbar. Die Kurvenform ist eine reine Sinusschwingung. Der natürliche „Ton" ist, physikalisch gesehen, bereits ein **Klang**. Er besteht aus einer Summe von Tönen. Der jeweils tiefste Ton bestimmt die Frequenz des Klanges, während die Tonhöhe durch den Abstand der Obertöne bestimmt wird.
Geräusche bestehen aus vielen Frequenzen, deren einzelne Schwingungen unperiodisch sind.
Ein **Knall** hingegen besteht aus wenigen, kräftigen Schwingungen innerhalb sehr kurzer Zeit.

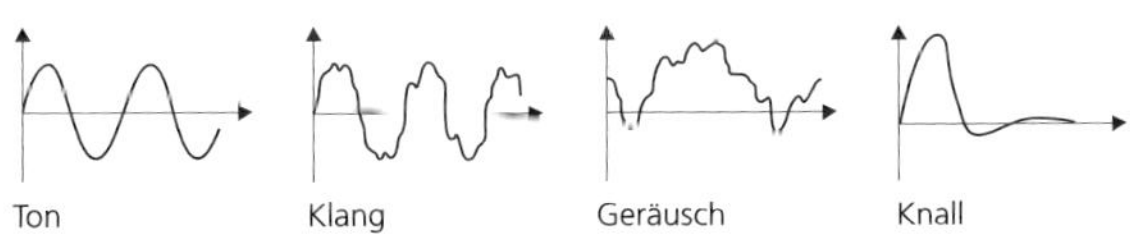

Unterscheiden Sie akustisch und auditiv!

Die **Akustik** (Lehre vom Schall) beschreibt den physikalischen Reiz, während man bei den anatomischen Grundlagen des Hörvorganges und den physiologischen Prozessen von **auditiv** spricht. Deshalb unterscheidet man auditive Wahrnehmung und akustische Reize.

Audiotechnik (analoge und digitale Audiosignale)

Unterscheiden Sie analog und digital in der Audiotechnik!

Während bei der Übertragung analoger **Audiosignale** sich kontinuierlich ändernde Spannungen übertragen werden, handelt es sich bei digitalen Audiosignalen lediglich um Zahlenwerte, die den Spannungswerten entsprechen.

Welche Nachteile haben analoge Audioaufzeichnungen gegenüber digitalen?

Da bei Aufzeichnung analoger Audiosignale anders als bei digitalen Audiosignalen kein Sampling erfolgt, werden die Klangereignisse zwar stufenlos dargestellt, jedoch ergeben sich **Nachteile** im Vergleich zur digitalen Aufzeichnung:
- lange Zugriffszeit
- hohe Empfindlichkeit und Abnutzung

• Kopierverluste
• geringe Dynamik

Erläutern Sie die Begriffe Mono-, Stereo- und Mehrkanalaufzeichnung!

Mono ist ein Einkanal-Sound, d.h. beim Einsatz von zwei Lautsprechern werden beide mit ein und demselben Signal beschickt. Bei **Stereo** (Zweikanalsound) existiert für jeden der beiden Lautsprecher ein eigenes Signal. Dadurch entsteht ein gewisser Raumklangeindruck. Beim **Mehrkanalton** bzw. **Sourround** existieren bis zu 8 Kanäle, denen ein eigenes Klangmaterial zugewiesen wird. Räumliche Darstellung ist damit sehr gut möglich.

Was geschieht bei der Digitalisierung von analogen Audiosignalen?

Analoge Audiosignale geben im Zeitbereich stetig verlaufende Signale mit unbegrenztem Wertevorrat ab. Zur **Digitalisierung** müssen diese Signale in regelmäßigen Abständen abgetastet werden (sample). Anschließend werden die Signale zwischengespeichert (hold), dann quantisiert und in Binärdaten codiert. Diese Vorgänge werden vom A/D-Wandler durchgeführt. Die Rückführung in analoge Signale geschieht durch den D/A-Wandler.

Wovon hängt die Höhe der Samplingrate ab?

Der Mensch kann akustische Ereignisse innerhalb des Frequenzbereiches von 20 Hz (tiefe Töne) bis 20 kHz (hohe Töne) wahrnehmen. Um optimale Qualität bei der Digitalisierung zu erzielen, muss die **Samplingrate** (Anzahl der Abtastwerte pro Sekunde) mindestens doppelt so hoch sein wie die aufzunehmende Frequenz. Wenn es keinen Antialiasingfilter im Wandler gibt, kommt es bei zu geringer Samplingrate zum Aliasing-Fehler. Die Samplingrate wird in Hz angegeben.

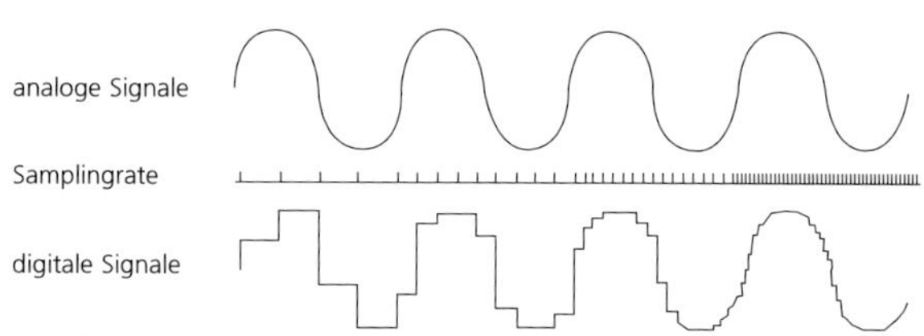

Was versteht man unter Oversampling?

Da durch Antialiasingfilter der Sound an Klarheit und Brillanz verliert, wurde die Methode **Oversampling** entwickelt. Dadurch wird das Ditherrauschen über einen größeren Frequenzbereich verteilt und somit in unhörbare Frequenzbereiche gebracht. Z.B. bei einer Aufzeichnung von 44,1 kHz mit 2fach Oversampling erfolgt die Abtastung in 88,2 kHz, die Speicherung in 44,1 kHz. Bei jeder Verdoppelung der Frequenz verringert sich das Quantisierungsrauschen, das durch zu geringe Bittiefe (Bitrate, Auflösung) entsteht, um 3 Dezibel.

Was versteht man unter Dynamik in der Tontechnik?

Der Begriff **Dynamik** beschreibt den Bereich von der geringstmöglichen bis zur größtmöglichen Lautstärke. In der Technik versteht man unter Dynamik den Pegelunterschied zwischen dem geringst- und höchstmöglichen Pegel. Das menschliche Ohr ist in der Lage, einen Dynamikbereich von bis zu 120–130 dB (Dezibel) zu erfassen.
Die **Bittiefe** bestimmt bei der Digitalisierung den Dynamikumfang. D.h. je weniger bits pro Sample ein Audioformat hat, desto geringer wird der darstellbare Unterschied zwischen laut und leise. 1 Bit = 6 dB.

Wie errechnet sich die Datenmenge einer einminütigen Aufzeichnung in Stereo?

Um die **Datenmenge** einer einminütigen Aufzeichnung in Stereo (2 Kanäle) zu berechnen, wird folgende Formel verwendet (mit Beispiel einer Musik-CD):
Samplingrate · Bittiefe · Kanäle · 60 Sekunden
44,1 kHz · 16 Bit · 2 · 60 = 84672 Bit

Was besagt die Datenrate?

Der Begriff **Datenrate** gibt an, wie viele Bits pro Sekunde (bps) übertragen werden. Beispielsweise fließen bei einer CD konstant ca. 1,4 kbps zum Wandler. Um Speicherplatz und Übertragungskapazität zu sparen, werden Daten komprimiert, wobei der Grad der Komprimierung die Höhe der Datenrate bestimmt. Je geringer die Datenrate, desto schlechter die Qualität.

Welche Dateiformate dienen zur Speicherung von digitalen Audiosignalen?

Mehr Informationen finden Sie auf Seite 241!

Folgende **Dateiformate** eignen sich zur Speicherung von Tonaufzeichnungen:
- Wave (verlustfrei, Standard für Windows)
- RealAudio (Streaming unterstützendes Format)
- MPEG-Audio (hohe Qualität bei kleiner Dateigröße)
- MIDI (enthält Steuerinformationen für MIDI-Geräte)

Was bedeutet Mastering bei der CD-Produktion?

Unter **Mastering** versteht man die digitale Endbearbeitung (Klangveredlung), bevor die Produktion endgültig beginnt. Die Aufnahme wird mit Hilfe von Filtern, Equalizern, Kompressoren und teilweise auch mit psychoakustischen Geräten klanglich verbessert. Schließlich wird eine Master-CD hergestellt, die als Ausgangsprodukt für die Fertigung von Massenkopien dient.

Bewegtbild/Video

Was versteht man unter Frame?

Die einzelnen Bilder, aus denen sich eine Sequenz zusammensetzt, werden als **Frames** bezeichnet. Um kontinuierlichen Bewegungsablauf zu erzeugen, ist eine Framerate (Timebase) von 24 – 30 fps (Frames pro Sekunde) notwendig. Folgende Standards haben sich durchgesetzt:

- PAL (25 fps) im westeuropäischen Raum
- SECAM (25 fps) in Frankreich
- NTSC (30 fps) in den USA

Was sind Keyframes?

Der Begriff **Keyframes** stammt ursprünglich aus der Trickfilm-Animation und bezeichnet die Frames, die für die so genannten Schlüsselszenen im Video stehen.

Was versteht man unter Zeilensprungverfahren?

Zwar erscheint eine Bildfolge von 25 Bildern pro Sekunde dem Menschen als fließende Bewegung, um jedoch ein völlig flimmerfreies Bild zu schaffen, werden die 25 Vollbilder (Frames) in zwei **Halbbilder** (Fields) zerlegt, welche mit doppelter Frequenz (50 Hz) hintereinander und dabei ineinander verschachtelt übertragen werden. Das erste Halbbild besteht dabei aus den ungeraden Zeilen 1, 3, 5 usw. und das zweite aus den geraden Zeilen. Dieses Verfahren wird als **Zeilensprungverfahren (Interlacing)** bezeichnet.

Unterscheiden Sie Film, Video und Digital-Video!

Der Film (Emulsionsschicht auf transparentem Kunststoffträger) setzt sich aus einer Reihe von Bildern zusammen, die durch Projektion auf eine Leinwand oder Übertragung auf den Bildschirm gezeigt werden.
Der Begriff **Video** bezieht sich auf die elektronische Aufzeichnung von Bildfolgen und Audiosignalen. **Digital-Video** ist die digitale Speicherung von elektronisch aufgezeichnetem Bewegtbild und Audiosignalen.

Was ist gemeint, wenn von Animationen die Rede ist? Wozu werden Animationen verwendet?

Animationen sind 2-dimensionale Trickfilme, die aus einer Reihe aneinander gehängter Bilder bestehen. Aufgrund technischer Entwicklungen wurden sie immer anspruchsvoller bis hin zu hochwertigen, kaum von der Realität zu unterscheidenden 3-D-Animationen.
Für die Erstellung der Animationen sind spezielle Softwarewerkzeuge nötig. Die Programme müssen in der Lage sein, 2-D- oder 3-D-Objekte zu erstellen, diese zu

bewegen, zu animieren, und die daraus resultierenden Animationssequenzen anschließend zu berechnen (rendern).
Animationen werden eingesetzt, wenn ein Vorgang gezeigt werden soll, der in der Realität gar nicht oder nur sehr schlecht zu veranschaulichen ist (z.B. bei der Darstellung des Stromkreislaufs).

Konzeption/Entwurf

Welche Phasen durchläuft eine Filmproduktion?

Folgende **Phasen** durchläuft eine Filmproduktion:
- Analyse
  - Prämisse (Idee)
  - Drehbuch
  - Projekt (Zeit)/Budgetplan
- Entwurf
  - Storyboard
  - Modellblätter
- Realisierung
  - Dialoge
  - Schauspieler
  - Requisite
  - Dreh
- Postproduktion
- Schnitt
  - visuelle Effekte
  - Sound-Effekte (Vertonung)
  - Output

Was ist ein Drehbuch?

In einem **Drehbuch** werden neben den Handlungen des Films auch die Definition der Charaktere, die Festlegung von Dialogen, die Location und das Umfeld (z.B. nachts) festgehalten. Der Aufbau richtet sich dabei nach den Prinzipien der Dramaturgie (z.B. Spannungsaufbau).

Was ist ein Storyboard in der Filmproduktion?

Die Schlüsselszenen des Films werden im **Storyboard**, ähnlich einem Comic, aufskizziert. Es enthält Angaben zur Kameraführung und zu den Übergängen, die u.a. mit Pfeilen auf den Skizzen vermerkt werden. Eine der wichtigsten Aufgaben des Storyboards ist die Darstellung des Kamerastandpunktes und der -perspektive.

Was sind Modellblätter?

Modellblätter (modelsheets) sind Entwürfe von Charakteren in verschiedenen Posen, Ansichten und Gemütsverfassungen.

Filmproduktion

Was versteht man unter Einstellung bei der Aufnahme?

Die **Einstellung** bezeichnet die kleinste Einheit eines Films. Zur Stummfilmzeit durften die Kameras nicht bewegt werden, um eine Szene ununterbrochen zu filmen. Heute wechseln die Einstellungen in einer Szene.

Welche Gestaltungsmittel für die Einstellung gibt es?

Folgende Punkte dienen als **Gestaltungsmittel** für die Einstellung:
- Einstellungsgröße
- Dauer der Einstellung
- Blickwinkel und Standpunkt
- Kamerabewegung
- Brennweite
- Bildkomposition
- Licht und Farbe

Wie werden die Einstellungsgrößen unterteilt?

Die **Einstellungsgrößen** bei der Aufnahme werden folgendermaßen unterteilt:
- Detailaufnahme (kleinere Teile eines Objekts oder Gesichts)
- Großaufnahme (das Gesicht einer Person)
- Nahaufnahme (von Kopf und Oberkörper)
- Amerikanische Einstellung (von Kopf bis Oberschenkel)
- Halbnah (vom Knie aufwärts)
- Halbtotale (Teile einer Situation)
- Totale (Überblick über gesamte Situation)
- Panorama (z.B. Landschaft, Meer...)

Was ist bei der Aufnahme ein Schwenk?

Beim **Schwenk** wird die Kamera auf gleichem Standpunkt auf dem Stativ nach rechts, links, oben oder unten gedreht. Bei jedem Schwenk verändert sich der Ausschnitt, den die Kamera zeigt.

Welche Schwenkarten gibt es?

Folgende **Schwenkarten** gibt es:
- Langsamer bzw. panoramierender Schwenk
  Die erweiterte Totale hat eine hinführende sowie orientierende Wirkung.
- Zügiger Schwenk
  Zwei Einstellungen werden räumlich miteinander verbunden.
- Reißschwenk
  Durch die schnelle Kamerabewegung wird räumliche sowie zeitliche Verbindung geschaffen; dazwischen liegende Einzelheiten sind nicht mehr erkennbar.

	• Geführter Schwenk Die Bewegung eines Objekts oder einer Person wird von der Kamera verfolgt.
Was bedeutet Kamerafahrt?	Wenn die Kamera auf ein bewegliches Gestell montiert ist oder wenn sie getragen wird, sind **Kamerafahrten** möglich. • Parallelfahrt (Kamera und Objekt bewegen sich in dieselbe Richtung) • Ranfahrt (Kamera bewegt sich auf das Objekt zu) • Aufzugsfahrt (z. B. von oben nach unten) • Verfolgungsfahrt (Kamera verfolgt Objekt)
Was bewirkt Zoomen?	Beim **Zoomen** ändert sich der Kamerastandpunkt nicht. Jedoch wird durch jede Veränderung der Brennweite auch der Bildausschnitt verändert. Hierbei wird bei der Zufahrt der Blick auf ein Bilddetail konzentriert. Bei der Rückfahrt gelangt man vom Bilddetail zum Ganzen. Stufenlose Veränderung der Brennweite ist während der Aufnahme möglich.
Was versteht man unter Brennweite?	Die **Brennweite** ist die Entfernung zwischen Film bzw. CCD-Element und Objektiv. Je länger die Brennweite, desto kleiner erscheint der Motivausschnitt, der nun groß auf dem Foto abgebildet ist. Bei kurzen Brennweiten wird ein großer Ausschnitt entsprechend klein dargestellt.
Was bedeutet Tiefenschärfe (Schärfentiefe)?	Die **Tiefenschärfe** (Schärfentiefe) bezeichnet den noch scharf abgebildeten Einstellungsbereich vor und hinter dem fokussierten Motiv. Die Tiefenschärfe ist abhängig von der gewählten Blende, Brennweite und Entfernung.
Was ist ein Achsensprung bei der Filmaufnahme?	Die Bildachse ist eine gedachte Linie, an der sich die Handlungen oder auch nur die Blickrichtung entlang bewegt. Wenn z. B. ein Tennisspiel vom linken Spielfeldrand aus gefilmt wird und plötzlich wird auf eine Kamera am rechten Spielfeldrand geschaltet, wirkt dies auf den Zuschauer, als hätten die Spieler Seiten gewechselt. Dieses unvorbereitete Überschreiten der Achse nennt man **Achsensprung**. Durch Einblendung eines neutralen Zwischenbildes gelingt es in manchen Fällen (z. B. bei einem Autorennen), den Achsensprung für den Zuschauer nachvollziehbar zu machen.

Videobearbeitung (Postproduktion)

Was versteht man unter Videobearbeitung?

Unter **Videobearbeitung** fallen folgende Arbeiten:

- Videoschnitt
- Entfernung von Störungen
- Farbkorrektur
- Titel- bzw. Untertiteleinblendung
- Effekte, z.B.:
  - Zeitlupe
  - Standbild
  - Zooming
  - Fade (Ausblendetechnik)
  - Dissolve (Überblenden von zwei Bildern)
  - Wipe (horizontale oder vertikale Ausblend- bzw. Überblendtechnik)
  - Cut (plötzlicher Wechsel von einem Bild zum anderen)
  - Scrolling (Verschieben von Bildausschnitten)
- Tonschnitt (Sprache und Musik)

Unterscheiden Sie lineare und nonlineare Schnittsysteme!

Beim **linearen Schnittsystem** wird der Film von einem Videoplayer auf einen Recorder überspielt. Dabei können die Prozesse vom Computer bzw. Schnittpult automatisiert werden. Nachvertonung und Spezialeffekte gestalten sich hierbei etwas schwierig.

Bei **nonlinearen Schnittsystemen** wird der Film digitalisiert, evtl. komprimiert auf die Festplatte gespeichert und mit Schnittprogrammen (z.B. Adobe Premiere) bearbeitet. Nachvertonung und Effekte sind dabei einfach anzuwenden und auch spätere Veränderungen an jeder beliebigen Stelle sind möglich.

Welche Spuren gibt es in Video-Schnittprogrammen (z.B. Adobe Premiere)?

Folgender Screenshot veranschaulicht die **Spuren** im Video-Schnittprogramm Adobe Premiere:

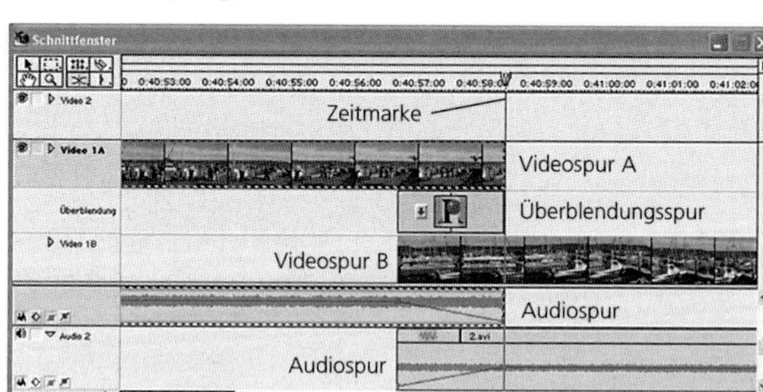

Welche Dateiformate eignen sich für Videodaten? Mehr Informationen finden Sie auf Seite 242!	Folgende **Formate** stehen zum Speichern von digitalen Videofilmen zur Verfügung: • QuickTime-Movie (unterstützt diverse Codecs für unterschiedliche Aufgaben) • AVI (De-facto-Standard für Windows) • RealVideo (Streaming-Verfahren, niedrige Bitrate) • MPEG (bevorzugtes Verfahren für DVD)

Datenkompression

Weshalb ist bei digitalen Videos Datenkompression notwendig?	Das größte Problem bei digitalen Videos ist der Speicherplatzbedarf und somit auch die hohe Datenübertragungsrate. Um dieses Problem zu lösen, müssen nicht nur an die Rechner, sondern auch an die **Kompressionsalgorithmen** hohe Ansprüche gestellt werden.
Wie kann das Volumen von Videodateien reduziert werden?	Um die **Datengröße** von Videodateien zu reduzieren, gibt es folgende Möglichkeiten: • Reduzierung der Framerate (fps) • Reduzierung der Videoauflösung • Wechsel des Farbraums (z. B. YUV statt RGB) • Einsatz von Kompressionsverfahren (Codecs)
Was versteht man unter Video-Codecs?	**Codecs** (COmpressor und DECompressor) sind Algorithmen zum Encodieren und Decodieren von digitalen Videos. Jeder Codec hat seine eigene Komprimierungsmethode. Es sind Hardware- oder Softwarelösungen, wobei folgende Codec-Typen unterschieden werden: • Software-Codec (Cinepack, Microsoft Video-1) • hardwareunterstützte Codecs (M-JPEG) • soft- und hardwareunterstützte Codecs (MPEG, INDEO) Um ein Video auf einem Rechner abspielen zu können, müssen die zur Erstellung bzw. Bearbeitung verwendeten Codecs ebenfalls dort installiert sein.
Welche Komprimierungsarten gibt es?	Folgende **Komprimierungsarten** gibt es: • räumliche Komprimierung • zeitliche Komprimierung • verlustfreie Komprimierung • verlustreiche Komprimierung
Erläutern Sie die räumliche und zeitliche Komprimierung!	Bei der **räumlichen Komprimierung** werden die einzelnen Frames für sich komprimiert, indem gleiche Farbbereiche zusammengefasst werden. Beispiel: M-JPEG. Die **zeitliche Komprimierung** berücksichtigt hingegen

mehrere Frames, indem nur die Änderungen gegenüber dem Vorgänger-Frame gespeichert werden. Keyframes werden dabei komplett gespeichert. Beispiel: MPEG.

Worin unterscheiden sich verlustfreie von verlustreichen Kompressionen?

Die meisten **verlustfreien Kompressionen** nutzen eine Lauflängen-Kodierung. Dabei prüft der Algorithmus, wie oft sich eine bestimmte Information (Farbe) wiederholt. Gespeichert werden die sich wiederholenden Informationen und die Zahl der Wiederholungen. Achtung: Nur effektiv bei großen gleichfarbigen Flächen. Beispiele: RLE, Huffmann-Kodierung, LZW-Kodierung.

Bei **verlustreichen Kompressionen** werden Bildinformationen, die dem Betrachter nicht auffallen, entfernt. Die verlorene Datenmenge hängt von dem Grad der Komprimierung ab. Nachteilig ist, dass viele verlustreiche Komprimierungsmethoden bei erneuter Komprimierung weitere Inhalte verlieren. Der QuickTime-Codec wurde so entwickelt, dass der Verlust bei erneuter Komprimierung gering gehalten wird. Beispiele dafür sind M-JPEG, MPEG, Wavelet-Kompression.

Medienintegration

Präsentationssoftware

Wozu dient Präsentationssoftware?

Präsentationssoftware ermöglicht die zeitliche Zusammenstellung verschiedener Medienobjekte zur Präsentation und die Steuerung angeschlossener externer Geräte wie CD-Player oder Videorecorder. Mit der Präsentationssoftware können auch Stand-Alone-Anwendungen erstellt werden.

Was versteht man unter Stand-Alone-Anwendung?

Wird eine **Stand-Alone-Anwendung** erzeugt, handelt es sich um ein eigenständiges, ausführbares Programm, d.h. es wird kein zusätzliches Programm oder Plug-In benötigt. Auf Windows erhält das Programm die Dateiendung .exe.

Autorensysteme

Was sind Autorensysteme?

Autorensysteme sind Programme zur Erstellung und Verwaltung von multimedialen Anwendungen unter Verwendung grafischer, interaktiver Hilfsmittel. Beispiele sind CD-Rom-Produktionen, Spiele usw.

Welche Anforderungen werden an Autorensysteme gestellt?

Folgenden **Anforderungen** sollten Autorensysteme gerecht werden:
- Einbindung von Objekten unterschiedlichen Typs (Formats)
- Verwaltung von Objekten und Beziehungen (Betriebssystem, Datenbank)
- grafisch-interaktive Hilfsmittel
- Erzeugung von Stand-Alone-Anwendungen
- jederzeitiger Test (Prototyping)
- Anbindung externer Programme

Aus welchen Objektarten setzt sich eine multimediale Anwendung zusammen?

Folgende **Objektarten** können Bestandteile einer multimedialen Anwendung sein:
- Medienobjekte
  Texte, Bilder, Grafiken, Audio, Video, Animation
- Interaktionsobjekte
  Links, Menüs, Buttons, Textfelder, Schieberegler
- Applikationsobjekte
  Formulare, Datenanbindungen, Java-Applets

Was versteht man unter Beziehungen in einem Autorensystem?

Unter **Beziehungen** wird das Zusammenspiel von Objekten bezeichnet. Beziehungen äußern sich durch Auslöser und Auswirkung. Die Reduzierung der Lautstärke eines Audios (Auswirkung) aufgrund des Starts eines Videos (Auslöser) ist ein Beispiel für eine Beziehung. Folgende Beziehungsarten werden unterschieden:
- zeitliche Beziehungen
  zeitlicher Auslöser und zeitliche Auswirkung; Definition des generellen Ablaufes einer Anwendung
- räumliche Beziehungen
  räumlicher Auslöser und räumliche Auswirkung; Anordnung der Objekte auf dem Bildschirm
- Navigationsbeziehungen
  Nutzerauswahl als Auslöser und zeitliche Auswirkung; Beeinflussung des Ablaufes der Anwendung durch den Benutzer an einer bestimmten Stelle

Welche Arten von Autorensystemen gibt es?

Folgende **Arten** von Autorensystemen werden hinsichtlich zeitlicher Beziehungen und Navigationsbeziehungen unterschieden:
- timeline-basierende Autorensysteme
  Objekte werden auf einer Zeitachse angeordnet und mit logischen Abläufen verknüpft.
  Beispiel: Macromedia Director

- area-basierende Autorensysteme
  Objekte und Funktionen werden auf einer Seite angeordnet. Beispiel: Toolbook
- flowchart-basierende Autorensysteme
  Symbole (Icons) werden hierarchisch entlang einer Flusslinie angeordnet. Beispiel: Authorware.

Aufgrund der Authoring-Plattformen oder der Abspielplattformen können Autorensysteme folgendermaßen klassifiziert werden:

- Stapel-Karten-Metapher
  MM-Anwendungen werden durch Kartenstapel repräsentiert. Die Karten stellen dabei einzelne Bildschirmseiten dar.
- Buch-Seiten-Metapher
  netzwerkartig miteinander verbundene Seiten
- Zeitachsen-Metapher
  entspricht dem timeline-basierenden Autorensystem
- Flussdiagramm-Metapher
  entspricht dem flowchart-basierenden Autorensystem
- Objekt-Metapher
  Objekte bzw. ihre Eigenschaften werden visuell dargestellt und grafisch-interaktiv manipuliert
- Script-Metapher
  ermöglicht die Benutzung einer Scriptsprache

Erläuterung:
Mit Metapher ist hier die Perspektive gemeint, mit der Objekte betrachtet werden.

Mediennutzung

Was versteht man unter Mediennutzung? Welche Arten gibt es und worauf sollte besonders Wert gelegt werden?

Mediennutzung bezeichnet die Möglichkeiten, wie die Multimedia-Informationen dem Benutzer präsentiert werden. Informationen werden in der Regel über die Sinne Hören und Sehen aufgenommen. Sie können aber auch „erfühlt" werden (z. B. durch Virtual-Reality-Technik).

Folgende Voraussetzungen sollten bei der Mediennutzung gewährleistet sein, damit auch Benutzer ohne Computerkenntnisse zurecht kommen:

- Benutzerfreundliche Oberfläche
- Einfachheit der Präsentation

Welche Darstellungs- bzw. Anwendungsmöglichkeiten gibt es für multimediale Anwendungen?

Die unterschiedlichen **Darstellungs- bzw. Anwendungsmöglichkeiten** werden in folgende Gruppen gegliedert:

- Anwendungszweck
  - elektronische Publikation
  - Werbung, Produkt- und Firmenpräsentation
  - Aus- und Weiterbildung, Training (CBT)
  - Point-of-Information und Point-of-Sale

(Kiosk-Systeme)
- Archivierung und Katalogerstellung
- Dokumentation
- Unterhaltung (Spiele)

- Ausgabemedien
  z. B. CD-ROM, DVD, HTML-Seiten
- Ausgabegeräte
  z. B. Monitor, Fernseher, Audioanlage
- Eingabegeräte
  z. B. Tastatur, Maus, Sprachsteuerung, Touch-Screen, Joystick
- Verbindungsarten
  Online, Offline

Was bedeutet E-Commerce? Welche Bereiche werden unterschieden?

E-Commerce (Electronic Commerce) bezeichnet Handel und Dienstleistungen aller Art, welche sich z. B. im Internet präsentieren. Folgende Bereiche werden unterschieden:
- B2C (Business-to-Consumer)
- B2B (Business-to-Business)

Was heißt CBT?

Der Begriff **CBT** (Computer Based Training) steht für computergestütztes Training/Lernen. Durch Verbindung von Text, Bild, Ton und Animationen können komplexe Sachverhalte in Lernprogrammen sehr gut veranschaulicht werden. Aufgrund der Interaktionsmöglichkeit für die Benutzer finden CBT-Systeme immer häufiger Verwendung.

Was sind Kiosk-Systeme?

Kiosk-Systeme, die auch Point-of-Informationen- oder Point-of-Sale-Stationen (POI/POS-Stationen) genannt werden, sind so genannte Terminals zur Präsentation von Produkten oder Dienstleistungen. Auch Interaktivitäten wie Abrufen von Informationen oder Bestellen und direktes Bezahlen mit Kreditkarte sind möglich. Typische Anwendungsbereiche für Kiosk-Systeme sind z. B. Flughafen- oder Bahnhofskioske.

Was ist Telearbeit? Welche Vor- und Nachteile hat sie?

Telearbeit ist abhängige oder freie Erwerbstätigkeit für ein Unternehmen an einem externen Arbeitsplatz. Die Verbindung erfolgt über externe Kommunikationsnetze. Arbeitsplatz und Unternehmen können geografisch weit entfernt sein, zum Beispiel Entwicklungsland/Industrieland. Vorteile u. a.: Keine Fahrtwege, geringe Bürokosten, flexible Arbeitszeit, mehr Eigenverantwortung. Nachteile u. a.: Gefahr der Selbstausbeutung, Lücken im Datenschutz, Probleme wegen der Haftung.

Webdesign

Was bedeutet Webdesign?

Webdesign bedeutet, vereinfacht gesagt, Informationen für das Internet aufzubereiten, sie zu gliedern, sinnvoll miteinander zu verknüpfen und sie durch eine gute Benutzerführung einfach, zugänglich, aber optisch-gestalterisch ansprechend zu gestalten. Des Weiteren müssen die unterschiedlichen technischen Rahmenbedingungen berücksichtigt werden.

Was ist mit Internet-Host gemeint?

Im Internet oder in einem anderen Netzwerk stellt der **Internet-Host** (Webserver) einen Computer dar, der auf Anfrage eines Internet-Clients antwortet. Der Internet-Host stellt seine Dienste allen Clients zur Verfügung. Fordert ein Client eine Webseite an, überträgt der Server eine Kopie der Seite an den Client. Zuverlässige Hosts haben ständige Verbindung zum Internet.

Welche Ansprüche werden an Host-Server gestellt?

Folgende Anforderungen sollten **Host-Server** erfüllen:
- Zuverlässigkeit der Verbindung zum Internet
- hohe Verbindungsgeschwindigkeit zum Internet
- Support
- Sicherheit und Backup
- gutes Preis-/Leistungsverhältnis
- technisch auf dem neusten Stand
- täglich aktuelle Statistik
- E-Mail-Funktionalität
- Passwort-geschützte Verzeichnisse
- Möglichkeit für E-Commerce
- Datenbanken

Welche Inhalte können auf Webseiten u.a. dargeboten werden?

Folgende **Inhalte** können Webseiten u.a. darbieten:
- Startseite
- Begrüßung
- Angebotsüberblick
- Kontaktinformation
- Beschreibung des Geschäftsfeldes
- Disclaimer (Haftungsausschluss)

Welche Bestandteile können Webseiten u.a. enthalten?
Was ist zwingend erforderlich?

Folgende **Bestandteile** können bzw. müssen Webseiten u.a. enthalten:
- Navigationsleiste
- Kontaktmöglichkeiten
- Impressum (muss enthalten sein)
- Verlinkungen

- Suche
- Site-Map (Inhaltsverzeichnis)
- Formular
- Druckmöglichkeit
- Allgemeine Geschäftsbedingungen (AGBs)

Was ist grundsätzlich bei Erstellung einer Webseite zu beachten?

Folgende **grundsätzliche Notwendigkeiten** sollten bei der Erstellung von Webseiten beachtet werden:
- RGB-Modus
- geringe Dateigröße für kurze Ladezeiten
- richtiges Bildformat
- optimale Farb- und Detaildarstellung
- möglichst geeignet für alle Plattformen

Was bedeutet plattformübergreifend?

Als **plattformübergreifend** gelten Dateien, die man auf verschiedenen Plattformen (Windows, Macintosh, UNIX, Linux) und dem dazugehörigen Betriebssystemen immer in gleichbleibender Darstellung betrachten kann. Zum Beispiel das PDF-Format. Man spricht hierbei auch von Plattform-Kompatibilität.

Die Computerausstattung der Internetnutzer ist unterschiedlich. Was bedeutet das für die Webseitenerstellung?

Bei der Erstellung von Webseiten muss in Betracht gezogen werden, dass vor allem ältere Systeme oft nicht einmal die minimalen Systemanforderungen erfüllen können bezüglich:
- Bildschirmauflösung
- Farbdarstellung
- Browserversion
- Geschwindigkeit
- Schriftdarstellung

Was ist ein StyleGuide?

Im **StyleGuide** werden alle allgemeinen Kriterien zur Gestaltung eines Internetauftritts schriftlich festgehalten, um gleiche Programmierung und Optik bei fortlaufender Betreuung zu gewährleisten. Unverzichtbar sind zum Beispiel:
- Beschreibung einzelner Elemente (Icons, Farben, Typo)
- Gestaltungsraster
- Navigation
- Systemanforderungen

Was sind Web-Editoren?

Web-Editoren sind Programme (Adobe GoLive oder Macromedia Dreamweaver), die zur Erstellung von Webseiten dienen. Durch ihre einem Layoutprogramm ähnelnde Benutzeroberfläche kann die Site annähernd nach dem

Prinzip **WYSIWYG** (What you see is what you get) aufgebaut werden, ohne umfassende HTML-Kenntnisse als Voraussetzung. Während man eine Seite aufbaut, findet im Hintergrund die Übersetzung in HTML-Code statt, einschließlich aller gewünschten Verknüpfungen (Links). Eingriffe in den automatisch erzeugten Code sind möglich.

Unterscheiden Sie statische und dynamische Webseiten!

Statische Webseiten werden als Ganzes auf einen Server gespeichert und bei Abfrage durch den Internet-Nutzer eins zu eins übertragen.
Dynamische Webseiten sind hingegen sehr flexibel und können auf die Eingaben des Besuchers interaktiv reagieren. Dabei kann man genaue Kriterien angeben, ob und wann bestimmte Inhalte zu sehen sind. Beispielsweise werden die Daten im Moment der Abfrage aus einer Datenbank generiert und als Einheit an den Browser geschickt. Neben komplexen Webseiten wie Online-Shops können aber auch Teilbereiche einer statischen Website dynamisch sein (z.B. Gästebücher, Umfragen).

Was ist ein Content-Managementsystem?

Content-Managementsystem bedeutet, dass Texte, Bilder oder Sounds, wie sie etwa zur Darstellung umfangreicher Produktinformationen im Internet benötigt werden, nicht mehr in einer Vielzahl von statischen HTML-Seiten quasi „zu Fuß" eingepflegt werden müssen, sondern dynamisch in einer Datenbank verwaltet werden.
Greift ein Interessent online auf das Internet-Angebot des Unternehmens zu, können die Seiten dynamisch in Echtzeit aus der Datenbank generiert werden.

Was versteht man unter Banner?

Banner sind so genannte Kleinanzeigen im Internet. Hinter dem Banner verbirgt sich ein Link auf die beworbene Seite. Die Einheit zur Messung der Anzahl von Klicks heißt Ad Clicks. Die Click-Through-Rate gibt an, wie viel Prozent der Besucher auf das Banner geklickt haben. Folgende Grundsätze sollten bei der Bannerwerbung beachtet werden:

- Neugier erweckendes Banner-Motiv
- optimales Umfeld, in dem das Banner geschaltet wird

Banner können neben einfachen Bildern (statische Banner) auch animierte gif-Dateien oder Flash-Animationen sein.
Die häufigsten Bannergrößen sind:

- Fullsize Banner (468 x 60 Pixel)
- Halfsize Banner (234 x 60 Pixel)

HTML, CSS und Scriptsprachen

HTML

Was ist HTML?

HTML (Hyper Text Markup Language) ist die im WWW (World Wide Web) verwendete Auszeichnungssprache für Dokumente, die von allen WWW-Browsern verstanden wird. Sie wird mithilfe von Tags (Auszeichnungsbefehlen) geschrieben.

Welche Vor- und Nachteile hat HTML?

Folgende **Vorteile** zeichnen HTML aus:
- weltweiter Standard
- plattformunabhängig
- kurze Ladezeit bei reinen HTML-Seiten (Text)
- einfache Programmierung

Nachteilig ist:
- enthält nur Text, andere Datenformate (z. B. Bilder, Audio, Animationen) müssen als Pfad eingebettet werden
- nur einfachste Interaktivität möglich

Nennen Sie das HTML-Grundgerüst bis zum „body“ in korrekter Reihenfolge!

Das **HTML-Grundgerüst** sieht folgendermaßen aus:

```
<html>
<head>
<title>Text des Titels</title>
</head>
<body>
Seiteninhalt
</body>
</html>
```

Was sind Tags?

Neben dem eigentlichen Text (Content) enthalten die HTML-Dateien HTML-spezifische Befehle. Alle HTML-Befehle stehen in so genannten **Tags**. Die Tags werden durch spitze Klammern markiert. Fast alle Befehle von HTML bestehen aus einem einleitenden und einem abschließenden Tag. Der Text dazwischen ist der „Gültigkeitsbereich“ für die betreffenden Tags.

Was ist der <Title> in der HTML-Sprache?

Der **<title>** der Datei
- wird bei der Anzeige im WWW-Browser in der Titelleiste des Anzeigefensters angezeigt.
- wird vom WWW-Browser beim Setzen von Lesezeichen auf die Datei bzw. den Link verwendet.

- wird im WWW-Browser in der Liste der bereits besuchten Seiten angezeigt.
- dient im WWW den Meta-Suchmaschinen als wichtiger Input. Dadurch sind die Datei und ihr Inhalt in Meta-Suchmaschinen besser auffindbar.

Was besagt der Body-Tag?

Der **Body-Tag** enthält den Textkörper (unterhalb vom Titel), der durch den Beginn-Tag <body> und den Ende-Tag </body> markiert ist.
Im Textkörper wird dann der eigentliche Inhalt der Datei eingegeben, also das, was im Anzeigefenster des WWW-Browsers wiedergegeben werden soll.

Was sind Meta-Daten?

Im Head-Bereich sind die so genannten **Meta-Daten** untergebracht. Die Informationen innerhalb der Meta-Tags beschreiben die Seiten. Für die Suchmaschinen sind die Meta-Tags „keywords" und „description" am interessantesten.
Im Meta-Tag „**keywords**" kann der Autor den Inhalt der Seite mit Schlüsselwörtern beschreiben. Im Meta-Tag „**description**" kann eine Beschreibung der Seite hinterlegt werden.

Was versteht man unter Framesets?

Durch **Framesets** werden HTML-Seiten vertikal und horizontal in mehrere Bereiche (Rahmen) unterteilt, in denen jeweils eine eigene HTML-Seite geladen werden kann.

Welche Vor- und Nachteile haben Framesets?

Die **Vorteile** von Framesets sind:
- Nur einmal Einbau von Logo und Navigationsleiste
- Elemente eines Frames müssen beim Seitenwechel eines anderen Frames nicht neu geladen werden
- Beim Scrollen eines Frames bleiben die Inhalte des anderen Frames stehen

Die **Nachteile** sind:
- Alte Browser können keine Frames darstellen.
- Suchmaschinen finden Frame-Inhalte teilweise nicht.
- Bookmarks (Favoriten) können auf einzelne Frames nicht gesetzt werden.
- Suchmaschinen greifen oft nur auf einzelne Frames zu anstatt auf das gesamte Frameset.
- Steuerung der Frames, z. B. mit Java-Script, kann sehr komplex werden.

CSS (Cascading Style Sheets)

Was sind Cascading Style Sheets (CSS) im Webdesign?	**CSS** ist eine Ergänzung zur Formatierung von HTML-Seiten. Mit CSS lassen sich zum Beispiel Schriftgrößen pixelgenau festlegen, Farben definieren, Linkhervorhebungen individualisieren und Objekte auf der HTML-Seite präzise platzieren.
Welche Vorteile bietet CSS?	CSS bietet u. a. folgende **Vorteile**: • mehr Gestaltungsmöglichkeiten • gleiches Aussehen auf verschiedenen Browsern • kürzere Ladezeiten durch geringes Datenvolumen • es sind keine Plug-Ins notwendig • übersichtlich durch klare Trennung des Seiten-Layouts vom Inhalt • einheitliche Stildefinition • leichte und schnelle Stilveränderungen der kompletten Webseite
Was sind die Grundelemente des CSS?	CSS weist folgende **Grundelemente** auf: • Selektoren begrenzen den Bereich, auf den die Formatierung angewendet werden soll. • Deklarationen bestimmen die Art der Formatierung. Sie werden zwischen geschweifte Klammern gesetzt und bestehen immer aus einer Eigenschaft und einem Wert. • Anweisungen bestehen aus Selektor plus nachfolgender Deklaration.
Welche Style-Sheet-Arten gibt es?	Folgende vier **Arten** von Style Sheets werden unterschieden: • Inline Style Attribut (Inline Styles) Sämtliche Styles werden für jeden einzelnen Tag im HTML-Code vergeben. • Eingebundenes Style Sheet (Embedded Style Sheet) Die Layout-Definitionen werden innerhalb des HEAD-Bereiches in die HTML-Datei eingebettet und gelten somit für alle Selektoren eines HTML-Dokuments. • Externes Style Sheet (External Style Sheet) Alle Anweisungen werden zentral in einer externen Datei (Extension .css) abgelegt, die als Grundlage für beliebig viele HTML-Seiten verwendet werden kann, indem man einen Verweis im Head-Bereich hinterlegt.

• Importiertes Style Sheet (Imported Style Sheet) wie externes Style Sheet, nur dass das importierte Style Sheet in einem anderen Style Sheet eingeschlossen wird.

JavaScript und Java

Was bedeutet JavaScript?

Durch **JavaScript** bekommen Webseiten mehr Dynamik. Die Möglichkeiten sind hier sehr vielfältig. Von einfachen Formularüberprüfungen bis hin zu vom Surfer steuerbaren Animationen sind viele sinnvolle Anwendungen denkbar. JavaScript ist plattformunabhängig und wird clientseitig ausgeführt.

Unterscheiden Sie serverseitige und clientseitige Scriptsprachen!

Serverseitige Scriptsprachen müssen erst zum Server geschickt werden, um sie dort ausführen zu können, d.h., der Webserver muss die Scriptsprache unterstützen. **Clientseitige Scriptsprachen** werden hingegen direkt auf dem Rechner des Benutzers ausgeführt.

Wie erfolgt die Einbettung von JavaScript in ein HTML-Dokument?

JavaScript lässt sich mehrfach und an beliebigen Stellen in ein HTML-Dokument einbetten.
Da Browser, die nicht JavaScript-fähig sind oder bei denen JavaScript nicht aktiviert ist, die Seiten evtl. nicht darstellen können, gibt es die Möglichkeit, Anweisungen im <Nonscript>-Tag zu platzieren.

Aus welchen Sprachelementen setzt sich JavaScript zusammen?

Die grundlegenden **Sprachelemente** von JavaScript sind:
• Konzepte zur Darstellung von Daten mit Variablen und Operatoren
• Elemente zur Programmsteuerung, z.B. Schleifen
• Möglichkeiten zur Strukturierung von Programmen mittels Funktionen

Auf welchen Datentypen basiert JavaScript?

Folgende **Datentypen** liegen JavaScript zugrunde:
• Zahlen (+2, -2, 2.311,...)
• Boolsche Werte (true/false)
• Strings ("Dies und das")

Was sind Variablen?

Eine **Variable** ist ein benannter Speicherort, der Daten (z.B. einen Wert) enthalten kann. Die gespeicherten Werte können während der Ausführung eines Programms geändert werden, sprich: sie sind variabel.
Die Werte, die eine Variable annehmen kann, sind durch ihren Typ festgelegt.

Was bedeutet Deklaration bei Variablen?	Wenn die Variable durch den Compiler (Übersetzer) in einen Bytecode (Datentyp) generiert wird, bezeichnet man diesen Vorgang als **Deklaration**. Ohne Deklaration kann keine Variable initialisiert werden.
Was bedeutet Initialisierung bei Variablen?	Nach der Deklaration muss ein Anfangswert (initialer Wert) zugewiesen werden. Dieser Vorgang wird als **Initialisierung** bezeichnet. Ohne Initialisierung kann keine Variable weiterverarbeitet werden.
Was sind Events?	Als **Events** werden sämtliche Reaktionen bezeichnet, die JavaScript auf die Aktion des Users hin vornimmt, z. B. Austauschen eines Bildes beim Überfahren eines bestimmten Bereiches am Bildschirm (onMouseOver).
Was ist Java? Wodurch unterscheiden sich Java und JavaScript?	**Java** ist eine objektorientierte, plattformunabhängige Programmiersprache, deren Syntax sich an die Programmiersprache C++ anlehnt. Sie wurde für den Einsatz in Netzwerken mit unterschiedlichen Computersystemen entwickelt. Um ein Javaprogramm ausführen zu können, muss es in einen so genannten Bytecode compiliert werden. Danach liegt es dann als separate Datei (*.java oder *.class) vor. Diese Applets können von Browsern interpretiert werden, die eine Java Virtual Machine haben. Während Java-Programme für hoch interaktive Anwendungen genutzt werden und sich als eigenständige Applikation ausführen lassen, kann JavaScript, nur wenn in HTML eingebettet, einfache Steuerungs- und Rechenoperationen ausführen.
Was sind Java-Applets?	**Java-Applets** sind kleine Programme, die in eine Webseite eingebaut werden können, um diese attraktiver zu gestalten. Sie können u. a. folgende Eigenschaften aufweisen: • Animationen ausführen • interaktive Programme generieren • Spiele einbinden
Woraus besteht ein Applet?	Das **Applet** besteht aus folgenden Teilen: • Quellcode mit der Extension .java • Klassendateien für das Applet mit der Extension .class • Anwendungsdateien, z. B. Bilder für Animationen mit der Extension .gif oder .jpg

Perl/CGI

Was ist Perl?

Perl (Practical Extraction and Report Language) ist eine plattformunabhängige, interpreter-basierte, serverseitige Programmiersprache. Die meisten CGI-Scripte sind in Perl programmiert. Einsatz findet sie z.B. für die Erstellung von Zählern (Counter), Gästebüchern, Diskussionsforen und Warenkorbsystemen.

Welche grundlegenden Variablentypen bietet Perl?

Variablen (Datentypen) bilden das Fundament einer Programmiersprache. Folgende drei grundlegende **Variablen** stehen zur Auswahl:

- Skalare
  einzelner Wert (Zahl oder String), Beispiel: $count
- Arrays/Listen
  Liste von Werten mit Nummer als Zugriffsschlüssel
  Beispiel: @namen
- Hashes
  Gruppe von Werten mit String als Zugriffsschlüssel
  Beispiel: %anteil

Was sind CGI-Scripte?

CGI-Scripte (Common Gateway Interface) sorgen für mehr Interaktivität. Der User kann Daten eingeben, die verarbeitet und gespeichert werden. Typische Beispiele sind Forum oder Gästebuch, in das jeder seinen Beitrag schreiben kann, der gespeichert wird und für jeden weiteren Besucher sichtbar ist. CGI-Scripte sind z.B. in Perl programmiert und befinden sich auf dem Server, sodass ihre Nutzung nicht von der technischen Ausstattung des Users abhängig ist.

Wie funktionieren CGI-Programme?

CGI-Programme laufen nach folgendem **Schema** ab:

- Anforderung mit Daten und Argumenten wird vom Browser an den Server gesendet.
- Daten gelangen zum entsprechenden Programm und werden dort verarbeitet.
- Daten werden vom Programm über die Standard-Ausgabe an den Browser geschickt.
- Der Browser zeigt die empfangenen Daten an.

PHP

Was versteht man unter PHP?

PHP (PHP: Hypertext Preprocessor) ist eine in HTML eingebettete, serverseitig interpretierte Scriptsprache. Diese wird zum einen verwendet, um dynamische Webseiten zu programmieren. Zum anderen eignet sie sich für die Verwaltung von Datenbanken. PHP basiert im Wesentlichen auf den Programmiersprachen C, Java und Perl.

Wozu dient PHP?

PHP ermöglicht folgende **Features**:
- Webseiten können durch Eingaben des Benutzers oder durch Informationen aus Datenbanken dynamisch gestaltet werden.
- Grafiken und Dateien können erzeugt und manipuliert werden.
- Auswertungen von HTML-Formularen sind möglich.

Wie funktioniert PHP?

Während bei Abruf einer normalen HTML-Seite vom Server eine exakte Kopie an den Webbrowser des Besuchers geschickt wird, liegt bei **PHP** auf dem Server nur eine so genannte Rohfassung bzw. Konstruktionsanweisung der angeforderten Seite vor. Zwar besteht diese Rohfassung ebenfalls aus normalem HTML-Code, jedoch sind darin PHP-Anweisungen eingebettet, die individuell auf den Besucher abgestimmt sein können, sobald dieser die Seite aufruft. So kann der Benutzer festlegen, welche Inhalte die Startseite zur Verfügung stellen soll, welcher Besucher welche Module ausgewählt hat, welches Layout oder welchen Stil er bevorzugt.

ASP

Was versteht man unter ASP?

ASP (Acitve Server Page) ist eine von Microsoft entwickelte Technologie zur Erstellung interaktiver Webseiten. ASP läuft serverseitig und ist browserunabhängig, da es reinen HTML-Code an den Browser sendet. In ASP werden Scriptsprachen wie JavaScript und VBScript (Visual Basic Script) verwendet. ASP bietet viele Möglichkeiten, wie z.B. Datenbankenanbindung, Newsletter, Dateien-Upload, passwort-gesteuerten Zugriff. Auch die Nutzung von ActiveX-Dateien ist möglich.

Was ist ActiveX-Control?

Ein **ActiveX-Control** (ActiveX-Steuerelement) ist eine Komponente der ActiveX-Technologie, die es erlaubt, Webseiten dynamischer zu gestalten. ActivX-Controls sind sprachenunabhängig, d.h., sie können mit diversen Programmiersprachen geschrieben werden. Als so genannte wieder verwendbare Komponenten können sie sowohl als eigenständige Anwendungen als auch in Webseiten verwendet werden.

Datenbanksystem

Was sind Datenbanksysteme?

Das **Datenbanksystem** (DBS) besteht aus einer oder mehreren Datenbanken, die eine Zusammenfassung einzelner Datenbestände zu einer integrierten Einheit darstellen, und einem Datenbankverwaltungssystem (DBMS=Data Base Management System), das die Aufgabe hat, die Daten der Datenbank so zu verwalten, dass logische und physische Datenunabhängigkeit, Datenintegrität, Datensicherheit und weitestgehende Redundanzfreiheit bestehen.

Welche Grundsätze sollten Datenbanksysteme (DBS) erfüllen?

Für **Datenbanksysteme** gelten folgende Grundsätze:

- Erweiterbarkeit
  Die Möglichkeit, das System auf allen Ebenen um Typen, Funktionen und Speicherstrukturen erweitern zu können
- Redundanzfreiheit
  Jedes Datenelement sollte möglichst nur einmal gespeichert werden
- Eindeutigkeit
  Die Datensätze müssen über einen Signifikator (z. B. eine Nummer) eindeutig identifizierbar sein (Key)
- Flexibilität
  Die Daten müssen in beliebiger Form verknüpfbar sein
- Datensicherheit
  Bei Störungsfällen (z. B. Programmfehler und Hardware-Ausfällen) soll das DBS die Daten wieder in einen konsistenten Zustand überführen (recovery)
- Datenschutz
  Schutz vor unbefugtem Zugriff
- Benutzerfreundlichkeit

Was bedeutet Datenadministration?

Unter **Datenadministration** versteht man die regelmäßige Pflege des Datenbanksystems, um dessen zuverlässige Funktion sicherzustellen. Dazu zählen z. B.:

- Backups erstellen und bei Bedarf wieder einspielen
- problematische Betriebsbedingungen erkennen und beheben

Wo(für) werden Datenbanksysteme eingesetzt?

Das **Einsatzgebiet** der Datenbanksysteme erstreckt sich u. a. auf folgende Bereiche:

- Internet (z. B. Produktpalette)
- Serienbriefe (Kunden- bzw. Lieferantenstamm)

Unterscheiden Sie Bottom-up und Top-down bei Datenbanken!	Bottom-up und Top-down sind zwei Ansätze für Entwurf und Implementierung von Software-Systemen: **Bottom-up**: Die Datenbank wird aus Einzelteilen zusammengebaut, d. h., sie entsteht nach und nach, bis sie schließlich vollendet ist (vom Teil zum Ganzen). **Top-down**: Das Ganze steht bereits fest. Die Einzelkomponenten werden sukzessive entworfen (vom Ganzen zum Teil).
Welche Datenbankarchitekturen gibt es?	Unter **Datenbankarchitektur** versteht man den Aufbau von Datenbanken. Zu den wichtigsten Datenbankarchitekturen gehören: • objektorientierte Datenbanken • relationale Datenbanken
Unterscheiden Sie relationales und objektorientiertes Datenbanksystem!	**Objektorientiert** ist eine Datenbank, die statt streng strukturierter Datensätze Objekte speichert. Diese Art der Datenbank gilt als sehr flexibles Speichermodell für Daten. Außerdem wird diesem Modell eine gewisse Änderungsfreundlichkeit nachgesagt. Der Begriff Relation (Beziehung, Verwandtschaft) steht allgemein für alle Formen von Beziehungen und Abhängigkeiten von Objekten und Daten untereinander. Bei **relationalen Datenbanken** werden die einzelnen Daten in Datenfeldern gespeichert, die zu Datensätzen zusammengefasst sind. Mehrere gleichartige Datensätze bilden eine Relation oder Tabelle. Miteinander in Beziehung stehende Relationen bilden sodann die relationale Datenbank.
Unterscheiden Sie statische und dynamische Datenbank!	Bei der **statischen Datenbank** verändern sich die Daten nicht bzw. nur sehr unwesentlich, z. B. Zuordnung von Postleitzahl zu Stadt. Bei **dynamischen Datenbanken** ändern sich die Daten hingegen häufig, z. B. meteorologische Daten.
Was ist SQL?	**SQL** (Structured Query Language) ist eine Abfragesprache relationaler Datenbanken. Das bedeutet, sie bietet Sprachkonstrukte zur Manipulation bzw. Abfrage beliebiger Daten bei der Verbindung mit einem Datenbank-Managementsystem.

Dateien

Unterscheiden Sie MAC- und PC-Dateien!

Die MAC-Datei hat einen Header, der Angaben über Zeit, Datum und Erzeugerprogramm usw. enthält. Dieser Header ist in der Regel nicht besonders groß. Nach dem Header folgt der eigentliche Dateiinhalt. Der Dateiname kann bis zu 31 Zeichen umfassen. Der MAC öffnet erstellte Dateien immer mit dem Erzeugerprogramm, nicht mit irgend einem Programm.
Die **PC-Dateien** liegen „platt" auf dem System vor. Platt bedeutet hier, sie bestehen nur aus Content (Inhalt), haben aber keinen Header. Der PC erkennt Dateien an der Endung, dem Dateityp (auch Suffix genannt). Anhand dieser Endung erkennt der PC, um welchen Dateityp es sich handelt. Bei neueren Windows-Versionen kann der Dateiname bis zu 256, bei DOS und älteren Windows-Versionen 8 Zeichen betragen. Die Endung ist nur 3 Zeichen lang. Der PC öffnet Dateien jeweils mit dem Programm, dem die Endung zugewiesen wurde.

Erläutern Sie mögliche Übertragungsprobleme vom MAC auf einen PC!

Bei **Übertragung** vom MAC auf PC geht der Header verloren, da der PC nichts mit den Informationen anfangen kann. Darum kann der PC die Dateien auch nicht zuordnen. Man sollte daher schon auf dem MAC eine Dateinamenänderung vornehmen, also auf 8 Zeichen kürzen und die 3-Zeichen-Endung anhängen.

Erläutern Sie mögliche Übertragungsprobleme vom PC auf den MAC!

Der MAC muss „künstlich" in der Datei einen Header erzeugen, da er sonst den Dateityp nicht erkennt. Über PC-Exchange, ein Zusatzprogramm auf vielen MACs, kann man den Dateien anhand der Endung ein Programm zuweisen, das sie dann öffnet. Dateien können auch unmittelbar über ein Programm geöffnet werden, wenn der Dateityp bekannt ist.

Dateiformate

Was versteht man unter Dateiformat?

Das **Dateiformat** oder der Dateityp legt die Strukturen fest, die bei der Speicherung von Dateien eines bestimmten Typs angewandt werden sollen.

Erläutern Sie die Begriffe Suffix und Header!

Suffix ist die Dateiendung (z.B.: liesmich.**txt**).
Für „Windows"-Dateien sind sie unverzichtbar.

	Auf MAC-Rechnern kann darauf verzichtet werden, da die Dateien einen **Header** anlegen, der alle wichtigen Informationen enthält.
Welche Dateiformattypen gibt es nach dem Inhalt, den sie speichern?	Es gibt mehrere vom Inhalt abhängige **Dateiformate**: • Bildformat (Vektor, Pixel, Metafile) • Textformat • Soundformat • Videoformat

Bildformate

Welche Arten von Bilddatei-Formaten gibt es?	Bei den **Bilddateiformaten** wird unterschieden in: • **Vektorbilder** Sie bestimmen durch die Eigenschaften ihrer Vektoren (Richtung und Betrag) das Aussehen des Bildes. • **Pixelbilder** Sie setzen sich aus einer Matrix von Pixeln zusammen, deren Zahl mit der Auflösungsfeinheit steigt.
Welche Vor- bzw. Nachteile haben Vektorgrafiken?	**Vorteile** von Vektorgrafiken: • beliebig skalierbar • wenig Speicherkapazität erforderlich
Welche Vor- bzw. Nachteile haben Pixelbilder?	**Vorteile** von Pixelbildern: • fotografische Darstellung **Nachteile** von Pixelbildern: • hohe Speicherkapazität erforderlich • Qualitätseinbußen bei Skalierung
Welches Programm erzeugt FH*-Dateien?	Das **FH-Dateiformat** ist das Hausformat von FreeHand (Sternchen für Versionsnummer). Das FreeHand-Dateiformat wird nur von wenigen anderen Programmen unterstützt.
Um welches Dateiformat handelt es sich bei folgender Datei: Logoentwurf.ai?	Dateiendung für ein Dokument, das im Adobe-Illustrator-Format AI gespeichert wurde, zu erkennen am Suffix **ai**. AI wird immer noch als Dateitransportformat zwischen den Systemen, z. B.: MAC und Windows, verwendet. Basiert auf EPS in Reinkultur.
Was besagt das Suffix dxf in einer Datei?	Beim **DXF-Dateiformat** handelt es sich um das programmspezifische Format von AutoCAD. Es basiert auf Vektoren und unterstützt bis zu 256 Farben. Es kann außerdem dreidimensionale Objekte speichern.

Was sind die Besonderheiten des EPS-Formats?

Das **EPS-Format** (Encapsulated PostScript) enthält Vektorgrafiken und Pixelbilder, die in der Seitenbeschreibungssprache PostScript vorliegen. Pixel und Vektor-Daten können gleichzeitig in einer EPS-Datei genutzt werden, ohne dass die Vektor-Informationen bei der Ausgabe verloren gehen. Zudem lassen sich Schriften einbetten. Hauptunterschiede zwischen EPS- und PostScript-Dateien: EPS umfasst nur eine Seite und wird mit einer Preview-Datei auch auf nicht postScript-fähigen Druckern ausgegeben und ohne PostScript-Interpreter am Bildschirm dargestellt. Die von einem Grafikprogramm erstellte EPS-Datei kann auch eine kleine TIFF (PC) oder PICT (Mac) enthalten, die dann als Vorschau genutzt wird. Diese Preview-Datei lässt sich auch auf Druckern ohne PostScript ausdrucken.
Layoutprogramme haben keinen eigenen PostScript-Interpreter, sodass bei der Darstellung von Vektor-EPS-Dateien auf die Preview-Datei zuckgegriffen wird. In EPS-Dateien können Beschneidungspfade, Druckkennlinien und Rastereinstellungen mitgespeichert werden.
EPS-Dateien werden zumeist in Grafik- oder Bildbearbeitungsprogrammen erzeugt. Ausgabe über Druckertreiber generiert technisch minderwertigere EPS-Dateien.

Erläutern Sie den Aufbau eines EPS-Files!

Das **EPS-Format** besteht aus zwei Komponenten:
Im Prolog befinden sich die Festlegungen wie
- Titel
- Ersteller und Erstellungsdatum
- Schriften
- Seitenanzahl
- Bounding Box (Dateigröße, Koordinatensystem)

Der zweite Bestandteil nennt sich Trailer bzw. Script. In ihm befinden sich Strukturierungsdaten oder Erkennungsmerkmale der Datei.

Wofür verwendet man das CGM-Dateiformat?

Das **CGM-Dateiformat** umfasst sowohl Vektoren als auch Bitmaps, jedoch enthalten CGM-Dateien normalerweise nur einen der beiden Grafiktypen, selten beide gemeinsam. Üblicherweise speichert das CGM-Dateiformat Informationen im ASCII-Format, kann diese jedoch auch im binären Format speichern, um so kleinere Dateien zu erstellen.
Das CGM-Format (Computer Graphics Metafile) kann generell verwendet werden, ist jedoch besonders für den Einsatz in Vektorgrafik-Anwendungen konzipiert.

Worum handelt es sich beim WPG-Dateiformat?

Bei dem **WPG-Dateiformat** (WordPerfect Graphic) handelt es sich in erster Linie um ein Vektorgrafik-Format, jedoch kann es sowohl Bitmap- als auch Vektordaten speichern (die bis zu 256 Farben aus einer Palette mit mehr als einer Million Farben enthalten können). Die WordPerfect-Version 5 des WPG-Dateiformats kann entweder Bitmap- oder Vektordaten, jedoch nicht beide gleichzeitig speichern.
WordPerfect-Version 5.1+ kann Bitmap- und Vektorbilddaten in derselben Datei speichern. In WPG-Dateien können auch EPS-Codes (Encapsulated PostScript) gespeichert werden.

Worum handelt es sich beim WMF-Dateiformat?

Das von Microsoft entwickelte **WMF-Format** (Windows Meta File) kann Vektoren und Bitmaps enthalten und ist sozusagen eine Clipart-Datei. Es wird von Windows und verschiedenen windows-orientierten Grafikanwendungen bis zu einer Farbtiefe von 24 Bit unterstützt.

Was versteht man unter einer PP*-Datei?

Das **PP-Dateiformat** (Stern steht für die jeweilige Programmversion) wurde von Micrografx für Picture Publisher entwickelt. Das PP5-Dateiformat unterstützt die LZW-Komprimierung und eine maximale Bildgröße von 4294967295 · 4294967295 Pixeln.

Was ist eine CPT-Datei?

Das **CPT-Dateiformat** ist ein programmspezifisches Format von Corel-Photo-Paint, das auf Bitmaps basiert. In Corel-Photo-Paint werden beim Speichern von Bildern als CPT-Datei Masken, verschiebbare Objekte und Linsen eingeschlossen.

Welches Programm generiert DRW-Dateien?

Das **DRW-Dateiformat** wurde von Micrografx Inc. für das Zeichenprogramm Micrografx Designer entwickelt. Es kann Bitmaps und Vektoren enthalten.

Was ist eine CDR-Datei?

Das **CDR-Dateiformat** ist das programmspezifische Format von Corel-DRAW. Es kann sowohl Vektoren als auch Bitmaps enthalten. Das CDR-Format verwendet eine herstellereigene Komprimierung.

Wofür wird das BMP-Format verwendet?

Die Abkürzung **BMP** steht für Bitmap-Format. Dieses Format wird für pixelorientierte Grafiken verwendet. Das sind Bilder, die aus einzelnen Punkten aufgebaut sind. Dabei gilt: Je geringer die Größe der einzelnen

Punkte, desto detailreicher ist das Gesamtbild. Die Farbtiefe ist jedoch auf 24 bit beschränkt.

Was ist eine PCT-Datei?

Das **PCT-Dateiformat** wurde von Apple Computer Inc. für den Macintosh entwickelt. Es ist das programmspezifische Dateiformat von QuickDraw, das sowohl Bitmaps als auch Vektoren enthalten kann. Seine Verwendung ist in Macintosh-Anwendungen weit verbreitet, in denen Grafiken genutzt werden.

Was ist eine TIFF-Datei?

Das **TIFF-Format** (Tagged Image File Format) ist ein Dateiformat für Pixelbilder, das von Aldus, Hewlett Packard und Microsoft entwickelt wurde. TIFF gibt es in allen möglichen Varianten und Farbtiefen.
Eine verlustfreie Kompression (LZW-Verfahren) ist möglich, wobei diese mit Problemen behaftet ist.
Dieses Format ist plattformunabhängig. Außerdem ist das Mitspeichern von Alphakanälen und Pfaden möglich, die in Layoutprogrammen ohne Nutzen sind.

Erläutern Sie den Aufbau des TIFF-Dateiformates!

Das Dateiformat **TIFF** besteht zum einen aus dem Header. Er belegt die ersten 8 Byte einer Datei und enthält

- die Festlegung des Systems, Motorola = MM (befindet sich am Anfang), Intel = IT (befindet sich in diesem Falle am Ende)
- die Versionsnummer
- den Zeiger auf das erste IFD (Image File Directory).

Zum anderen besteht er aus mehreren **IFDs**, die in der Datei verstreut liegen, jedoch über Zeiger miteinander verbunden sind und dadurch auf den eigentlichen Datenblock mit den Bildinformationen verweisen. Die Länge der einzelnen IFDs hängt von der Anzahl der enthaltenen Tags ab. Diese Tags (so genannte Anhänger), die jeweils 12 Byte entsprechen, geben z. B. Auskunft über:

- Titel der Datei
- Datentyp
- Bildgröße
- Auflösung
- Komprimierungsverfahren
- Pixeladressierung (1 Byte/Kanal)

Welche TIFF-Varianten gibt es?

Folgende **TIFF-Varianten** sind möglich:

- TIFF-LAB
- TIFF-RGB

Was sind die Besonderheiten des JPEG-Formats?

Was trifft auf das GIF-Format zu?

Welche Arten von GIF-Formaten gibt es?

- TIFF-CMYK
- TIFF-Grau
- TIFF-Bitmap
- TIFF-Strich (entspricht TIFF-Bitmap)

Das **JPEG-Format** (Joint Photographic Experts Group) mit dem Suffix jpg ist ein Dateiformat für Pixelbilder im Echtfarbmodus oder für Graustufenbilder, die komprimiert werden sollen. Je nach Komprimierungseinstellung ist die Bildqualität besser (hoch) oder schlechter (niedrig). Man sollte allerdings darauf achten, dass die zu komprimierenden Bilder keine einheitlichen Farbflächen, nuancierte Farbübergänge (Gesichter oder Verläufe) und nur wenig Bilddetails haben, da aufgrund der Komprimierungsmethode diese Stellen sonst fleckig wirken. Die Kompressionsmethode rechnet das Bild vom RGB- in den YCC-Modus um (ein von Kodak verwendetes System). Nur noch ein Pixel enthält nun den Farbwert, die anderen enthalten die Helligkeit. Die Komprimierung ist aber verlustbehaftet und verschlechtert sich bei jedem Abspeichern noch mehr. Wird das Bild geöffnet, werden durch Interpolation die fehlenden Farbwerte künstlich erzeugt und in einem weiteren Durchgang gleiche Farbflächen zusammengefasst.
JPEG-Dateien sind (neben GIF und PNG) das typische Format fürs Internet, da ja die Dateigröße durch die Komprimierung sehr gering ist.

Das **GIF-Format** (Graphics Interchange Format) ist wie das JPEG-Format hauptsächlich für das Internet gedacht. Es ist geräteunabhängig und unterstützt Grafiken von 16 bis 256 Farben und Graustufenbilder mit guter Bildschärfe, jedoch keine TrueColor-Bilder. Damit die Datenmenge der Bilder möglichst gering ist, werden auch diese Bilder mit dem LZW-Verfahren komprimiert, ähnlich wie beim TIFF-Format. Dank der geringen Datenmenge werden sie dann im Internet für schnell darstellbare Bilder, z.B. Logos, genutzt.

Es gibt drei **Varianten** von GIFs:
- transparentes GIF
  Hierbei wird eine Farbe auf Transparent geschaltet, sodass das Bild freigestellt erscheint.
- animiertes GIF
  Hierbei werden mehrere Bilder so zusammengefügt,

als wäre es ein Film. Diese „Filme" können dann im Internetbrowser abgespielt werden.

- interlaced GIF
  Hierbei wird das Bild von mäßiger bis zur guten Bilddarstellung aufgebaut. So kann man schon während des Bildaufbaus einen Eindruck vom Bild gewinnen und bei Desinteresse den Download bzw. das sukzessive Erscheinen des Bildes stoppen.

PNG ist ein neueres Format. Welche Eigenschaften hat es?
Wofür wird es fast ausschließlich verwendet?

PNG (Portable Network Graphics) ist als Nachfolgeformat für GIF konzipiert. Dieses Grafikformat fürs Web hat eine Reihe interessanter Eigenschaften, wie z.B.

- Farbbilder bis zu 48 bit Farbtiefe
- Grauskalen bis zu 16 bit
- 8-bit-Transparenz bzw. 16-bit-Alpha-Kanal
- automatische Gamma-Korrektur
- verlustfreie Komprimierung (LZ77)
- plattformübergreifend
- wird aber von älteren Browsern nicht unterstützt

Wofür verwendet man das PCX-Dateiformat?

Das **PCX-Dateiformat** ist ein Bitmap-Dateiformat, das in plattformübergreifenden Anwendungen genutzt wird. Das PCX-Dateiformat unterstützt beim Importieren und Exportieren die maximale Bildgröße von 64535 x 64535 Pixeln. Es unterstützt die RLE-Komprimierung (Run Lenght Encoding = Lauflängencodierung).

Was ist eine DCS-Datei?

Das von Quark Inc. entwickelte **DCS-Dateiformat** ist eine Erweiterung des standardmäßigen EPS-Formats (Encapsulated PostScript). Allgemein besteht das DCS-Dateiformat aus fünf Dateien. Vier der fünf Dateien enthalten Infos über Farben mit hoher Auflösung. Diese Informationen werden im Format CMYK (Cyan, Magenta, Gelb und Schwarz) gespeichert. Die fünfte Datei, die als Master-Datei betrachtet wird, enthält eine PICT-Vorschau (Grobdatei) der DCS-Datei.
Bei der Weiterentwicklung DCS 2 werden die Informationen der fünf Dateien des DCS-Formats in einer Datei zusammengefasst.

Wofür verwendet man das TGA-Dateiformat?

Das von Truevision Inc. entwickelte **TGA-Dateiformat** (TARGA) basiert auf Bitmaps. Es wurde allgemein zum Speichern digitalisierter Farbfotografien verwendet. TGA wird von MS-DOS, Windows, UNIX, Atari, Amiga sowie von weiteren Plattformen und Anwendungen unterstützt. Es war in Mal-, Grafik- und Bildverarbeitungsanwendungen weit verbreitet.

Was ist für PSD als Dateiformat charakteristisch?

Bei dem von Adobe Systems für Windows und Macintosh entwickelten **PSD-Dateiformat** handelt es sich um das programmspezifische Dateiformat von Adobe Photoshop. Das PSD-Dateiformat basiert auf Bitmaps. Der Vorteil liegt in der relativ geringen Kapazität, die zum Speichern benötigt wird. Außerdem bleiben alle Ebenen und Alphakanäle in der Datei erhalten.

Textformate

Was ist eine DOC-Datei?

Das **DOC-Dateiformat** ist das Standardformat von Microsoft Word.

Worum handelt es sich bei einer Datei mit dem Suffix xls?

XLS ist das Dateiformat eines Tabellenkalkulationsprogramms von Microsoft, das für PCs oder Macintosh-Computer erhältlich ist: Microsoft Excel. Das Programm kam 1985 als MAC-Version auf den Markt. Die erste Excel-Version für Windows wurde 1987 angeboten.

Was ist RTF?

RTF (Rich Text Format) ist ein plattformunabhängiges Dateiformat für den Austausch von Texten zwischen verschiedenen Textverarbeitungsprogrammen. RTF-Dateien lassen sich in den meisten Textverarbeitungs- und Layoutprogrammen öffnen. Sie behalten dabei alle Textformatierungen bei.

Soundformate

Was ist eine WAV-Datei? Wie viel Speicherplatz benötigt man für 1 Minute Aufzeichnung?

WAVE ist ein Dateiformat von Windows zum Speichern von Klängen als Signalformbeschreibung in Dateien mit der Dateinamenerweiterung wav.
Abhängig von der Abtastrate und davon, ob das Signal monophon oder stereophon vorliegt und ob 8 oder 16 Bit für jeden Abtastwert verwendet werden, kann eine Aufzeichnung von einer Minute Dauer zwischen 644 Kilobyte und 27 Megabyte Speicher benötigen.

Was ist RealAudio?

Beim **RealAudio-Format** wird das Tonsignal blockweise komprimiert, wobei eine Kompressionsrate von 24:1 erreicht werden kann. Aufgrund der Streaming-Möglichkeit findet es überwiegend für die Verbreitung von Radioprogrammen und Liveübertragungen im Internet Verwendung.

Welche Merkmale haben die Audio-MPEG-Dateien?

MPEG (Moving Pictures Experts Group) definiert drei Codec-Standards für Audiodaten, wobei die höheren Codecs die niedrigeren mit einschließen. Die Codecs arbeiten mit folgenden Bitraten und Kompressionsfaktoren:
- Layer 1 (mp1), 384 kbit/s, Kompression 3.6:1
- Layer 2 (mp2), 256 kbit/s, Kompression 5.5:1
- Layer 3 (mp3), 128 kbit/s, Kompression 11:1

Was ist eine MIDI-Datei?

MIDI (Musical Instrument Digital Interface) ist der weltweit verbreitete Standard zur Übertragung von Noten und Steuerbefehlen zwischen allen möglichen Arten von elektronischen Instrumenten und klangbearbeitenden Geräten.

Videoformate

Was ist QuickTime?

QuickTime ist eine Systemerweiterung für Macintosh zum Aufnehmen, Bearbeiten und Abspielen von digitalen Videofilmen und QuickTime-Virtuell-Reality-Filmen (QTVR). QuickTime setzt sich aus folgenden Komponenten zusammen:
- Movie Toolbox
  standardisierte Werkzeuge, Bedienelemente und Fenster zum Erstellen, Bearbeiten und Abspielen von Bewegtbild-Dateien
- Image Compression Manager (ICM)
  universelle Schnittstelle zwischen den Anwendungsprogrammen, welche die verwendeten Komprimierungsalgorithmen erkennt
- Component Manager
  zuständig für die Einbindung von Gerätetreibern und die Bereitstellung der benötigten Module zur Kompression bzw. Dekompression

Welches Dateiformat definiert QuickTime?

Durch **QuickTime** wird das Dateiformat movie (MOV) erzeugt. Dieses Format ist von Apple offengelegt worden, sodass QuickTime-Dokumente plattformübergreifend abgespielt werden können. Es bietet unter anderem:
- Anordnung von Ton und Bild in mehreren Spuren
- Trennung der Zeitdaten von Ton- und Bilddaten

Ton und Bild bleiben unabhängig von der Leistungsfähigkeit des Computers synchronisiert, indem bei schwacher CPU während der Tonwiedergabe einige Frames übersprungen werden.

Wofür verwendet man AVI-Dateien?

Hinweis: resource (franz, engl.), aber *Ressource* (eingedeutscht)

AVI (Audio Video Interleaved) ist ein Multimedia-Dateiformat unter Windows zur Speicherung von Video inklusive Ton. Das AVI-Format nutzt die RIFF-Spezifikation (Resource Interchange File Format) von Microsoft.

Welche Standards definiert das Video-MPEG-Format?

Das **Video-MPEG-Format** wird in folgende Standards untergliedert:

- MPEG-1 (für MM-Anwendungen auf CD-Rom)
- MPEG-2 (höhere Datenrate, für DVDs gedacht)
- MPEG-4 (hohe Bildqualität bei niedriger Datenrate)

Was bedeutet Streaming?

Unter **Streaming** versteht man die Möglichkeit, Audio- bzw. Videosignale bereits während der Übertragung z. B. aus dem Internet anzusehen. Da die Daten ohne größere Zeitverschiebung wiedergegeben werden, spricht man dabei von Echtzeitübertragung.

Sonstige Dateiformate

Welches Programm verwendet qxp/qxd-Suffixe?

Das Layoutprogramm QuarkXPress 6. Dateiformat QXP, Dateiendung (Suffix) qxp, auch qxd (für QuarkXPress 5).

Welche Eigenschaften sind für das PDF-Format charakteristisch?

Mehr Informationen finden Sie auf Seite 245!

Das **PDF-Format** (Portable Document File) wurde von Adobe auf der Basis von PostScript als plattformunabhängiges Dateiformat entwickelt. Dabei werden Bilder, Grafiken, Texte und Schriften in die Datei mit eingebunden, sodass keine externen Bilder oder Schriften mitgeliefert werden müssen.
Anders als PostScript, ist das PDF-Format keine Seitenbeschreibungssprache, sondern ein Dateiformat. Deshalb können auch ohne große Probleme noch Änderungen am Dokument vorgenommen werden, was bei PostScript-Dateien nur mit großer Mühe und nur mit Spezialprogrammen möglich ist.

Worum handelt es sich bei einer Datei mit pcd als Suffix?

Das **PCD-Dateiformat** der Kodak-Photo-CD-Bilder ergibt 35-mm-Filmnegative oder Dias, die in ein digitales Format konvertiert und auf einer CD gespeichert werden. Das PCD-Dateiformat basiert auf Bitmaps.

Was ist eine PRN-Datei?

Dies ist ein Dateityp, der mit dem Befehl „eine Datei drucken", generiert wird. **PRN-Dateien** enthalten alle Objekt- und Layoutinformationen für die Ausgabe/Belichtung. Die Erzeugung von PRN-Dateien ist üblich, wenn nicht aus der entsprechenden Anwendung gedruckt werden kann.

Datenkompression

Was versteht man unter Datenkompression?	Die Datenkompression (**Datenkomprimierung)** ist besonders für die Bildbearbeitung interessant, da hier enorme Speichergrößen zustande kommen, die Hardware und Software stark belasten. Zwar benötigen komprimierte Daten weniger Speicherplatz, jedoch braucht man beim Arbeiten mit Dateien für Entpacken und erneutes Komprimieren zu viel Zeit. Deshalb werden Daten meist nur zum Datentransfer und zur Archivierung komprimiert.
Welche Verfahren der Bilddaten-Kompression gibt es?	Folgende **Komprimierungs-Verfahren** gibt es: • JPEG (Joint Photographic Experts Group) • LZW (Lempel Ziv and Welch) • PackBit-Codierung bzw. Fax-Komprimierung
Was geschieht beim JPEG-Kompressionsverfahren?	Das **JPEG-Kompressionsverfahren** ist der menschlichen Augen-Wahrnehmung angepasst, arbeitet aber teilweise äußerst verlustreich. Es gibt hierbei vier Einstellungsmöglichkeiten von „gering" bis „maximal".
Erläutern Sie das LZW-Kompressionsverfahren!	Das **LZW-Kompressionsverfahren** wird in erster Linie für TIFF- bzw. GIF-Formate verwendet. Der Detailreichtum bzw. der Tonwertumfang des Bildes ist maßgebend für den Kompressionsfaktor. Je gleichmäßiger Flächen innerhalb des Bildes sind, desto höher ist die Datenersparnis. Äußerst detailreiche Bilder laufen deshalb Gefahr, nach der Kompression mehr Speicherplatz zu beanspruchen. Zudem haben manche Belichter und auch Programme Probleme mit LZW-komprimierten Bildern. $\text{Komprimierungsfaktor} = \frac{\text{Speicherplatz ohne Komprimierung}}{\text{Speicherplatz mit Komprimierung}}$
Erläutern Sie das Komprimierungsverfahren PackBit-Codierung!	**PackBit-Codierung** findet bei Tiff-Dateien Anwendung. Der mögliche Komprimierungsfaktor bei diesem Verfahren liegt bei 1:8. Ohne Komprimierung wird für jedes Bildpixel eine Speicherstelle benötigt. Bei Komprimierung werden Pixel gleicher Tonwerte gruppiert, die dadurch weniger Speicherzellen beanspruchen. Daraus folgt, dass PackBit-Codierung vor allem speicherplatzsparend ist für Bilder mit vielen gleichen Tonwertflächen.

PDF

Was versteht man unter PDF?

PDF (Portable Document Format) ist ein von Adobe entwickeltes universelles Dateiformat, das Layout, Bilder, Grafiken und Schriftarten des Ausgangsdokuments beibehält. Mit dem **Acrobat Reader** können PDFs angezeigt und gedruckt werden. Für die Bearbeitung einer PDF-Datei ist das Programm **Acrobat** notwendig.

Welche Vorteile bieten PDF-Dateien?

PDF-Dateien haben folgende **Vorteile**:
- Sie sind plattformunabhängig
- Richtig generierte PDFs enthalten alle Daten zur optimalen Darstellung auf dem Monitor und zur Ausgabe auf Drucker oder Belichter
- Sie bieten viele Bearbeitungsmöglichkeiten
- Korrekturen und Anmerkungen sind möglich
- Der Speicherbedarf ist gering
- Sie lassen sich in manchen Programmen öffnen

Welche Einsatzmöglichkeiten bietet eine PDF-Datei?

PDF-Dateien lassen sich für unterschiedliche **Anwendungsmöglichkeiten** einsetzen:
- CD-ROM (z. B. Handbücher)
- Publikationen im Internet (z. B. Zeitschriftenartikel, Broschüren)
- elektronische Auftragsformulare
- elektronische Kataloge mit Bestellsystem
- interaktive Publikationen mit Ton und Video (z. B. Produktpräsentation)
- Ganzseiten-Archive mit Volltextsuche (z. B. Zeitschriften oder Produktinformationen)

Erstellung von PDF-Dokumenten

Welche Möglichkeiten gibt es, „PDFs“ zu erstellen?

Zwar gibt es mehrere Methoden, ein „PDF“ zu erstellen, jedoch eignen sich nicht alle gleich gut, ein belichtungsfähiges „PDF“ (Highend-PDF) zu erzeugen. Folgende Möglichkeiten stehen zur Verfügung:
- PDF-Writer
  Dabei handelt es sich um einen Druckertreiber von Windows und Macintosh, der jedoch nicht zur PDF-Erstellung für die Belichtung geeignet ist, da die Betriebssysteme kein PostScript unterstützen
- PDF-Export aus einer Anwendungssoftware
  z. B. aus Adobe Photoshop
- Die Konvertierung von PostScript-Dateien (PS-Dateien) über den Acrobat Distiller ist derzeit immer noch die empfehlenswerteste Methode, um korrekte Highend-PDFs zu erstellen.

Wie entsteht in der Regel eine korrekte Highend-PDF-Datei?

Um diese **PDF-Datei** zu erzeugen, sind folgende Schritte notwendig:
- Layouterstellung in einem Layout- oder Grafikprogramm (muss für den Druck richtig angelegt sein)
- Konfiguration des PostScript-Druckertreibers mit PPD-Datei
- Erzeugung einer PostScript-Datei mit eingebetteten Schriften
- Konvertierung in PDF-Datei mit dem Distiller

Was ist eine Druckerbeschreibungsdatei?

In der **Druckerbeschreibungsdatei** (PPD = PostScript Printer Description) sind die gerätespezifischen Befehle eines Ausgabegerätes definiert. Neben den Informationen über die Eigenschaften des Ausgabegerätes (z. B. Raster, Auflösung, Farben, Papierformate) enthält sie auch die PostScript-Befehle zur Gerätesteuerung (z. B. Schneidebefehl beim Filmbelichter).
PPD-Dateien kommen neben der Erzeugung der PS-Datei für den Distiller auch für das Ausgabegerät beim Drucken aus Adobe Acrobat zum Einsatz.

Welche Einstellungsmöglichkeiten bietet der Distiller?

Folgende Optionen lassen sich im **Distiller** einstellen:
- Komprimierung
  Für Halbton-, Graustufen- und Schwarzweiß-Bitmap-Bilder stehen die Kompressionsverfahren JPG und Zip zur Auswahl
- Neuberechnung
  Bilder mit zu hoher Auflösung als für die Ausgabe nötig, werden heruntergerechnet. Dies gilt auch für Bilder, die im Layoutprogramm verkleinert wurden.
- Einbettung der Schriften
- Hinterlegung von ICC-Profilen
- Erstellung von Joboptions
- Anlegen von überwachten Ordnern

Was sind Joboptions?

Je nachdem, für welchen Zweck das PDF erstellt werden soll, ist ab Distiller 4.0 die Auswahl unterschiedlicher **Joboptions (Settings)** möglich. Für eine PDF-Datei, die ins Internet gestellt werden soll oder als Korrekturabzug zum Kunden gemailt wird, reicht beispielsweise ein monitoroptimiertes „PDF" vollkommen aus.

Was sind überwachte Ordner?

Der Distiller bietet die Möglichkeit, **überwachte Ordner** zu erstellen, die irgendwo im Netzwerk platziert werden können. Diese Ordner enthalten einen vom Distiller angelegten „In-“ und „Out“-Ordner. Wird eine Datei in den „In“-Ordner geschoben, schreibt der Distiller die PDF-Datei und legt sie im „Out“-Ordner ab. Dabei kann jeder überwachte Ordner eine individuelle Distiller-Einstellung enthalten, d. h. er kann nach eigenen Kriterien (z. B. Verwendungszweck, Kompressionsstufe, kundenspezifisch) angelegt werden.

Bearbeitung

Welche Bearbeitungsmöglichkeiten bietet Adobe Acrobat?

Adobe Acrobat bietet eine Reihe von Möglichkeiten zur **Bearbeitung** von PDF-Dokumenten:

- Bearbeiten von Text und Grafiken
- Beschneiden und Drehen von Seiten
- Verschieben und Kopieren von Seiten
- Entnehmen und Ersetzen von Seiten
- Neunummerierung von Seiten
- Anbringen von Korrekturen und Anmerkungen

Zur **interaktiven Nutzung** am Bildschirm bietet das Programm folgende Bearbeitungsmöglichkeiten:

- Verknüpfungen zu anderen Seiten (Hypertext-Links)
- Setzen von Lesezeichen
- Erstellung von Formularen und Schaltflächen
- Integration von Audio- und Video-Clips
- Spezialeffekte

Welche Möglichkeiten gibt es, Korrekturen anzubringen?

Bei Acrobat 4.0 gibt es verschiedene Funktionen zum Anbringen von **Korrekturen** und Anmerkungen. Folgende Werkzeuge stehen dabei u. a. zur Verfügung:

- Markierstift
- Notizzettel
- Stempel (z. B. Genehmigt)
- Sprachnotizen

Ausgabe von PDF-Dateien im Druck

Was versteht man unter Preflight-Check?

Unter **Preflight-Check** versteht man die Prüfung einer PDF-Datei auf deren Ausgabetauglichkeit. Dies geschieht durch spezielle „Preflight-Tools“, die als Plug-Ins (z. B. PitStop) direkt in Acrobat geladen werden. Folgende Kriterien sind u. a. beim Preflight zu beachten:

- PDF-Version
- Datenformat (binär oder ASCII)
- Font-Einbettung/Font-Typen
- Farbmodelle/Sonderfarben
- Bildauflösung

Erläutern Sie die Arbeitsschritte bis zur Ausgabe über den RIP!

Die **Ausgabe** von PDF-Dateien hängt vom PostScript-RIP ab. Bei Verwendung älterer RIPs wird die PDF-Datei, bevor sie zum RIP geschickt wird, in PostScript umgewandelt und unter Umständen noch farbsepariert.
Der Adobe PostScript-3-RIP bietet die komfortabelste Möglichkeit: Die PDF-Datei wird über einen **Hotfolder** direkt eingelesen und automatisch in PostScript umgewandelt und separiert.

Beschreiben Sie den Ausgabeprozess einer PostScript- bzw. einer PDF-Datei im RIP!

Zur **Ausgabe** einer PostScript-Datei muss diese zuerst auf dem RIP (Raster Image Processor) interpretiert werden. Dabei sind Belichtungsschwierigkeiten nicht ausgeschlossen und die benötigte Zeit zur Ausführung des RIP-Vorganges ist kaum vorhersehbar.
PDF ist ein reines Dateiformat, dessen ursprüngliche PostScript-Datei bereits im Distiller interpretiert worden ist. Somit sind Fehler bereits erkannt und berichtigt worden. Die PDF-Datei muss nur noch im RIP gerendert werden, was aufgrund optimaler Distillereinstellungen schneller geht als bei reinen PostScript-Dateien. Die PDF-Datei ist gleichzustellen mit der Display-Liste, die nach der Interpretation einer PostScript-Datei entsteht.

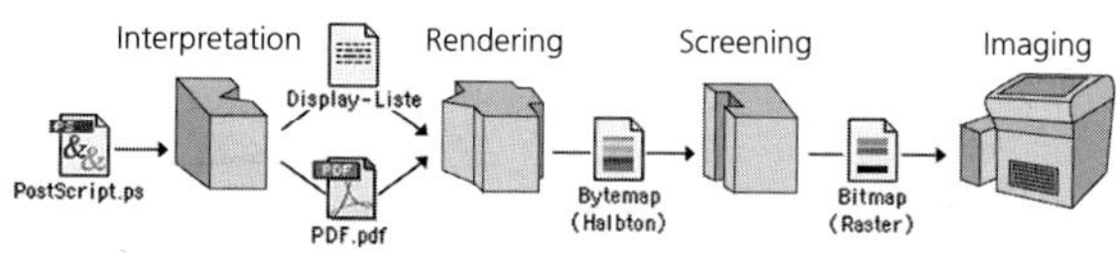

Was ist ein PJTF-Jobticket ?

Da PDF-Dateien im Gegensatz zu PS-Dateien keine Geräte-Steuerbefehle enthalten, wurde das Datenformat **„Portable Job Ticket Format“** (PJTF) entwickelt. Ein Job Ticket kann in eine PDF-Datei eingebettet sein oder auch als eigenständige Datei abgespeichert werden. Die Trennung von Seiteninhalt (PDF) und Verarbeitungsanweisungen (PJTF) hat den Vorteil, dass nachträgliche Änderungen nicht in der Original-Applikation angepasst werden, sondern lediglich im Job Ticket geändert werden. Folgende Informationen können im Job Ticket gespeichert werden:

- Ausgabeparameter (z. B. Auflösung, Rasterweiten)
- Verarbeitungsanweisungen (z. B. Trapping-Regeln, Ausschießschema)
- Material (z. B. Format, Gewicht)
- Weiterverarbeitung (z. B. Falzschema)
- Lieferdaten (Auflage, Adressen, Termine).

Eine (offene) Weiterentwicklung ist das JDF (Job Definition Fomat. Es enthält auch die Funktionen von PJTF.

Zahlensysteme

Welche Byte-Maßeinheiten gibt es? Erläutern Sie die Umrechnung der Byte-Maßeinheiten von der kleinsten zu den größeren!	Folgende **Einheiten** gibt es: • Byte (B) • Kilobyte (KB) • Megabyte (MB) • Gigabyte (GB) • Terabyte (TB) Die folgenden „Stufen-Zahlen" erlauben Umrechnungen in höhere oder niedrigere Einheiten. Vorsicht beim Runden, da das Endergebnis dann evtl. nicht stimmt! 1 Stufe 2^{10} (1024 ≈ 1000) 2 Stufen 2^{20} (1048576 ≈ 1000000) 3 Stufen 2^{30} (1073741824 ≈ 1000000000) Die Angaben werden beim Umrechnen in eine größere Einheit durch die entsprechende Stufen-Zahl dividiert und bei Umwandlung in eine kleinere multipliziert: 6 MB in KB = $6 \cdot 2^{10}$ = 6144 KB ≈ 6000 KB 6 MB in B = $6 \cdot 2^{20}$ = 6291456 B ≈ 6000000 B 1000 KB in MB = 1000 : 2^{10} = 0,976 MB ≈ 1 MB
Was ist ein Bit?	Ein **Bit** kann nur zwei Werte annehmen und ist somit die kleinste interne Organisationseinheit von Daten. Die Bitwerte werden durch die Symbole 0 und 1 dargestellt. 8 Bits ergeben 1 Byte. 1000 Bit entsprechen 1 KBit.
Welcher Unterschied besteht zwischen analogen und digitalen Größen bzw. Werten?	**Analog** sind Werte bzw. Größen, die innerhalb einer bestimmten Spanne beliebige Zwischenwerte annehmen können. **Digital** sind Werte bzw. Größen, die ausschließlich eine Anzahl festgelegter Werte annehmen können, also keinerlei Zwischenwerte.
Welche drei Zahlensysteme sind für das Publishing von Bedeutung?	**Dezimales Zahlensystem** (dekadisches System) mit der Basis 10. Beispiele: $10^{-1} = 0{,}1$. $10^0 = 1$. $10^1 = 10$. $10^2 = 100$ **Duales (binäres Zahlensystem:** Basis 2. $2^3 = 2 \cdot 2 \cdot 2 = 8$ **Hexadezimalsystem (Sedezimalsystem):** Basis 16
Was versteht man unter Dualsystem (Binärsystem)?	Das **Dualsystem** ist ein Zahlensystem mit der Basis 2, während das uns vertraute Dezimalsystem als Basis 10 hat. Im Dualsystem werden alle Zahlen mit zwei Ziffern codiert: 0 und 1. Die Binärzahl 10111 steht z. B. für dezimal 23. Computer arbeiten mit dem Binärsystem. Sie codieren damit auch Ziffern und Buchstaben.
Was versteht man unter Hexadezimalsystem?	Das **Hexadezimalsystem** ist ein Zahlensystem mit der Basis 16. Die Zahlenwerte werden mit den Ziffern 0 bis 9 und den Großbuchstaben A bis F codiert. Das Hexadezimalsystem lässt sich besser mit dem binären System kombinieren als das Dezimalsystem, weil Hexadezimal und Binärsystem ähnlich aufgebaut sind, das Dezimal-

system aber nicht. Sedezimal lassen sich Binärwerte übersichtlich darstellen.

Erläutern Sie die Zahlensysteme!

Man unterscheidet folgende **Zahlensysteme**:

- **Dezimalsystem**
  Basis: 10
  Ziffern: 1, 2, 3, 4, 5, 6, 7, 8, 9
  Stellenwert: ... 10^4 10^3 10^2 10^1 10^0
  10000 1000 100 10 1
  Wert: $368 = 8 \cdot 10^0\ (1) + 6 \cdot 10^1\ (10) + 3 \cdot 10^2\ (100)$

- **Dualsystem**
  Basis: 2
  Ziffern: 1, 0
  Stellenwert: 2^4 2^3 2^2 2^1 2^0
  16 8 4 2 1
  Wert: $10101 = 1 \cdot 2^0\ (1) + 0 \cdot 2^1\ (2) + 1 \cdot 2^2\ (4) + 0 \cdot 2^3\ (8) + 1 \cdot 2^4\ (16) = 21$

Gegenrechnung		*Wert: 21 =*
$21 - 2^4\ (16) = 5$ -> geht	=1	1 _ _ _ _
$5 - 2^3\ (8) =$ geht nicht	=0	1 0 _ _ _
$5 - 2^2\ (4) = 1$ -> geht	=1	1 0 1 _ _
$1 - 2^1\ (2) =$ geht nicht	=0	1 0 1 0 _
$1 - 2^0\ (1) = 0$ -> geht	=1	1 0 1 0 1

  Die letzte Dualzahl steht für 2^0

- **Hexadezimalsystem**
  Basis: 16
  Ziffern: 0, 1, 2, 3, 4, 5, 6, 7, 8, 9, $A^{(10)}$, $B^{(11)}$, $C^{(12)}$, $D^{(13)}$, $E^{(14)}$, $F^{(15)}$
  Stellenwert: ... 16^4 16^3 16^2 16^1 16^0
  65536 4096 256 16 1
  Wert: $ABC = C \cdot 16^0\ (1) + B \cdot 16^1\ (16) + A \cdot 16^2\ (256)$
  $= 12 \cdot 1 + 11 \cdot 16 + 10 \cdot 256 = 2748$

Die letzte Hexadezimalzahl steht für 16^0

Welche typografischen Einheitensysteme muss man unterscheiden?

Das erste **typografische Maßsystem** (von Fournier, Didot und Berthold) wird nur noch im Bleisatz verwendet:
1 Punkt (p) = 0,375 mm. 1 Cicero = 4,5 mm
DTP-Point: 1 pt = 0,353 mm, 1 Pica = 4,233 mm
Pica-System: 1 pt = 0,351 mm, 1 Pica = 4,218 mm

Was ist mit Zollsystem gemeint?

Bekannt ist uns das **Zollsystem** von der Schreibmaschine: Der einzeilige Abstand beträgt dort 4,23 mm.
1 Zoll (inch) = 2,54 cm

Betriebsorganisation

Was bedeutet Betriebsorganisation?

Betriebsorganisation ist ein System von Regelungen (z. B. Arbeitsanweisungen, Arbeitsablaufpläne), die Menschen und Betriebsmittel einander so zuordnen, dass die Betriebsziele (z. B. Umsatzsteigerung, Umweltschutz) bestmöglich erreicht werden.

Menschliche Arbeit im Betrieb

Welche Kommunikationsarten gibt es?

Es gibt drei Formen von **Kommunikation**:
- persönliche Kommunikation (z. B. Konferenz)
- fernmündliche Kommunikation (z. B. Telefon)
- schriftliche bzw. bildliche Kommunikation (z. B. Brief)

Welche Regeln sollten beachtet werden, um faire Kommunikation zu gewährleisten?

Um faire **Kommunikation** zu gewährleisten, sollten folgende Punkte beachtet werden:
- zuhören
- Notizen machen
- Fragen stellen
- netter Umgangston
- wiederholen
- bestätigen

Nennen Sie Bestimmungsfaktoren für menschliches Leistungsvermögen!

Das **Leistungsvermögen** der Berufstätigen hängt weitgehend von folgenden Faktoren ab:
- persönliches Leistungsvermögen (Eignung)
  - Alter, Geschlecht und körperliche Verfassung
  - Fachkompetenz
  - Intelligenz und Kreativität
  - seelische und körperliche Belastbarkeit
  - Verantwortungsbewusstsein
  - Leistungswillen, Ausdauer, Beharrlichkeit
  - Flexibilität, Anpassungsfähigkeit
- sachliche (objektive) Leistungsfaktoren
  - Arbeitsplatzgestaltung
  - Organisation der Arbeit
  - Stand der technischen Entwicklung
  - Verhältnis zu Vorgesetzten und Mitarbeitern
  - Aufstiegsmöglichkeiten
  - soziale Leistungen
  - Betriebsklima

Was ist mit Führungsstil gemeint?	Unter **Führungsstil** versteht man die Art und Weise, in der Vorgesetzte Mitarbeiter führen. Man unterscheidet folgende Führungsstile: • patriarchisch • autoritär (dirigistisch) • kooperativ • laissez-fair (Gewährenlassen) In der Realität sind Mischformen üblich.
Was versteht man unter patriarchischem Führungsstil?	Der **patriarchische Führungstil** ist geprägt von unbedingtem Gehorsam, der dem Chef gegenüber zu erbringen ist. Dieser Stil ist heute umstritten, denn er entspricht überhaupt nicht mehr dem Zeitgeist.
Was versteht man unter autoritärem Führungsstil?	Beim **autoritären (dirigistischen) Führungsstil** trifft der Vorgesetzte Entscheidungen ohne Mitwirkung der Untergebenen, wobei er von diesen Befolgung sämtlicher Anordnungen verlangt. Vorteile sind: • schnelle Entscheidung (z. B. in Notfällen) • eindeutig abgegrenzte Aufgaben- und Verantwortlichkeitsbereiche
Was versteht man unter kooperativem Führungsstil?	Beim **kooperativen Führungsstil** nehmen die Mitarbeiter an Entscheidungen durch Informations-, Beratungs- und Mitspracherecht teil. Vorteile sind: • Entlastung des Vorgesetzten • Entfaltung persönlicher Fähigkeiten • besseres Arbeitsklima • geringe Fehlquote und seltener Arbeitsplatzwechsel
Was versteht man unter Laissez-faire-Führungsstil?	Der **Laissez-faire-Führungsstil** zeichnet sich aus durch das Motto: „Du kannst machen, was du willst, aber...!“. Dieser Führungsstil findet sich überwiegend im kreativen Bereich. Jedoch spätestens, wenn Forderungen erhoben werden müssen, weil Leistung und Produktivität nicht mehr stimmen, erfordert dieser Stil viel Einsicht der Beschäftigten in betriebliche Notwendigkeiten.
Nennen Sie Grundsätze der Menschenführung!	Bewährte Grundsätze der **Menschenführung** sind: • Anerkennung von Leistungen • positive Kritik • Verständnis für Probleme der Mitarbeiter • Ermutigung bei Fehlleistungen • finanzielle Anreize

Welche Vorteile hat Teamarbeit?

Teamarbeit ist in vielen Berufen sinnvoll. Voraussetzung ist, dass die „Chemie" unter den Teammitgliedern stimmt. Folgende Vorteile bietet Teamarbeit:
- Arbeits- und Rollenaufteilung
- gegenseitiges Unterstützen
- besseres Betriebsklima
- Team leitet sich selbst
- mehr Engagement
- vermehrtes Einbringen von Fachkenntnissen
- mehr Handlungs- und Entscheidungsfreiraum

Welche Entwicklungsphasen werden bei Einführung von Teamarbeit durchlaufen?

Wenn ein neues **Team** gegründet wird, werden verschiedene **Phasen** durchlebt:
Phase 1: Kennenlernphase
- höflich
- unpersönlich
- gespannt
- vorsichtig

Phase 2: Zusammenfindungsphase
- unterschwellige Konflikte
- Konfrontationen
- Cliquenbildung
- mühsames Vorwärtskommen
- Gefühl der Ausweglosigkeit

Phase 3: Organisationsphase
- Entwicklung neuer Umgangsformen
- Entwicklung neuer Verhaltensweisen
- Feedback
- Konfrontation der Standpunkte

Phase 4: Verschmelzungsphase
- ideenreich
- flexibel
- offen
- leistungsfähig
- solidarisch und hilfsbereit

Wie sollte ein ergonomischer Arbeitsplatz ausgestattet sein?

Ein ergonomisch eingerichteter **Arbeitsplatz** sollte folgende Kriterien erfüllen:
- Sitzhöhe bei Computerarbeitsplätzen
- Reflexion an Bildschirmen vermeiden
- strahlungsarme Bildschirme
- Tischhöhe
- Körperhaltung
- Raumtemperatur
- Lärm vermeiden oder reduzieren
- Unfallverhütungsvorschriften beachten

Kosten- und Leistungsrechnen

Erläutern Sie, wie Stromspannung, -stärke, -widerstand, elektrische Leistung und Stromverbrauch berechnet werden!

Folgende Formeln finden bei der **Stromberechnung** Einsatz:

Spannung (Volt)

$$\frac{\textbf{Watt (Leistung)}}{\textbf{Ampere (Stromstärke)}} = \textbf{Volt}$$

- bei Angabe von Ohm

Ampere · Ohm = Volt

Elektrischer Widerstand (Ohm)

$$\frac{\textbf{Volt (Spannung)}}{\textbf{Ampere (Stromstärke)}} = \textbf{Ohm } (\Omega)$$

Elektrische Leistung (Watt)
Volt · Ampere = Watt

Stromverbrauch
Watt · h = Wattstunden

Erläutern Sie, was in der Arbeitsplatzkostenberechnung zu berücksichtigen ist!

Folgende Punkte werden in der **Arbeitsplatzkostenberechnung** berücksichtigt:

- Arbeitsplatzkosten (Primärkosten):
  - Personalkosten (Lohn, Sozialkosten)
  - Gemeinkosten (Material, Energie, Instandhaltung)
  - Raummiete + Heizung
  - kalkulatorische Kosten (Abschreibung, Zinsen, Wagnisse)
  - weitere Fertigungskosten
- Gemeinkosten (Sekundärkosten)
  - Umlage Gemeinkosten Arbeitsvorbereitung
  - Umlage Gemeinkosten Verwaltung
  - Umlage Gemeinkosten Vertrieb

Wie wird der Lohn berechnet?

Der **Lohn** wird nach folgendem Schema berechnet:

Bruttolohn (Arbeitsstunden · Arbeitszeit)
+ Überstunden
+ sonstige Zulagen
– Lohnsteuer (entsprechend Einkommen)
– Kirchensteuer (Prozent von der Einkommensteuer)
– Solidaritätszuschlag
– Krankenversicherung
– Pflegeversicherung
– Rentenversicherung
– Arbeitslosenversicherung

Erläutern Sie die Kalkulation des Verkaufspreises!

Der **Verkaufspreis** wird wie folgt ermittelt:

Listeneinkaufspreis (brutto)	116%
– Vorsteuer (Mwst)	16%
Listeneinkaufspreis (netto)	100%
– Liefererrabatt	
Zieleinkaufspreis	
– Liefererskonto	
Bareinkaufspreis	
+ Bezugskosten	
Bezugspreis	
+ Handlungsgemeinkosten	
Selbstkosten	
+ Gewinnzuschlag	
Zielverkaufspreis	
– Kundenrabatt	
Listenverkaufspreis (netto)	100%
+ Mwst	16%
Listenverkaufspreis (brutto)	116%
– Skonto	

Auftragsabwicklung

Welche Punkte werden auf der Jobmappe eines Medienvorstufenunternehmens vermerkt?

Auf der **Jobmappe** bzw. dem **Jobticket** sollten die wichtigsten Informationen, die den Auftrag betreffen, geschrieben stehen, um übersichtliche, schnelle Bearbeitung in allen Phasen zu gewährleisten. Folgende Angaben sind bei Medienvorstufenunternehmen üblich:

- Name des Kunden
- Objektname
- Auflage, Umfang
- Format
- Farbe
- Liefertermin
- beauftragte Druckerei
- Jobnummer
- Freigabe von wem
- weitergeleitet wann, wohin
- Korrekturabzüge wann

Welche Angaben sind in der Angebotsanfrage bei einer Druckerei üblich?

Damit die Druckerei ein **Angebot** kalkulieren kann, benötigt sie folgende Angaben:

- Objektbezeichnung
- Auflage (z. B. 1000 Stück)
- Format (z. B. 210 x 105 mm, abfallend)
- Druck (z. B. Offset, 4-/4-farbig Euroskala)
- Umfang (z. B. 16 Seiten)
- Material (z. B. 250 g/qm Bilderdruck matt)
- Vorlagen (z. B. Daten werden gestellt)
- Ausführung (z. B. auf Format schneiden, drahtheften)
- Verpackung (z. B. handlich verpacken)
- Liefertermin

Welche Angaben könnte eine Auftragsbeschreibung enthalten?	Folgende Angaben kann eine **Auftragsbeschreibung** enthalten, die mit den Auftragsdaten an eine Druckerei weitergereicht wird: • Druckereiname • Datum • Objektname • Auflage, Umfang • Format • Bedruckstoff • Rasterung • verwendete Software • Schriften • Bild-Formate • Grafik-Formate • Farben • Art der Datenübertragung • Ordnerkennung
Was bedeutet Auflage?	**Auflage** ist die Anzahl der herzustellenden Exemplare eines Druckauftrages.
Was heißt Bedruckstoff?	Unter **Bedruckstoff** versteht man das Material, auf das gedruckt wird, z. B. Papier, Karton, Kunststofffolie.
Was versteht man unter Workflow?	**Workflow** ist der reibungslose Produktionsablauf von der Planung über Herstellung und Überwachung bis zur Qualitätskontrolle. Mit anderen Worten: die einzelnen Prozessschritte zur Erzeugung von Produkten.
Erläutern Sie die Stufen der Produktion von Druckprodukten!	Folgende **Phasen** durchläuft ein Printprodukt, bevor es dem Kunden ausgehändigt wird: • Auftragsannahme/Briefing • Druckanfrage/Kostenvoranschlag an Kunden • Konzeption/Layout • Satz am Computer (Text- und Bildbearbeitung) • Filmbelichtung • Plattenkopie • Druck • Weiterverarbeitung • Versand
Was ist ein Preflight? Was wird dabei in der Regel überprüft?	Bevor eine Datei zum Belichten geschickt wird, soll sie auf ihre Brauchbarkeit überprüft werden. Diesen Vorgang nennt man **Preflight**. Folgende Kontrollen enthält die Preflight-Checkliste u.a. (Beispiel QuarkXPress): • Farben überprüfen - CMYK oder Volltonfarben • Bilder überprüfen - weißer Hintergrund - richtiges Dateiformat - Mac/PC-Format - CMYK, Sonderfarben

- Auflösung (300 dpi)
- evtl. Schriften in Pfade umwandeln

• Elemente überprüfen (z.B. Haarlinien beanstanden)
• Schrift Originalschnitt verwenden
• Überfüllung überprüfen
• richtige(s) Format/Abmessungen überprüfen
• Beschnitt anlegen
• Korrektur lesen
• Farbauszüge drucken

Check-Programme sind u.a. Flightcheck, Preflight Pro.

Was versteht man unter Druckabnahme?

Als **Druckabnahme** wird die letzte Kontrolle des Auftrags an der Druckmaschine bezeichnet. Hierbei wird nach Blitzern oder fehlenden Bildelementen u.ä. gesucht und auch die Farbabstimmung vorgenommen, d.h., Farb- und Tonwerte werden anhand von Andruck und Fortdruck abgeglichen und eventuell korrigiert.

Medienrecht

Was besagt das Urheberrecht?

Das **Urheberrecht** besagt, dass die Werke von Urhebern (Literatur, Wissenschaft, Kunst) geschützt sind. Folgende Werke fallen unter diesen Schutz:

• Sprachwerke, Schriftwerke, Reden
• Computerprogramme
• Musikwerke, Tanzkunst
• Baukunst
• Fotos (Lichtbildwerke)
• Filmwerke
• Zeichnungen, Gemälde, Pläne, Karten, Skizzen, Tabellen, plastische Darstellungen
• Übersetzungen

Das Urheberrecht schützt Urheber in den geistigen und persönlichen Beziehungen zu ihrem Werk sowie der Nutzung (Verwertung) ihres Werkes. Es darf nicht unerlaubt veröffentlicht, verändert, nachgedruckt werden. Der Schutz dauert 70 Jahre ab Todesjahr des Urhebers.

Was bedeutet Verwertungsrecht?

Verwertungsrecht besagt, dass Urheber die Verwertung ihres Werkes selbst übernehmen oder einem Verwerter (z.B. Verlag) ganz oder teilweise übertragen können. Das Verwertungsrecht umfasst im Wesentlichen:

• Vervielfältigungsrecht
• Verbreitungsrecht
• Ausstellungsrecht
• Vortrags-, Ausführungs- und Vorführungsrecht

Präsentation

Was ist ganz allgemein unter Präsentation zu verstehen?

Eine **Präsentation** ist die Vorstellung eines Produkts. Mit Anschauungsmaterialien und Anpreisung der Vorzüge möchte man Kunden für das Produkt bzw. die Dienstleistung gewinnen.

Welche Präsentationsarten gibt es?

Folgende **Präsentationsarten** werden unterschieden:
- Agentur-Präsentation
- Konkurrenz-Präsentation
- Etat-Präsentation
- Akquisitions-Präsentation

Was versteht man unter Agentur-Präsentation?

Die **Agentur-Präsentation** dient vor allem der Selbstdarstellung, z. B. auf Messen oder über Direktwerbung. Ziel ist Kundengewinnung. Inhalte sind Leistungsangebot, Organisation und Arbeitsstil.

Was versteht man unter Konkurrenz-Präsentation?

Bei der **Konkurrenz-Präsentation** bemühen sich drei bis vier Agenturen im Wettbewerb um den Auftrag durch Vorstellung ihrer Layouts mit möglichst überzeugenden Argumenten.
Die Kostenregelung, die seitens der Agentur mit einer solchen Präsentation verbunden ist, sollte im Vorfeld geklärt werden.

Was versteht man unter Etat-Präsentation?

Bei einer **Etat-Präsentation** wird für das folgende Etatjahr eine Werbestrategie festgelegt. Durch Analysen von Marktentwicklungen, geschäftspolitischen Änderungen, Umsatzentwicklung und Bilanzen können neue Ziele gesteckt werden.

Was versteht man unter Akquisitions-Präsentation?

Akquisitions-Präsentationen sind für junge Agenturen eine Möglichkeit, Geschäftsverbindungen herzustellen, indem sie potentiellen Kunden Problemlösungen anbieten. Bei Nichtannahme des Vorschlags besteht jedoch kein Anspruch auf Kostenerstattung.

Welche Punkte sollte man bei einer Präsentation in Betracht ziehen?

Folgende **Punkte** sollte man im Vorfeld einer Präsentation klären:
- Präsentationsumfang bzw. -dauer
- Pausen
- Teilnehmerzahl
- genügend Sitzplätze
- Termin und Ort

	• Größe des Raumes • Präsentationsablauf • Präsentationsmedien vorhanden/benötigt • Raum abdunkelbar
Nach welchem Schema laufen in der Regel Präsentationen ab?	Folgendes **Ablaufschema** ist bei Präsentationen üblich: • Begrüßung, Vorstellung • Kurze Erläuterung des Präsentationsablaufs • Schilderung der momentanen Situation (Probleme und Ziele) des werbenden Unternehmens • zielorientierter Konzeptvorschlag der Agentur • Vorstellung der grafischen Gestaltung anhand ausgewählter Präsentationsmedien • Vorstellung der geplanten Werbemittel und -träger • kurze Zusammenfassung • Schlusswort und Danksagung • Durchreichen der Dokumentation und der Dummys • Klärung offener Fragen im Teilnehmerkreis • Danksagung
Welche Präsentationsmedien gibt es?	Folgende **Präsentationsmedien** sind üblich: • Diaprojektor • Overheadprojektor • Flipchart • Beamer • Fernseher • Tafel (Kreide, Filzstift, Pinnwand)
Nennen Sie Hilfsmittel, die bei Präsentationen eingesetzt werden!	Folgende Hilfsmittel werden bei Präsentationen eingesetzt: • Mikrofon • Sprechpult • Laserpointer
Was versteht man unter Dokumentation bei Präsentationen?	Eine **Dokumentation** (Argumentation) ist eine schriftliche Präsentationsform, in der die Idee schriftlich festgehalten wird, um diese dem Kunden zu vermitteln. Die Dokumentation sollte nicht zu bunt gestaltet sein, und für jedes Kapitel sollte eine neue Seite benutzt werden.
Welche Gesichtspunkte sollten Dokumentationen enthalten?	Folgende **Punkte** sollte die Dokumentation enthalten: • Situationsbeschreibung Firmenbeschreibung, Corporate Identity • Aufgabenstellung • Zielgruppe nach psychischen, physischen, demografischen Gesichtspunkten (Freizeitgestaltung, Lebensstil, finanzieller Standort) • Zielsetzung

- Konzept
  Vorgehensweise, warum gerade diese Auswahl
- Farben
- Material
  in Bezug auf CD: psychologische Wirkung,
  evtl. mit Papiermuster
- Format
  Funktion (handlich, hebt sich ab, kuvertgerecht)
- Typografie
- Fotokonzept
- Vorstellung
  Layoutvorschläge
- Name des Gestalters

Was ist ein Dummy?

Ein **Dummy** ist ein Blind- oder Probelayout für eine Präsentation, z. B. Heftplan, Seitenplan, Seitenspiegel, provisorisch gefalzte Faltschachtel.

Präsentationsmethoden

Welche Arten des Gedächtnisses gibt es nach der Dauer des Behaltens?

Das Gedächtnis kann Wahrnehmungen unterschiedlich lange behalten. Unterschieden werden die folgenden **Gedächtnisarten**:

- Ultrakurzzeitgedächtnis
  Man nimmt etwas wahr und denkt nicht weiter darüber nach.
- Kurzzeitgedächtnis
  Bewusste Aufnahme für einige Sekunden
- Langzeitgedächtnis
  Einprägung ins Großhirn

Wodurch bewirkt man länger andauernde Aufnahme ins Gedächtnis?

Bei Präsentationen besteht u.a. das Ziel, dass das Vorgeführte dem Publikum lange in **Erinnerung** bleibt. Durch folgende Maßnahmen ist das zu erreichen:

- Interesse wecken
- wiederholen
- mehrere Sinne ansprechen
- Gefühle beachten
- Diskussionen
- übersichtliche Reihenfolge
- Beispiele aufzeigen

Anzeigensatzberechnung

Wie wird das Format (die Größe) von Anzeigen benannt?

Die Festlegung der **Anzeigengröße** in Zeitungen und Zeitschriften erfolgt:
- als Teil einer Seite
- als Vielfaches der einspaltigen Millimeterzeile im Anzeigenteil
- als Vielfaches der einspaltigen Millimeterzeile im Textteil
- durch die Anzahl der Zeichen, Wörter usw. im Wortanzeigen- bzw. Kleinanzeigenteil

Beispiele von Anzeigenformaten:

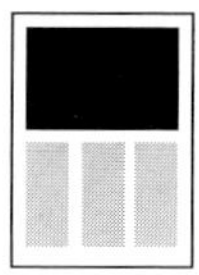
1/2 Seite dreispaltig

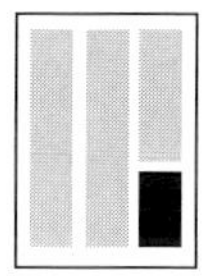
1/9 Seite einspaltig

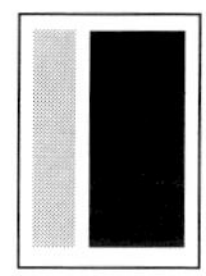
2/3 Seite zweispaltig

1/3 Seite dreispaltig

1/3 Seite abfallend

Welche Anzeigen-Sonderformate gibt es?

Neben den üblichen Anzeigen gibt es noch **Anzeigen-Sonderformate**. Sie werden in den Anzeigen-Preislisten der Verlage eigens ausgewiesen. Es sind:

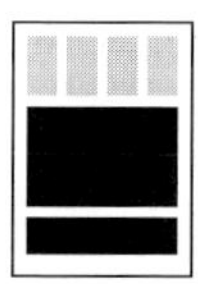
Streifenanzeigen über die Satzspiegelbreite, unter dem Textteil

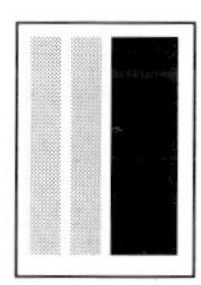
Satzspiegelhohe Anzeige auf Textseiten

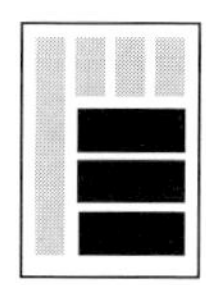
Eckfeld-Anzeige auf Textseiten

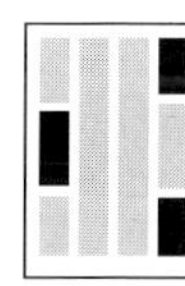
Satellitanzeigen im Anzeigenteil

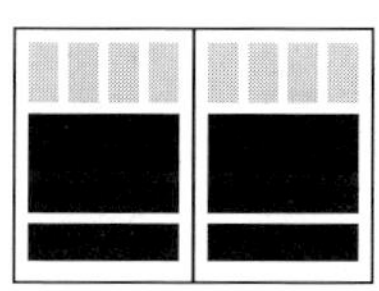
Panoramaanzeige im Textteil

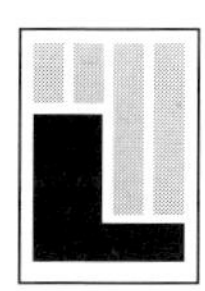
L-Anzeige im Anzeigenteil

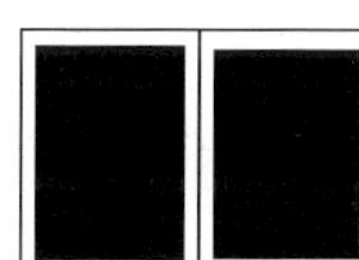
Anzeigenstrecke, die sich auf den folgenden Seiten fortsetzt

Wonach richtet sich der Anzeigenpreis?

Der **Anzeigenpreis** ist abhängig von:
- dem Anzeigeninhalt (Stellenanzeige, Werbung...)
- der Anzahl der gedruckten Farben
- dem Verbreitungsgebiet (Haupt-, Regionalausgabe)
- dem Kundenkreis (z.B. Ortsansässige, Abonnenten)

- der Art der Zeitungsbeilage
- den Rabatten
- den Chiffregebühren (Chiffre fürs Anonymbleiben)
- sonstigen Zahlungsbedingungen (Skonto usw.)

Nennen Sie die Elemente einer mehrspaltigen Seite!

Anhand der Skizze werden die Elemente einer **mehrspaltigen Seite** genannt und die Positionen gezeigt:

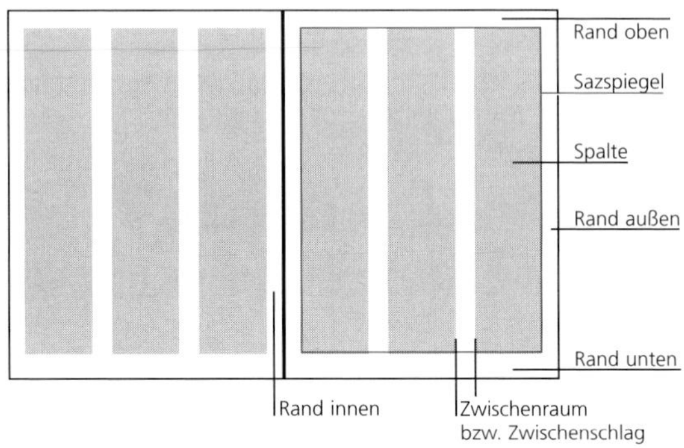

Was ist bezüglich der Größenangabe 1/2 bei Anzeigen auf Spaltenbreite zu sagen?

Die Angabe 1/2 bedeutet, dass die Anzeigenfläche genau der Hälfte der Satzspiegelfläche (und nicht der Satzspiegel*höhe*) ist. Denn die Anzeige kann hoch- oder querformatig sein, worüber die Spaltenangabe (zum Beispiel 3-spaltig) Auskunft gibt.

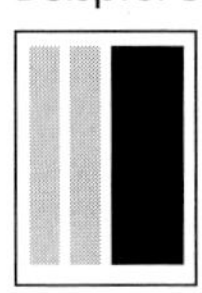

1/2 Seite
zweispaltig

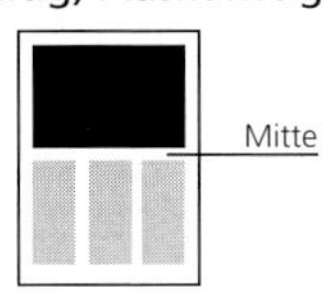

1/2 Seite
dreispaltig

Der jeweilige Zwischenraum, sei es unter oder über der Anzeige, muss jedoch noch abgerechnet werden.

Wie berechnet man demnach eine Anzeigenfläche, z. B. 1/2 Seite dreispaltig, 1/9 Seite einspaltig und 2/3 Seite zweispaltig?

Um eine **Anzeigenfläche** zu berechnen, ist es hilfreich, zuerst eine Skizze anzufertigen, in der alle zur Verfügung stehenden Maße eingezeichnet werden.

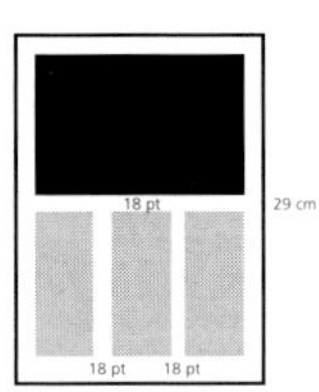

Beispiel 1/2 Seite dreispaltig:

$$\frac{\textbf{Satzspiegelhöhe – Zwischenschlag}}{\textbf{2}}$$

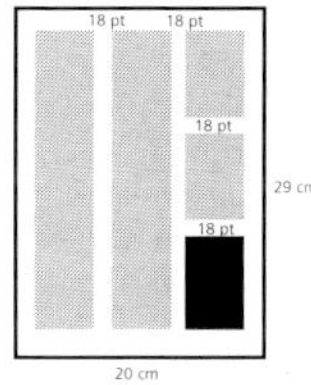

Beispiel 1/9 Seite einspaltig:

Breite der Anzeige

$$\frac{\textbf{Satzspiegelbreite} - (2 \cdot \textbf{Zwischenschlag})}{3}$$

Höhe der Anzeige

$$\frac{\textbf{Satzspiegelhöhe} - (2 \cdot \textbf{Zwischenschlag})}{3}$$

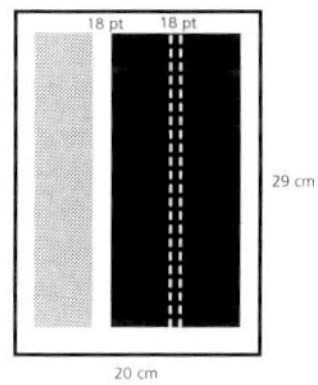

Beispiel 2/3 Seite zweispaltig:

Breite einer Spalte

$$\frac{\textbf{Satzspiegelbreite} - (2 \cdot \textbf{Zwischenschlag})}{3}$$

Breite der Anzeige
2 Spaltenbreiten + 1 Zwischenschlag

Höhe der Anzeige
entspricht der Satzspiegelhöhe

Wie wird der Anzeigenpreis in der Regel berechnet?

Der **Anzeigenpreis** wird meist nach Millimetern berechnet.

1. Berechnung der Gesamtlänge in mm einer Anzeigenseite
Spaltenanzahl · Satzspiegelhöhe = Gesamtlänge

2. Berechnung des Millimeterpreises

$$\frac{\textbf{Preis der Ausgabe}}{\textbf{Gesamtlänge}}$$

3. Berechnung der gesamten Anzeigenfläche in mm
Spaltenanzahl · Anzeigenhöhe = Anzeigenfläche

4. Berechnung des Anzeigenpreises (2 Möglichkeiten)
- **Anzeigenfläche · Millimeterpreis**
- $\dfrac{\textbf{Preis der Ausgabe} \cdot \textbf{Anzeigenfläche}}{\textbf{Gesamtlänge}}$

Wie wird eine Anzeige nach Wörteranzahl berechnet?

In den meisten Tageszeitungen etc. findet sich z. B. folgendes **Bestellformular** für Kleinanzeigen:

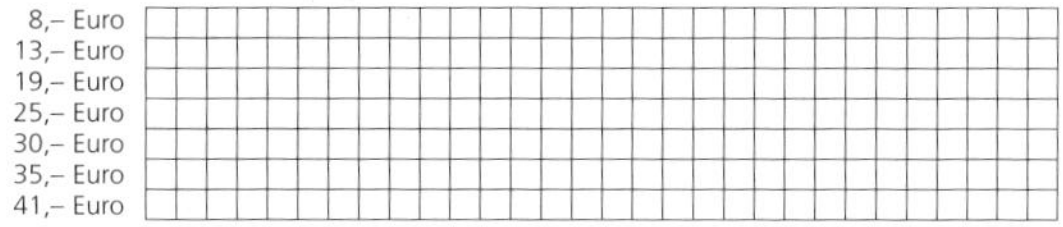

Je Buchstabe, Satzzeichen und Wortzwischenraum wird ein Kästchen benötigt!
Die erste Zeile 8,– Euro, jede weitere Zeile 5,– Euro (incl. Mwst).
Chiffre-Gebühren: 5,– Euro bei Abholung; 7,– Euro bei Zusendung

Die Preisermittlung erfolgt nach einem der folgenden beiden Schemata:

- 1. Zählen der Buchstabenanzahl der einzelnen Zeilen mit Leerschritten, die nicht die vorgegebene Buchstabenanzahl/Zeile überschreiten dürfen

  2. Preis aufgrund der Zeilenanzahl ablesen

- 1. Zählen der gesamten Buchstabenanzahl mit Leerschritten

  2. Errechnen der Zeilenanzahl

  $$\frac{\textbf{gesamte Buchstabenanzahl}}{\textbf{vorgegebene Buchstabenanzahl/Zeile}}$$

  3. Preis aufgrund der Zeilenanzahl ablesen

Tabellensatzberechnung

Was versteht man unter Tabellensatz?

Befindet sich über den einzelnen Spalten eines Reihensatzes eine Überschrift (Kopf), dann ist das kein Reihensatz mehr, sondern **Tabellensatz**.
Eine offene Tabelle entsteht durch Einfügen von Längslinien zwischen den einzelnen Spalten.

Skizzieren Sie eine geschlossene Tabelle und benennen Sie alle Elemente, die in einer solchen Tabelle vorkommen können!

Eine geschlossene Tabelle setzt sich aus folgenden Elementen zusammen:

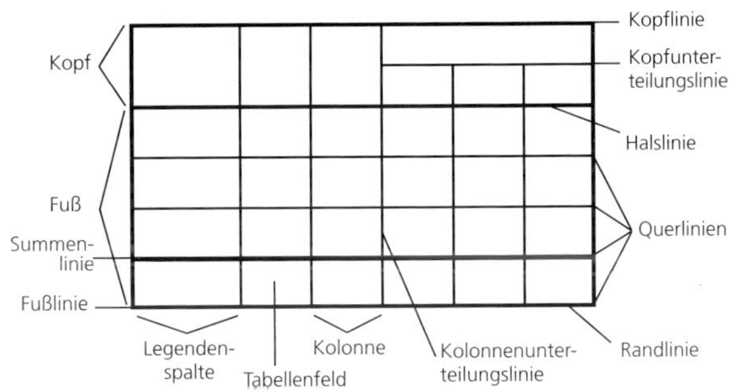

Welche Tabellenarten gibt es?

Je nach Gestaltung des Rahmens werden drei **Tabellenarten** unterschieden:

- offene Tabelle
  besteht lediglich aus einer Halslinie
- halboffene Tabelle
  besteht lediglich aus Hals- und Fußlinien
- geschlossene Tabelle
  besteht aus Hals-, Fuß- und seitlichen Randlinien

Nr.	Name	Ort
1	Susi	München
2	Erst	Köln
3	Bert	Bremen
4	Kurt	Augsburg

offene Tabelle

Nr.	Name	Ort
1	Susi	München
2	Erst	Köln
3	Bert	Bremen
4	Kurt	Augsburg

halboffene Tabelle

Nr.	Name	Ort
1	Susi	München
2	Erst	Köln
3	Bert	Bremen
4	Kurt	Augsburg

geschlossene Tabelle

Wie berechnet man die Breiten einer Tabelle?

Bei Tabellensatzberechnungen ist es von Vorteil, sich eine Skizze anzufertigen und die Maße einzutragen.

- Berechnen der Kolonnenbreite in mm

$$\frac{\textbf{Tabellenbreite – (Linien in mm + Legendensp.breite)}}{\textbf{Anzahl der Kolonnen}}$$

Wie berechnet man die Breite einer Tabelle, wenn Spaltenbreiten und Liniendicken gegeben sind?

- Berechnung einer Legendenspalte
  Tabellenbreite (Linien in mm + ges.Kolonnenbreite)
  Berechnung der Tabellenbreite (Bsp. mit 5-pt-Schrift)
  1. Gesamtdicke der Linien

	5p 5p	5p 5p	5p 5p	5p 5p	5p 5p
30 mm	5 Ziffern 1 Zwischenraum	14 Ziffern 3 Zwischenräume	8 Ziffern 2 Zwischenräume	6 Ziffern 2 Zwischenräume	12 Ziffern 3 Zwischenräume

5 · Längsliniendicke in mm + 2 · Randlinien in mm
2. Berechnung der einzelnen Kolonnenbreiten in pt
Spalte1: (2 · 5pt) + (5 · 5pt) + (1 · 5pt) = 40 pt
3. Umrechnung pt/mm der gesamt. Kolonnenbreiten
Breite der Kolonnen in pt · 0,375 mm
4. Berechnung der Breite der Tabelle
Legendenspaltenbreite + Liniendicke + Kolonnen

Wie berechnet man die Tabellenhöhe?

Mit dem Zeilenabstand kann die **Tabellenhöhe** berechnet werden. Zur gegebenen Zahl von Textzeilen (einschl. Zeilenabstand ZAB) wird eine weitere Zeile mit ZAB als Leerraum zwischen Text und Längslinie im Kopf dazugezählt.

- Berechnung der Tabellenkopfhöhe
  (Textzeilenanzahl + Leerraumzeilenanzahl) · ZAB in mm
- Berechnung der Tabellenfußhöhe
  Abstand Hals- zu Schriftlinie + Abstand Schrift- zu Fußlinie + von jeder weiteren Zeile der ZAB

Historie

Warum wird Johannes Gutenberg auch heute noch als einer der größten Deutschen angesehen?

Johannes Gensfleisch zum **Gutenberg** gilt als Erfinder des Buchdrucks. Da schon vorher gedruckt wurde, liegt der Kern seiner Erfindung im Satz. Er erfand die beweglichen Bleilettern, die er mehrfach benutzen konnte.
Für den Guss schnitt er seitenverkehrte Buchstaben in Stahl und stellte daraus seitenrichtige Kupfermatrizen her, indem er den Stahlstempel in ein weiches Kupferstück schlug. Von diesen Kupfermatrizen konnte er beliebig viele seitenverkehrte Bleilettern ausgießen.
Mit den Lettern stellte er in fünfjähriger Arbeit die 42-zeilige Bibel her (1450–1455). Für sein berühmtestes Werk benutzte er eine gebrochene Schrift: die Textura.

Was ist Fotosatz?

Fotosatz, auch Lichtsatz genannt, ist der unmittelbare Nachfolger des Bleisatzes. Ab etwa 1975 setzte sich der Fotosatz schnell durch. Erst wurde die Schrift von Negativschriftbildträgern auf Film oder Fotopapier belichtet, später wurde diese optomechanische Technik abgelöst durch Digitalisierung der Schrift in Pixel. Die Belichtung erfolgte nun über Kathodenstrahlröhren (CRT).

Was versteht man unter Radierung?

Als **Radierung** bezeichnet man sowohl die Drucke als auch das Tiefdruckverfahren, mit dem sie auf der Kupferdruckpresse gedruckt werden. Als Druckform dient eine Kupferplatte, die mit Ätzgrund beschichtet ist, in den die Zeichnung mit der Radiernadel geritzt wird. Das freigeritzte Kupfer wird im Säurebad tiefgeätzt.
Wenn der Ätzgrund abgewaschen ist, kann die Platte eingefärbt werden. Dabei wird die Farbe von der Oberfläche in die druckenden Vertiefungen gerieben.

Senefelders Steindruck war das erste Flachdruckverfahren. Beschreiben Sie die Druckformherstellung (Lithografie)!

Bei der **Lithografie** handelt es sich um ein Flachdruckverfahren, bei dem mit Fettfarbe auf Kalksandstein gezeichnet wird. Anschließend überzieht man den Stein mit Gummiätze, die den Stein an allen fettfreien Stellen anätzt. Dort verankert sich dann der Gummiarabikum-Leim. Beim späteren Feuchten vor dem Druck nehmen nur die Leimpartien Wasser auf, die fetten Zeichnungstellen stoßen es ab. Nun können die fettannehmenden Zeichnungstellen mit fetter Farbe eingefärbt werden. Die wässrigen Leimpartien dagegen stoßen sie ab.

Korrekturanweisungen

Welche Korrekturstufen sind bei der Herstellung von Druckprodukten üblich?

Bevor das zu druckende Objekt in die Produktion geht, müssen die Texte Korrektur gelesen werden. Folgende **Korrekturstufen** (Arten) werden unterschieden:

- Vorauskorrektur, bei Büchern Verlagskorrektur
  Manuskriptbearbeitung durch Korrektor oder Lektor
- Hauskorrektur
  Betriebsinterne Korrektur anhand von Originalmanuskript und Satzanweisungen
- Autorkorrektur
  Korrekturen des Auftraggebers oder Verfassers
- Satz- und Maschinenrevision
  Kontrolle des fertigen Satzes/des ersten Druckbogens

Korrekturzeichen

Erläutern Sie die Korrekturzeichen!

Überflüssige Buchstaben oder Wörter werden durchgestrichenn und am Papierrand durch das das Deleaturzeichen (deleatur, d. h. es werde getilgt) angezeichnet.

Falsche Buchstaben oder Wörter werdan durchgestrichen und im Rand durch die richtigen ersetzt. Kommes in eines Zeile mehrern dieser Fehlar vur, so erhalten sie verschiedene „Fähnchen".

Fehlende Buchstaben werden angezeichnet, indem der vorangehede bzw. der folgende Buchstabe urchgestrichen und am Rand zusammen mit dem fehlenden Buchstaben wiederholt wird. Es kann auch das ganze Wort oder ie Silbe durchgestrichen und am and berichtigt werden.

Fehlende Wörter werden in der Lücke durch ein Winkelzeichen gekennzeichnet am Rand angegeben. Bei allen größeren Auslassungen wird auf die Manuskriptseite verwiesen. Z. B.: Wer erfolgreich muss sich anstrengen.

Verstellte Zahlen sind immer ganz durchzustreichen und in der richtigen Ziffernfolge am Rand zu berichtigen. Z. B.: 7971

Verstellte Buchstaben werden durchgestrichen nud am Rand berithcigt.
Verstellte Wörter werden das durch Umstellungszeichen gekennzeichnet.
Beziffert werden die Wörter bei größeren Umstellungen.

Falsche Trennungen werden immer am Zeilenende und am folgenden Zeilenanfang angezeichnet.
Fehlender Wortzwischenraum wird so angezeichnet, **zu enger Zwischenraum** so und **zu weiter Zwischenraum** so angezeichnet.
Z.B.: Jemehr es wird, destobesser ist es.
Soll ein Zwischenraum wegfallen, wird er mit einem Doppelbogen gekenn zeichnet

Ein Absatz wird durch das Zeichen im Text und am Rand verdeutlicht.
Z.B.: mindestens 20 junge Leute standen vor dem Gebäude. Dieses große Ereigniss machte Schlagzeilen in der deutschen Presse.

Das Anhängen eines Absatzes wird durch eine verbindende Schleife verdeutlicht.
Beispiel: Das Innenleben eines Computers ist nicht weniger
interessant, als das, was man damit anstellen kann.

Fehlender oder zu erweiternder Einzug erhält das Zeichen
Beispiel: Das Innenleben eines Computers ist nicht weniger interessant, als das, was man damit anstellen kann.

Zu tilgender oder zu verringernder Einzug erhält das Zeichen
Beispiel: Das Innenleben eines Computers ist nicht weniger interessant, als das, was man damit anstellen kann.

Verschmutzte Stellen werden eingekringelt und am Rand wiederholt.

Fehlender Durchschuss wird durch einen zwischen die Zeilen gezogenen Strich mit nach außen offenem Bogen angezeichnet. **Zu großer Durchschuss** wird hingegen durch einen zwischen die Zeilen gezogenen Strich mit einem nach innen offenen Bogen angezeichnet.

Andere Schrift wird verlangt, indem dort die betreffende Stelle unterstrichen und die gewünschte Schrift am Rand vermerkt wird. — kursiv

Die Sperrung oder Aufhebung einer Sperrung wird, wie beim Verlangen einer anderen S c h r i f t, durch Unterstreichen angezeichnet. — sperren — nicht sperren

Fälschlich aus anderer Schrift gesetzte Buchstaben werden angezeichnet und am Rand zweimal unterstrichen. a

Irrtümlich Angezeichnetes wird unterpunktiert und die Korrektur am Rand ~~ist~~ durchzustreichen. war

Andruckkorrektur

Wie korrigiert man einen Andruck?

Stichwortverzeichnis

T

Fachliteratur

Benutzte Literatur

Agfa: Eine Einführung in die digitale Farbe, 2.Auflage, Mortsel, o.J.
Aull u.a.: Grundlagen der Print- und Medientechniken, 3.Auflage, Itzehoe, 1999
Bann/Gargan: Farb-Andruckkorrektur, Scantrend Brümmer & Partner GmbH, 1993
Böhringer u.a.: Kompendium der Mediengestaltung, Heidelberg, 2000
Die sieben Kreativitätswerkzeuge, München, 1997
Groh/Schröer: Sicher zur Kauffrau/Kaufmann im Groß- und Außenhandel, Rinteln, 1996
Henning: Taschenbuch Multimedia, 2. Auflage, Leipzig, 2001
Kentie: Web Graphics, 3.Auflage, Bonn, 2000
Scheper: Fachbezogene Mathematik für die Medienvorstufe, 5.Auflage, Itzehoe, 2002
Siegle: LOGO – Grundlagen der visuellen Zeichengestaltung, Itzehoe, 2002
Temmel & Seywald Communications: Das Internet-Buch, 14.Auflage, 1999
Turtschi: Mediendesign, 2.Auflage, Sulgen, 2000
Völker Electronic: Großes Computer-Wörterbuch, 1993
Walenski: Der Offsetdruck – Eine Einführung in Theorie und Praxis, Köln, 1991
Willberg/Forssmann: Erste Hilfe in Typografie, Mainz, 2000
Zuffo: Die Grundlagen der visuellen Gestaltung, Frankfurt/Main, 1990

Wo Fachliteratur für Mediengestalter finden?

Neben der allgemeinen Fachliteratur, die in ein Fachgebiet einführt, Grundlagen vermittelt, Vergleiche und Zusammenschau bietet, Zusammenhänge bewusst macht und Wirkprinzipien erklärt, wie beispielsweise „Informationen verbreiten – Medien gestalten und herstellen" gibt es eine Unzahl von „Rezeptbüchern", die je nach Ausführlichkeit und Schwierigkeitsgrad Anfängern, Fortgeschrittenen oder Profis Anleitungen geben, wie ein bestimmtes Programm, beispielsweise Quark XPress, möglichst effektiv zu nutzen ist. Für Lernende besonders interessant sind Bücher zur Prüfungsvorbereitung, wie z.B. „Prüfungstraining Mediengestaltung", und Nachschlagewerke, von denen das „Fachlexikon Druck und Medien" zur Zeit (2006) das aktuellste und umfassendste ist.

Hier in diesem Buch wird auf eine Liste weiterführender Literatur verzichtet, weil
- Schulbücher keine Werbung enthalten dürfen,
- Fachliteratur für den Medienbereich oft schon wenige Monate nach Erscheinen veraltet ist,
- der Raum bei der Vielzahl der angebotenen Titel bei weitem nicht ausreicht.

Wer aber informiert sein möchte, welche Buchtitel für ein bestimmtes Spezialgebiet lieferbar sind, sollte die Hilfe einer Buchhandlung in Anspruch nehmen. Dort wird (kostenlos für den Kunden) im „Verzeichnis lieferbarer Bücher" (VLB) recherchiert. Alle anderen Datenbanken sind lückenhaft.

Eine weitere Möglichkeit ist die Suche im Internet. Neben dem VLB (Verzeichnis lieferbarer Bücher), das von MVB Marketing- und Verlagsservice des Buchhandels aktuell gehalten und vertrieben wird, gibt es noch etliche weitere Buchdatenbanken für fast alle Themenbereiche. Einen leider nur recht kleinen Ausschnitt des gesamten, im VLB gelisteten Buchangebots findet man in den Datenbanken der Barsortimente und der großen Internet-Buchhandlungen. Mit Hilfe der bekannten Suchmaschinen (Google) dürfte es dennoch nicht schwerfallen, den gewünschten Buchtitel zu finden.

Eine Link-Liste nahezu sämtlicher Verlage, die Fachliteratur für Mediengestalter anbieten, finden Sie auf der Website des Herausgebers: www.pruefungshelfer.de.

Amazon u.ä. bieten nur einen Bruchteil aller lieferbaren Bücher an. Bei den **www.buchhandel.de** angeschlossenen Internet-Buchhandlungen dagegen, z.B. bei **www.gerbers.de**, bekommt man alles, was laut VLB lieferbar ist. Klickt man auf **PROFISUCHE**, dann öffnet sich ein Formular, in das man den gewünschten Buchtitel eingibt, möglichst nur dessen ISBN (Kennnummer des Buches). Näheres dazu finden Sie bei www.vbus.de unter „Wo Bücher kaufen?"

Testen Sie Ihr Wissen!

Wer sich auf eine Prüfung vorbereiten muss, sollte wenigstens in etwa wissen, wie die Prüfung abzulaufen pflegt und was geprüft wird. Darüber erfahren Sie fast alles online auf der Webseite www.pruefungshelfer.de und im „Prüfungstrainer Mediengestaltung".

Wenn Sie wissen möchten, wie gut Sie im Prüfungsbereich „Konzeption und Gestaltung" Bescheid wissen, dann beantworten Sie bitte die folgenden 100 Testaufgaben, die der Herausgeber formuliert hat. Beim Vergleich Ihrer Antworten mit denen im Internet auf der Domain www.pruefungsbuch.de können Sie Ihre Leistung selbstkritisch beurteilen.

1 Was ist gemeint, wenn von einem Unternehmen gesagt wird, es habe noch nicht einmal im Ansatz ein Corporate Design?

2 Zum Corporate Design gehört zum Beispiel die Arbeitskleidung der Mitarbeiter. Nennen Sie mindestens drei weitere Faktoren, die das Corporate Design bestimmen.

3 Der Terminus (Fachbegriff) Corporate Identity ist sehr umfassend und bezieht sich auf das Selbstverständnis einer Institution (Firma, Organisation, Verein usw.). Er umfasst die Bereiche a) Corporate Design, b) Corporate Communication und c) Corporate Behaviour. Grenzen Sie diese drei Bereiche inhaltlich gegeneinander ab, indem Sie mindestens 3 Stichwörter als Beispiele für jeden Bereich aufführen.

4 Fast alle Institutionen (Firmen, Organisationen, Behörden, Vereine) haben ein Logo.
a) Was möchten Institutionen mit ihrem Logo erreichen?
b) Welche speziellen Grundsätze für die Logogestaltung sind zu beachten?

5 Die Begriffe Signet und Logo werden manchmal synonym (gleichbedeutend) verwendet Während das Signet ein einfaches Bild-, Buchstaben- oder Wortzeichen ist, präsentiert sich das Logo komplexer. Beschreiben/skizzieren Sie ein beliebiges Logo.

6 Schrift und Farbe sind leicht zu variierende Elemente des Corporate Designs. Warum beschränken sich aber viele Institutionen (Firmen, Verbände, staatliche Stellen u.ä.) durchgängig und konsequent auf Hausschriften und Hausfarben?

7 Logos sollten auch immer im Hinblick auf vielseitige Verwendung gestaltet werden. Nennen Sie mindestens drei Kriterien, auf die dabei geachtet werden muss.

8 Für Druckprodukte werden überwiegend DIN-Formate eingesetzt.
a) Warum sind Nicht-DIN-Formate bei Druckprodukten recht selten?
b) Warum werden neben den A-Formaten auch noch die Reihen B und C angeboten?

9 Der Navigationsrahmen einer Webseite ist 150 Pixel breit und der Layoutrahmen hat 430 Pixel Breite. Die beiden Breiten sollen im Verhältnis des goldenen Schnitts zueinander stehen. Um wie viel Pixel muss die Layoutrahmenbreite reduziert werden?

10 Für den Druck eines 160-seitigen Bildbands im Format A4 werden 10000 Bogen eines Restpostenpapiers geliefert, dessen Spezifikation folgendermaßen angegeben wird: Kunstdruck h'frei matt 110 g/qm, 70 cm x 100 cm.
a) Eignet sich dieses Papier für Vierfarbbilder im 60er Raster? Bitte begründen.
b) Für wie viele Exemplare ohne Zuschuss reicht diese Papiermenge?
c) Hat das Papier für diesen Auftrag die richtige Laufrichtung? Bitte begründen.

11 Die klassizistische Antiqua eignet sich nicht für alle Medienprodukte. Wofür ist sie a) im Print- und b) im Nonprint-Bereich weniger geeignet und woran liegt das?

12 Lernsoftware bietet im Vergleich zum Lehr- und Arbeitsbuch sicherlich einige zusätzliche didaktische Möglichkeiten, wie z.B. Audio, Video und Animation. Warum hat das gedruckte Buch aber seine Vormachtstellung bislang behauptet?

13 Wie lesbar Schrift ist, hängt auch von ihrer Laufweite ab, die Nutzer beliebig verändern können. Welche Laufweiteneinstellung garantiert durchweg beste Lesbarkeit?

14 Die meisten Webseiten werden mittlerweile ohne Beherrschung der Internet-Formatierungssprache HTML gestaltet und publiziert. Wodurch ist das möglich geworden?

15 Website-Gestalter sollen sich auf die 216 websicheren Farben beschränken, obwohl sie auf ihren Profi-Monitoren 16,7 Millionen Farben darstellen können. Warum sollte diese Empfehlung zur Selbstbeschränkung aber befolgt werden?

16 Welche Farben lassen sich weder im Druck noch am Bildschirm farbgetreu darstellen?

17 Manche Mediengestalter halten Farbordnungssysteme und Farbmodelle wie CIELAB, HKS, Pantone, HSB, Hickethier oder die Web-Palette für nebensächlich. Wofür sind sie aber unentbehrlich?

18 Wer mit Farben gestaltet, sollte farbtüchtig sein.
a) Wie äußert sich Farbfehlsichtigkeit? b) Worauf ist sie zurückzuführen?

19 HKS und Pantone sind wichtige Sonderfarben-Paletten im deutschen Sprachraum.
a) Wofür werden Sonderfarben vor allem verwendet?
b) Warum lassen sie sich im Vierfarbendruck aus Prozessfarben oder auf dem Bildschirm nie völlig farbgetreu wiedergeben?

20 Signalfarben (nach DIN 1818) werden für Verkehrszeichen und in Unternehmen zur Unfallverhütung eingesetzt. Ihr Bedeutungsinhalt ist aber mittlerweile Allgemeingut, sodass sie u.a. auch in der Werbung verwendet werden.
Ordnen Sie bitte die Farben 1 Rot, 2 Gelb, 3 Blau, 4 Weiß, 5 Grün den folgenden Bedeutungen zu: a Führung, Richtungsangabe; b Halt, Gefahr; c Achtung, Gefahr; d Sicherheit; e Hinweis.

21 Farben haben eine Anmutung. Von ihnen geht eine physio-psychologische Wirkung aus. Für Websites ist diese Anmutung vor allem für die Hintergrundfarbe bedeutsam.
a) Welche Farbe im sechsteiligen Farbkreis entspricht am ehesten der Anmutung 1 aktiv, heiter, warm; 2 fern, nachdenklich, kühl?
b) Welche der beiden Anmutungen würden Sie für die Website eines expandierenden Energiekonzerns wählen? Begründen Sie Ihre Wahl.

22 Das Zusammenspiel der Farben bewirkt interessante Kontraste.
Welche Farben aus dem sechsteiligen Farbkreis bilden die beiden Pole beim
a) Hell-Dunkel-Kontrast, b) Kalt-Warm-Kontrast, c) Komplementärkontrast?

23 Bei der Gestaltung mit Farben werden Simultan- und Sukzessivkontrast nur selten berücksichtigt, obwohl sich der Simultankontrast auf die Farbwahrnehmung auswirkt.
a) Welche gemeinsame Ursache haben diese beiden Farbkontraste?
b) Welche physio-psychologische Wirkung ist 1. für den Simultankontrast, 2. für den Sukzessivkontrast kennzeichnend?

24 Bei manchen Farbzusammenstellungen kann es zum Flimmereffekt kommen, bei dem das Auge derart überreizt wird, dass es eine der beiden Farben in zittriger Bewegung sieht. Bei welchen Farbkombinationen tritt dieser Effekt auf?

25 Die Farbkonstanz ist ein Farbphänomen, das etwas mit „Farbgedächtnis" und Anpassungsfähigkeit des Auges zu tun hat. Wie „sieht" a) ein Farbdiafilm einen gelben Postbriefkasten im rötlichen Morgenlicht und im bläulichen Mittagslicht?
b) Wie sieht das Auge den Briefkasten bei diesen unterschiedlichen Beleuchtungen?

26 Ästhetisch zufriedenstellende Wörter und Zeilen sind am ausgeglichenen Schriftbild mit homogenem Grauwert zu erkennen. Besonders bei großen Schriftgraden muss dafür manuell unterschnitten werden. Welche Hilfe bieten in diesem Zusammenhang Unterschneidungstabellen?

27 Was versteht man beim Setzen a) unter optischem Ausgleichen?
b) Wann ist optisches Ausgleichen aus ästhetischen Gründen unumgänglich?

28 Die Unterschneidungstabellen (für teure) Qualitätsschriften bedürfen meist keiner Korrektur. Daher muss nur noch selten manuell unterschnitten werden. Nennen Sie mindestens 5 kritische Buchstabenpaare aus Groß- und nachfolgenden Kleinbuchstaben, deren Abstände bei großen Schriftgraden evtl. korrigiert werden müssen.

29 Im Bleisatz gab es zur Erzielung optisch gleicher Wortabstände Ausschließregeln. Formulieren Sie Empfehlungen, die auch im DTP-Satz optimale Wortabstände ergeben.

30 Zur Mikrotypografie zählt der optimale Zeilenabstand für ungehinderten Lesefluss.
a) Welcher automatische Abstand ist in vielen Anwenderprogrammen vorgegeben?
b) In der Regel entsprechen sich automatischer und optimaler Zeilenabstand. Welche Parameter (Einflussfaktoren) können aber die Korrektur dieses Abstands erfordern?

31 Kompresser Satz ist meist schlecht zu lesen. Daher wird er durchschossen. Was genau ist mit a) Zeilenabstand, b) Durchschuss bei Zeilenabstandsänderungen gemeint?

32 Die Lesbarkeit mehrerer Zeilen bei Überschriften, Slogans oder für ein Motto u.ä. wird vom Zeilenfall mitbestimmt. Welche Regel gilt für den Zeilenfall, wenn es auf schnelles Erfassen des Textinhalts ankommt?

33 Der Dreizeilenfall wird gerne zur Gliederung kurzer Texte angewendet. Was entspricht im Beispiel nicht der Regel:

Neu von Ulrich Paasch: „Farbe
in Druck und Medien". Verlag
Beruf und Schule, Itzehoe.

34 Welche der folgenden Schriftformatierungen – ausgehend von *normal* bzw. *regular* – beeinträchtigt die Lesbarkeit eines Fließtextes a) am meisten, b) am wenigsten?
Versalien, fett, fett kursiv, kursiv, breit, schmal, Laufweite –0,5, Rotdruck.

35 Wie gut lesbar Schriften sind, hängt im Wesentlichen davon ab, wie vertraut sie dem Lesepublikum sind. Bis in die vierziger Jahre des vorigen Jahrhunderts galten Frakturschriften als besonders gut lesbar. Heute sind es die Antiquaschriften. Aber welche? Nennen Sie mindestens fünf der am meisten verwendeten Leseschriften.

36 Wenn es gerade „in" ist, wird auf Lesbarkeit keine Rücksicht genommen. Das galt vor Jahren für die „vergammelten" Fuse-Schriften, heute für den Hintergrund, auf den Schriften gestellt werden. Formulieren Sie eine Empfehlung, wie der Schrifthintergrund beschaffen sein muss, um beste Lesbarkeit zu garantieren.

37 Wie groß Schrift sein muss, damit sie mühelos gelesen werden kann, hängt von den Umständen ab. In Büchern ist es die Brotschrift oder – moderner formuliert – einer der Leseschriftgrade, der gute Lesbarkeit garantieren soll.
Geben Sie für mindestens fünf Print- oder Nonprintprodukte Ihrer Wahl die bestmögliche(n) Schriftgröße(n) in Punkt (pt) an.

38 Die Futura von Paul Renner ist eine gut ausgebaute Druckschrift mit vielen Schriftschnitten. Erläutern Sie bitte am Beispiel dieser Schrift, was man unter
a) Schriftschnitt, b) Schriftfamilie und c) Schriftgruppe nach DIN 16518 versteht.

39 Mediävalziffern gibt es seit der Renaissance. Sie sind recht selten (zum Beispiel in Expertzeichensätzen) und wirken daher im Satz mitunter recht extravagant.
a) Woran kann man diese Ziffern auf den ersten Blick erkennen?
b) Warum eignen sie sich nicht für den Tabellensatz?

40 Im deutschsprachigen Satz werden in der Regel deutsche Anführungszeichen verwendet. Diese typografisch richtigen Anführungszeichen sind allerdings nicht in allen Programmen voreingestellt, sodass englische Anführungszeichen oder gar Zollzeichen erscheinen. Wodurch unterscheiden sich die genannten Zeichen? Sie dürfen die Unterschiede auch visuell darstellen (skizzieren).

41 Statt deutscher Anführungszeichen werden manchmal französische vorgeschrieben, die aber im deutschen Satz anders angeordnet werden als im französischen. Veranschaulichen Sie dies bitte in 2 Beispielsätzen mit französischen Anführungszeichen.

42 Listen und Aufzählungen dienen zur Strukturierung von Texten.
Wie erreicht man diese Strukturierung in typografisch ansprechender Form?
Nennen Sie mindestens drei Gestaltungsmittel oder -elemente.

43 Auszeichnungen sollen sich hervorheben, auch im Fließtext. Welche Hervorhebung die beste ist, hängt weitgehend von der Textart ab.
a) Nennen Sie eine geeignete Auszeichnung für Fließtext, wenn dessen gleichmäßiger Grauton erhalten bleiben soll.
b) Welche Hervorhebung sollte in E-Mails aus Höflichkeit vermieden werden?
c) Welche Auszeichnungen im Fließtext hemmen den Lesefluss am meisten?
d) Warum sollte auf Textunterstreichungen in Websites verzichtet werden?
e) Welche Auszeichnung kann in Frakturtexten kaum genutzt werden und welche wird dort stattdessen verwendet?
f) Was spricht gegen Auszeichnungen in einer zweiten Farbe?
g) Auszeichnungen in einer anderen Schrift eignen sich nur in Ausnahmefällen. Geben Sie ein Beispiel für sinnvolle Anwendung.

44 In vielen Anwendungsprogrammen kann man Texte nach Wunsch ausrichten.
a) Welche Satzanordnungen lassen sich in allen Layoutprogrammen formatieren?
b) Geben Sie ein (sinnvolles) Anwendungsbeispiel für erzwungenen Blocksatz.

45 Nicht alle Satzarten sind so universell einsetzbar wie der linksaxiale Flattersatz. Vervollständigen Sie bitte den Fuß der folgenden tabellarische Übersicht!

Satzart	Kennzeichen	Anwendung	Anmutung
linksbündig			
Rausatz			
Mittelachse			
rechtsbündig			
Formsatz			

46 Im Fließtext wird die erste Absatzzeile manchmal eingezogen. Dieser „Einzug links" sollte mindestens 1 Geviert betragen, bei Flattersatz etwas mehr.
a) Welche Funktion hat dieser Erste-Zeile-Einzug?
b) Warum wird auf diesen Einzug vielfach verzichtet?

47 Zur visuellen Gliederung mancher Fließtexte eignet sich der hängende Einzug.
a) Woran erkennt man den hängenden Einzug?
b) Für welche Anzeigen wird der hängende Einzug häufig genutzt?

48 In Layoutprogrammen steht meist eine Funktion „Initial(e)" zur Verfügung.
a) Was bewirkt diese Funktion?
b) Welche Anwendungen für diese Funktion bieten sich in der Typografie?
c) Welche Arten von Initialen kann man unterscheiden?

49 Es gibt verschiedene Arten von Orientierungs- und Navigationshilfen in Print- und Nonprintprodukten. Sie dienen als Blickfang, zur Inhaltsangabe, Kennzeichnung und Gliederung sowie zum Auffinden von Inhalten. Nennen Sie mindestens je fünf dieser Hilfen in a) Printprodukten, b) Nonprintmedien.

50 Rubriken sind Überschriften. Grenzen Sie die folgenden Rubriken gegeneinander ab, indem Sie deren Besonderheiten herausstellen: a) Headline, b) Unterrubrik, c) Spitzmarke, d) Zwischenüberschrift, e) Untertitel eines Buches.

51 Hurenkinder und Schusterjungen sind inakzeptable Umbruchfehler, die den Lesefluss hemmen und das Erscheinungsbild der Seite beeinträchtigen. Wie kann man sie beseitigen, ohne Text zu kürzen oder Text hinzuzufügen?

52 Schon im Fotosatz gab es den Befehl „Zeilenspaltung". a) Was bewirkt die Funktion „Zeilenspalter"? b) Geben Sie ein Beispiel für die Anwendung von „Zeilenspaltung".

53 Umfangreiche Fachbücher, vor allem aber wissenschaftliche Werke, sind hierarchisch strukturiert. Das zeigt sich auch in den Überschriften, so im nachfolgend wiedergegebenen Beispiel:

2. Anwendungsgebiete der Dynamik
2.1 Schwingungen
2.2.1.1 Freie ungedämpfte Schwingungen
2.1.1.1.1 Verschiebeschwingungen
2.1.1.1.1.1 Kinematik der Sinusschwingung

Im Beispiel befinden sich drei Erfassungs- bzw. Formatierungsfehler, die Sie bitte benennen. Sie werden sie leicht finden, weil sie der Logik der Überschriftenstrukturierung widersprechen.

54 Nennen Sie mindestens zehn Druckerzeugnisse, die zu den Akzidenzen der Gruppe Geschäfts- und Werbedrucke zählen!

55 Zeitungen in hoher Auflage werden im Rollenrotationsdruck hergestellt.
a) In welchem Druckverfahren werden sie fast alle gedruckt?
b) Welches sind die drei in Deutschland üblichen Zeitungsdruckformate?
c) Eine Zeitung wird einem Relaunch unterzogen. Was ist damit gemeint?

56 Wie kommt es, dass die Wortzwischenräume innerhalb einer Zeile unterschiedlich groß wirken, obwohl es sich rein rechnerisch um gleiche Abstände handelt?

57 Linksbündiger Flattersatz kann professionell und ästhetisch wirken, aber auch dilettantisch und hässlich. Welche Kriterien treffen auf einwandfreien Flattersatz zu?

58 Jede Schrift hat eine vorgegebene Laufweite. Welchen Einfluss hat eine Veränderung der Laufweite auf die Lesbarkeit der Schrift?

59 Auf einer Textseite ist an mehreren Stellen störende „Gassenbildung" in den Wortzwischenräumen aufgetreten. a) Woran erkennt man die Gassenbildung?
b) Worauf ist die Gassenbildung zurückzuführen?

60 Kombiniert man mehrere Auszeichnungsmöglichkeiten, summiert sich deren Wirkung unter Umständen. Das trifft zum Beispiel auf „größere Schrift" plus „Fettung" zu.
a) Nennen Sie ein weiteres Beispiel für Wirkungssummierung und
b) ein Beispiel, das keine Wirkungsverstärkung bringt.

61 Wer gestaltet, sollte sich mit den Gesetzmäßigkeiten der Wahrnehmung vertraut machen.

1. Welche der nachfolgenden Gesetzmäßigkeiten veranschaulicht die Abbildung? Gesetz der a) Nähe, b) Erfahrung, c) Geschlossenheit, d) Gleichartigkeit, e) durchgehenden Linie.

2. Erläutern Sie diese Gesetzmäßigkeit und leiten Sie Folgerungen für die Gestaltung von Websites ab.

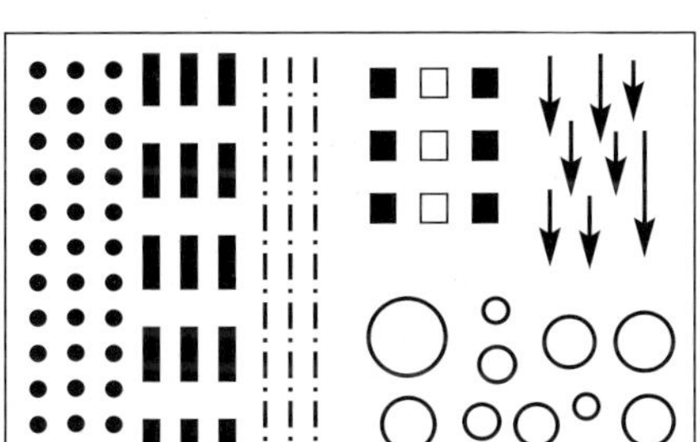

62 Gestalten von Druckseiten und Gestalten von Websites sind zwei Paar Schuhe. Warum ist tausendstel Millimeter genaues Positionieren der Objekte, wie bei der Gestaltung von Printmedien gewohnt, im Webdesign nicht möglich?

63 Webseiten-Gestalter müssen akzeptieren, dass ihre Webseiten auf dem Bildschirm je nach den Gegebenheiten beim Surfer variantenreich dargestellt werden. Wodurch lässt sich diese systembedingte Variabilität jedoch abmildern?

64 Die Auswahl an Schriften für das Webdesign ist eingeschränkt. Sie beschränkt sich auf Standardschriften, die in der Regel auf allen Rechnern desselben Betriebssystems verfügbar sind. Welche Schriften sind dies auf Rechnern mit a) Mac OS, b) Windows?

65 Eine Website ist mit den Schriften Futura und Imprimatur gestaltet. Mit welchen Ersatzschriften werden Futura und Imprimatur auf dem Bildschirm von Surfern dargestellt, auf deren Computer diese Schriften fehlen?

66 Ein Webmaster legt größten Wert darauf, dass die venezianische Renaissance-Antiqua Traianus originalgetreu auf allen Surfer-Bildschirmen wiedergegeben wird, also auf keinen Fall durch eine Ersatzschrift. Wie kann er dies erreichen?

67 Nicht alle Schriften sind gleich gut zur Bildschirmwiedergabe geeignet. Welche Schriften können aber in der Regel unbedenklich verwendet werden?

68 Die „Bleiwüste", also zu viel unstrukturierter Lesetext, war schon zu Buchdruckzeiten verpönt. Warum gilt das mit noch größerer Berechtigung für das Webdesign?

69 Nicht alle Schriften sind uneingeschränkt webtauglich. Das gilt sogar für System- oder Standardschriften, wie etwa die Times. Was kann man tun, um die Lesbarkeit weniger geeigneter Schriften etwas zu verbessern?

70 Um etwas mehr Vielfalt in die Schrifteneintönigkeit des Webs zu bringen, ist man versucht, Schriften kursiv zu stellen. Warum ist aber die Lesbarkeit schräg gestellter Schriften auf dem Bildschirm meist schlechter als gerade stehender?

71 Kleine Schriftgrade sind auf dem Bildschirm bei ungenügender Auflösung nur schwer zu lesen. Welche Möglichkeiten gibt es zur Verbesserung der Lesbarkeit bei a) editierbaren Schriften, b) Grafikschriften?

72 Welchen Einfluss hat die Laufweite auf die Lesbarkeit von Schrift auf dem Bildschirm?

73 Schrift soll passen. Ihre Anmutungsqualität darf dem Verwendungszweck (Kommunikationsziel, Adressatenkreis) nicht widersprechen.
a) Was spricht für diese Forderung?
b) Welche Argumente kann man aber dagegen anführen?
c) Nennen Sie eine adäquate (angemessene) Schrift für ein(e)
1. christliche Gemeinschaft, 2. Touristikunternehmen, 3. Sparkasse,
4. zwielichtiges Vergnügungsetablissement, 5. Bauunternehmen.

74 Schriftmischungen liegen zwar gegenwärtig nicht im Trend. Aber hin und wieder steht man doch vor der Frage, welche Schriften zueinander passen.
Formulieren Sie bitte vier Regeln, die folgende vier Gesichtspunkte berücksichtigen:
1. Schriften aus einer Familie;
2. sehr unterschiedliche, also kontrastierende Schriften;
3. Schriften aus einer Schriftgruppe, z.B. Futura, Helvetica;
4. mehr als drei Schriften.

75 Wenn der Absatzbeginn durch Einzüge gekennzeichnet werden soll, ist auf konsequente Anwendung dieser Anweisung zu achten.
Bei welchen Absätzen ist aber eine Ausnahme von der Regel üblich?

76 In der visuellen Kommunikation werden Zeichen für die unterschiedlichsten Aufgabenbereiche verwendet. Ordnen Sie bitte die Zeichenart 1 bis 10 den jeweiligen Funktionen (Aufgaben) a bis j zu.

1 Bild, 2 Chart (Diagramm), 3 Icon, 4 Karte, 5 Piktogramm, 6 Schriftzeichen,
7 Signal, 8 Signet, 9 Symbol, 10 Wappen (Fahne)

a Topografische Darstellung, b Darstellung von Identität und Qualität,
c Darstellung politischer oder religiöser Inhalte, d schriftliche Kommunikation,
e Abbilden/Illustrieren, f Darstellung quantitativer Zusammenhänge,
g global verständlich grafisch orientieren, h Bildalternative für Beschriftung,
i Darstellung der Zusammengehörigkeit, j Warnen und etwas vorschreiben.

77 Wichtigstes Merkmal (Kriterium) guter Websites ist Usability (Benutzerfreundlichkeit). Welche Kriterien helfen bei der Beurteilung, ob eine Domain benutzerfreundlich ist, sich also bequem und problemlos nutzen lässt?

78 Benutzerfreundliche Navigation auf der Website ist eine wichtige Voraussetzung für Erfolg im Internet. Nach der Strukturierung unterscheidet man hierarchische, lineare und netzartige Navigationssysteme. Woran erkennt man Websites mit dem bei weitem häufigsten Navigationssystem, dem hierarchischen?

79 Keine umfangreichere Website ohne hilfreiches Navigationssystem!
Das Hauptnavigationssystem kann durch Navigationshilfen ergänzt werden.
Nennen Sie mindestens zwei ergänzende Navigationskomponenten.

80 Beim Surfen möchte man manchmal wissen, wann die Website aktualisiert worden ist.
a) Wo findet man diese Information in der Regel?
b) Welche Informationen sind dort außerdem noch zu erwarten?

81 Viele Web-Designer plädieren für „schlankes" Design.
a) Was meinen sie damit? b) Welche Gründe sprechen für das „schlanke" Design?

82 Entsprechend dem Anwenderprofil sollen Websites für „Alle" konzipiert werden.
Was bedeutet diese Festlegung für „sicheres" Webdesign bezüglich
a) Betriebssystem, b) Monitorgröße, c) Bildschirmauflösung, d) Browser(version)?

83 Bei der Webseiten-Gestaltung ist die Fenstergröße zu berücksichtigen, die je nach Monitor des Surfers sehr schwanken kann. Welche Vor- und Nachteile hat a) die flexible (relative) Seitengröße, b) die feste Seitengröße? c) Wie könnte eine Kombination beider Möglichkeiten aussehen? d) Welche Vor- und Nachteile haben mehrere Website-Versionen für unterschiedliche Fenstergrößen?

84 Soll auf einer Website viel Inhalt (Content) untergebracht werden, kann man ihn so auf die Seiten verteilen, dass entweder viel oder gar nicht gescrollt werden muss.
Wie erreicht man, dass a) viel vertikal gescrollt werden muss,
b) was ist zu tun, damit nur geblättert zu werden braucht?

85 Bei der Zuordnung von Inhalten auf die Webseiten ist zu überlegen, ob Scrollen erwünscht ist oder tunlichst vermieden werden soll.
Welche Vor- und Nachteile haben a) Blättern, b) Scrollen?

86 Mit Frames können Webseiten in mehrere Bereiche unterteilt werden.
a) Welche weiteren Vorteile haben Frames?
b) Welche Nachteile werden Frames angelastet?

87 Wichtigster Content-Bestandteil der meisten Websites ist der Text, genauer dessen Inhalt. Formulieren Sie mindestens drei Empfehlungen zur sprachlichen Gestaltung und Aufbereitung von Texten für Websites.

88 Sprachlich gut strukturierte Texte kommen erst richtig zur Wirkung, wenn sie typografisch adäquat gestaltet sind. Nennen Sie mindestens fünf typografische Gestaltungselemente zur Textstrukturierung.

89 Was für Printprodukte richtig ist, kann für Online-Medien falsch sein. Warum eignet sich Blocksatz in der Regel nicht als Satzart für Websites?

90 Welche Vor- und Nachteile hat animierter Text im Webdesign für die Adressaten?

91 Welchen Vorteil haben im Webdesign Aufzählungen (Listen) im Vergleich zu Fließtext, der nur absatzstrukturiert ist?

92 Für Printprodukte wird ganz bewusst mit Leerräumen (freier Raum) gestaltet. Warum ist der Leerraum aber auch im Webdesign ein wichtiges Gestaltungselement?

93 Rubriken sind bei Print- und auch bei Nonprint-Produkten ein unentbehrliches Gestaltungsmittel. Welche Wirkung haben sie auf den Betrachter beim Surfen?

94 Infografiken sind Bestandteil vieler Websites, die informieren wollen.
a) Welchen Vorteil bieten sie im Vergleich zu Info-Texten, um einen komplexen Sachverhalt wiederzugeben? b) Welcher Nachteil kann aber auftreten, wenn es sich um größere, aus vielen Elementen zusammengesetzte Grafiken handelt?

95 Auf einer Homepage befindet sich eine Imagemap. Das ist eine Grafik, die nicht nur einen, sondern mehrere Links enthält. Wofür eignet sich gut eine topografische Karte, zum Beispiel eine Deutschlandkarte, als Imagemap?

96 Kaum eine Website verzichtet auf externe Links (Hyperlinks). Allerdings sollten Webmaster gut überlegen, welche ihrer Website nützen und welche mehr schaden.
a) Warum sollten nur Links gelegt werden, die das eigene Content-Angebot unterstützen oder ergänzen?
b) Wo auf der Website ist der beste Platz für Links?
c) Was spricht dafür, Hyperlinks immer in einem neuen Fenster zu öffnen?

97 Brauchbare Hyperlinks zur Thematik der Website sind für interessierte Surfer wie das Salz in der Suppe. Wie sollten sie daher zum Nutzen der Besucher präsentiert werden?

98 Am Anfang, also als erste Phase eines neuen Website-Projekts stehen Analyse, Strategie und Planung. Ordnen Sie die nachfolgend aufgeführten weiteren 5 Phasen in die richtige Reihenfolge: Produktion. Pflege und Ausbau. Hochladen der Site. Testen mit verschiedenen Browsern. Konzeption und Design.

99 Grafiken und Bilder in Websites sollten einen Beschreibungstext (alternativen Text) erhalten. Warum ist die Beschreibung des Bildinhalts so empfehlenswert?

100 Websites mit langen Ladezeiten müssen schon sehr gut sein, wenn Besucher sich davon nicht abschrecken lassen. Was kann der Webmaster tun, um lange Ladezeiten zu verkürzen?

Die Lösungen finden Sie im Internet auf der Website www.pruefungsbuch.de

Sehr nützlich bei jeder **Vorbereitung auf Klausuren und Prüfungen** sind Nachschlagewerke. Sie helfen zum Beispiel weiter, wenn Sie noch Fragen haben oder Details wissen möchten. Achten Sie aber darauf, dass es sich um aktuelle Bücher handelt mit Informationen nach neuestem Stand.

Diese Forderungen erfüllen z.B. *Fachlexikon Druck und Medien* von Halkasch, 440 Seiten A5, ISBN 3-88013-641-6 und *Fachwörter-ABC Druck und Digitalmedien (Print)* von Golpon, 192 Seiten 12,5 x 18 cm, ISBN 3-88013-638-6. Lieferbare Rechenbücher für Mediengestalter sind *MatheMedien* von Paasch, ISBN 3-88013-646-7 und *Fachbezogene Mathematik Medienvorstufe* von Scheper, ISBN 3-88013-644-0.